黄河下游河段水量平衡研究

李红良　李晓宇　王志华　吕社庆　张广海　等著

黄河水利出版社
·郑州·

内容提要

本书是黄河下游水量平衡研究专著。全书以水量平衡原理为基础,采用实测水量资料精度评价、遥感技术和地理信息系统分析河道水面面积与各种土地利用信息、引水量测验精度评价及引水量修正、未控引水及滩区用水调查评价、河道蒸散发耗水量试验研究、河道渗漏耗水量试验研究等技术手段,对黄河下游河段进行水量平衡计算,并进行水量平衡差值时空变化分析。

本书体系完整,内容丰富,理论与试验相结合。可供黄河下游水量调度、水资源规划、研究、管理等方面的科研工作者及工程技术人员阅读参考,也可作为大中专院校相关专业师生的参考用书。

图书在版编目(CIP)数据

黄河下游河段水量平衡研究/李红良等著. —郑州:黄河水利出版社,2011.4

ISBN 978-7-5509-0009-7

Ⅰ.①黄… Ⅱ.①李… Ⅲ.①黄河-下游-水量平衡-研究 Ⅳ.①P337.2

中国版本图书馆 CIP 数据核字(2011)第 046634 号

策划编辑:李洪良 电话:0371-66024331 E-mail:hongliang0013@163.com

出 版 社:黄河水利出版社

地址:河南省郑州市顺河路黄委会综合楼 14 层 邮政编码:450003

发行单位:黄河水利出版社

发行部电话:0371-66026940、66020550、66028024、66022620(传真)

E-mail:hhslcbs@126.com

承印单位:河南省瑞光印务股份有限公司

开本:787 mm×1 092 mm 1/16

印张:16.25

字数:376 千字 印数:1—1 100

版次:2011 年 4 月第 1 版 印次:2011 年 4 月第 1 次印刷

定价:49.00 元

前　言

“堤防不决口，河道不断流，河床不抬高，污染不超标”是黄河健康生命的重要标志。其中，河道不断流的关键是黄河水量的合理配置和统一调度。

20 世纪 90 年代以来，黄河下游水量供需矛盾日益突出，断流发生的天数、延伸的长度以及出现的次数都有增加的趋势，加剧了生态环境恶化，其中 1997 年黄河下游断流 226 天，断流长度上延至夹河滩水文站，是历年断流最严重的年份。

黄河水利委员会为了缓解黄河水资源供需矛盾和下游日益严重的断流局面，经国务院批准，自 1999 年黄河开始实施水量统一调度以来，为维持黄河健康生命，确保黄河不断流，满足生态环境用水需求，做了大量的工作，并采取多项措施，尽最大可能，保证沿黄各省（区）的用水安全。同时发现黄河下游花园口—利津河段年水量不平衡差超过 40 亿 m^3，这样大的水量不平衡差值增加了黄河下游水量调度、水资源评价等治黄生产和科研工作的难度。黄河下游水量不平衡差值过大的问题，引起了黄河水利委员会领导的高度重视，黄河水利委员会国际合作与科技局对治黄专项——《黄河下游河段水量平衡研究》（2003Z03）进行了专题研究，研究内容包括：黄河下游水量平衡差值时空变化分析，小浪底、高村、艾山、利津站测验精度评价，利用遥感技术和地理信息系统分析黄河下游河道水面面积及土地利用信息，黄河下游引黄水量测验精度分析，未控引水及滩区用水量调查分析，黄河下游河道蒸散发耗损量和河道渗漏耗损量试验研究等。

《黄河下游河段水量平衡研究》以黄河干流小浪底、高村、艾山、利津站测验精度评价为基础，评价黄河下游各水文站的基本资料测验精度；利用遥感技术和地理信息系统分析黄河下游河道水面面积及土地利用信息，通过对这些信息的合理性分析，得到黄河下游河道水面面积及各种土地利用面积；在黄河下游引黄水量测验精度分析的基础上，对实测引黄水量进行相应的修正，辅以未控引水和滩区用水调查，整理分析计算滩区用水和未控引水，从而计算得到较合理的黄河下游的引黄水量；通过试验研究，建立黄河下游的蒸散发模型，计算黄河下游河道的蒸散发耗损量；通过黄河下游河道渗透系数试验研究和合理性分析，结合对下游两岸地下水分析资料，采用达西定理计算黄河下游河道的渗漏耗损量。

《黄河下游河段水量平衡研究》采用“化大为小、化长为短、分项筛选、逐步逼近”的研究方法，研究黄河下游河道的引黄水量、蒸散发耗损量、渗漏耗损量等各项区间变量的时空变化特征，为黄河下游水量统一调度及径流预报提供技术支撑。

由于本项目涉及内容广、难度大，故采取多单位联合协作攻关的方式，参加本项目研究的单位有：黄河水利委员会水文局黄河水文水资源科学研究院、黄河水利委员会水资源管理与调度局、河海大学水文水资源学院、黄河水利委员会信息中心、黄河河南水文水资源局以及黄河山东水文水资源局等单位。经过全体科研人员的共同努力，取得了可喜的成果，本书在上述研究成果的基础上，经过进一步的加工提炼编撰而成。本书编写分工如下：第一章、第八章、第九章由李红良编写，第二章第一节、第四节由吕社庆编写，第二章第二节由徐小华编写，第二章第三节由张广海编写，第二章第五节由吕社庆、张广海编写，第三章由王志勇编写，第四章由袁华编写，第五章、第六章第一节、第四节由李晓宇编写，第六章第二节、第三节、第五节、第六节、第七节由周鸿文编写，第七章第一节、第二节、第六节由王志华编写，第七章第三节、第四节、第五节由马永来编写。此外，李东、王玉明、高亚军、李岩斌、许铁也参与了试验研究、数据整理和分析计算等工作。全书由李红良、李晓宇负责统稿。

由于书稿资料量大、编撰时间短，我们的写作水平有限，书中难免有欠妥之处，敬请读者批评指正。

作　者

2011 年 2 月

目　录

第一章　黄河下游河段水量平衡现状分析

第一节　黄河下游概况

一、河道概况

黄河下游河道经历了多次改道，1855 年铜瓦厢决口夺大清河入渤海，形成现行河道。黄河干流河道自桃花峪至入海口为黄河下游，河段长 786 km，落差 94 m，河道纵比降上陡下缓，平均为 0.111‰，流域面积 2.24 万 km^2，仅占全流域面积的 3%，花园口水文站以下入黄支流只有 3 条。黄河下游河道横贯华北平原，绝大部分河道河段靠堤防约束，两岸除右岸郑州黄河铁路桥以上和山东梁山十里铺至济南田庄两段为山丘地形外，两条总长 1 400 km左右的临黄大堤，约束着举世闻名的“地上悬河”，河道总面积为 4 240 km^2。由于大量泥沙淤积，河床逐年抬高，目前，河床高出背河地面 3～5 m，部分河段如河南封丘曹岗附近高出背河地面 10 m，大堤一旦决口，将造成毁灭性灾害。

由于受历史条件的限制，黄河下游现行河道平面形态呈上宽下窄的特点。桃花峪至兰考东坝头河段长 136 km，系明清时期的河道，两岸堤防已有 300～500 年的历史。东坝头至陶城铺河段长 236 km，1855 年黄河决口改道，泛流了 20 多年后才逐渐修筑堤防。陶城铺以下系大清河故道。

桃花峪至高村河段长 206.5 km，两岸堤距一般在 5～14 km，最宽达 20 km，河道宽浅，河心多沙洲，水流散乱，冲淤变化剧烈，主流游荡不定，是典型的游荡性河道。由于水流受胶泥嘴、险工和高滩崖的制约，河道形成若干节点，对河势有一定的控导作用。

高村至艾山河段长 194 km，两岸堤距一般在 1.5～8.5 km，主槽摆幅及速率较游荡性河段小，一般在 3～4 km，属于游荡性河道与弯曲性河道之间的过渡性河段。经过整治，河槽已渐趋稳定。

艾山至利津河段长 282 km，两岸堤距一般在 0.4～5 km，两岸险工、控导工程鳞次栉比，防护段长占河长的 70%，河势已得到基本控制，平面变化不大，属于弯曲性河道。

利津以下是黄河的河口段，河段长 104 km。黄河河口位于渤海湾与莱州湾之间，滨海区海洋动力较弱，潮差一般在 1 m 左右，属弱潮多沙、摆动频繁的陆相河口。随着黄河入海口的淤积—延伸—摆动，入海流路也随之改道变迁。历史上利津以下河道多次改道，1949 年以后，曾经三次有计划的人工改道，河口段的河道长度也不断变化。

现行的黄河河口入海流路，是 1976 年人工改道流经清水沟后逐步淤积塑造的新河道。近 40 年间，由黄河输送到河口地区的泥沙每年约 10 亿 t，年平均净造陆面积 25～30 km^2（河口淤积扣除三角洲海岸蚀退）。黄河入海河道淤积延伸，造成黄河溯源淤积，其影响可上溯到济南以上，是下游河道淤积抬高的一个重要因素。同时，黄河泥沙填海造陆，使三角洲土地面积逐渐扩展,并为滨海石油开采创造了有利条件。

二、水文测验概况

黄河下游干流河段设有花园口、夹河滩、高村、孙口、艾山、泺口、利津等水文站7处,入黄支流把口站有沁河武陟站、伊洛河黑石关站、天然文岩渠大车集站、金堤河范县站、东平湖陈山口站。其中天然文岩渠大车集站、金堤河范县站由河南省水文水资源局设立观测,其他各站由黄河水利委员会设立观测。

(一)干流水文站测验

民国时期,干流水文站所用的是木质测船,在断面上固定测船的唯一办法是抛锚,常因锚小、缆短导致测船下滑偏离测验断面而影响水文测验质量。

新中国成立初期,水文站陆续建造较大的测船并配备重锚、长缆加以改进,但测船下滑问题仍未能完全解决。1965年,艾山、利津站建造了钢管支柱吊船过河缆道,泺口站建造了钢塔支架吊船过河缆道;1978年,高村、孙口站建成了深基大跨度自立式钢塔支架吊船过河缆道;1981年,花园口、夹河滩站配备了大型机动测船。经过多年不懈的努力和不断的技术改造,目前,测船移动操作由人工拉纤、抛锚定位,发展到能自由移动、准确定位的大跨度高支架钢塔吊船过河缆道,测船由木船发展到钢板船和大型机动船;花园口、夹河滩站大洪水时采用机船组测流。流速仪投放由人工徒手提放操作发展到半自动化、自动化提放。测流历时大大缩短,如黄河下游“82·8”大洪水,下游各站测流历时仅1.5 h左右,测验质量大大提高。

花园口以下各站测验设施的测洪标准以能满足花园口站洪峰流量22 300 m^3/s为准配备。

随着沿黄地区国民经济建设的不断发展,黄河水资源供需矛盾日益突出。20世纪90年代后期,为满足黄河水资源统一调度的需要,解决低水流量测验的问题,黄河水文系统已开始研制用于低水流量测验的设施设备,并将陆续配置到黄河下游各站。目前,花园口站已成为国内第一个数字化水文站。

(二)引黄水量测验

黄河下游先后建有各类引黄涵闸、虹吸92处,大小扬(抽)水站75处,共计167处,设计引黄能力4 000 m^3/s左右。这些引黄设施和引黄水量的测验,分别由下游的河务部门和地方有关部门管理。引黄水量的测验沿用涵闸初始的泄流曲线,虽然边界条件与涵闸初始的边界条件相比已发生了很大的变化,但一直没有重新率定,引黄水量的测验与实际情况出入较大。黄河水资源统一调度后,虽然大多数口门已陆续改用流速仪测流,但分属不同地区、不同部门管理,由非水文专业人员进行观测。在目前大多数口门还没有实施任何有效的监测监控措施和手段的情况下,对于引水测验中存在的问题,很难及时发现并得到有效处理。

三、滩区概况

黄河下游河道分布有广阔的滩地,总面积3 549 km^2(不包括封丘倒灌区),占河道面积的84%,滩区内有耕地24.98万hm^2,涉及河南、山东两省15个地(市)43个县(区),村庄2 052个,居住人口180.96万人，即使黄河大堤不决口，洪水漫滩造成的淹没损失也非常巨大。

下游滩区大部分位于陶城铺以上河段，面积约2 770 km^2，占下游滩区面积的78%；陶城铺以下河段除平阴、长清两县有连片滩地外，其余滩地面积较小，滩面宽一般为0.5~3.0 km。下游120多个自然滩中，面积大于100 km^2的有7个，面积为50~100 km^2的有9个，面积为30~50 km^2的有12个，面积在30 km^2以下的有90多个。其中原阳县、长垣县、濮阳县、东明县和长清县5个自然滩的面积均在200 km^2以上。

孟津白鹤至京广铁路桥河段为禹王故道，河段长98 km，河道宽5~10 km。河段内滩地主要集中在左岸的孟州市、温县和武陟县境内，习惯上称"温孟滩"，现有滩区面积519.0 km^2，耕地2.72万hm^2，村庄79个，人口8.83万人。本河段温县大玉兰以上为安置小浪底水库库区移民，已修建了防御流量为10 000 m^3/s洪水的防护堤，中小洪水不受漫滩影响；大玉兰以下河段，目前当地流量3 500~4 000 m^3/s即发生漫滩。

京广铁路桥至东坝头河段为明清故道，已行河500余年，河段长131 km，河道宽浅，是典型的游荡性河道，两岸堤距5.5~12.7 km，河槽宽1.5~7.5 km。该河段滩地主要集中在原阳县、开封县境内，滩区面积844.0 km^2，耕地5.17万hm^2，村庄402个，人口43.1万人，村庄稠密。由于主流摆动频繁，主槽淤积速度较快，河道内1855年铜瓦厢决口后形成的高滩已相对不高，"96·8"洪水使140多年来从未上水的高滩也漫滩过流。

东坝头至陶城铺河段是1855年铜瓦厢决口改道后形成的河道，长235 km，两岸堤距1.4~20 km，最宽处达24 km，河槽宽1.0~6.5 km；滩区面积1 738.1 km^2，耕地10.98万hm^2，村庄1 091个，人口89.65万人。由于主槽淤积严重，滩唇高于滩面更高于临黄堤根，形成"槽高、滩低、堤根洼"的地势，滩面横比降增大到1/3 000~1/2 000，"二级悬河"形势严峻，堤河、串沟较多，河段平滩流量为2 000~3 000 m^3/s，漫滩概率较大，是黄河滩区受灾频繁、灾情较重的地区。2002年、2003年局部生产堤决口，造成滩区受淹。

陶城铺至宁海河段，长约322 km，两岸堤距1.4~20 km，河槽宽0.4~5.0 km，是铜瓦厢改道后夺大清河演变形成的。河段为弯曲性河道，河势流路比较稳定，滩槽高差较大。除长清、平阴两县的滩区为连片的大滩区外，其余全部是小片滩地。滩区面积855.7 km^2，耕地6.11万hm^2，村庄480个，人口39.38万人。该河段不仅伏秋大汛洪水漫滩概率高，而且还受凌汛漫滩的威胁。

四、引黄灌溉概况

黄河下游河道是举世闻名的"地上悬河"，如同一条输水总干渠，高踞于黄淮海平原的脊部，可以向北岸的海河流域和南岸的淮河流域自流供水和补充地下水，成为该地区乃至华北地区的补给水源。引黄灌溉是发展下游沿黄地区农业生产的基本措施。

黄河下游在北宋时期就曾有引黄河水沙淤灌农田之举。宋神宗曾下诏引黄放淤，设"提举沿汴淤田司"、"都提举淤田司"、"总领淤田司"。

历史上黄河下游两岸大堤汛期决口频繁，造成沿黄两岸大面积荒沙、碱滩和被洪水冲成的许多潭坑。引黄河水沙放淤虽能填坑改土，增加很多良田，但长期以来人们对在黄河大堤上开口建闸心存疑虑，不敢建闸。到民国年间，才开始修建几处虹吸引黄工程，规模很小。

新中国成立后，黄河下游引黄灌溉事业才得到了长足的发展，两岸修建了大量的涵闸、扬水站及虹吸工程，逐步扩大了沿黄灌区，改变了沿黄两岸工农业生产的落后面貌。引黄灌溉的发展历程，大致有以下几个阶段。

（一）试办阶段（1950～1957年）

1949年11月，水利部在北京召开各解放区水利联席会议，确定水利建设的基本方针是防止水患、兴修水利，以达到大量发展生产的目的。1950年3～8月，在山东省利津县綦家嘴试办引黄放淤闸，并取得了成功，促进了引黄工程的发展。1952年3月，人民胜利渠建成投入运用，并显示出很好的效益，进一步增强了引黄灌溉的信心。此后，河南、山东两省陆续修建了多处引黄工程。

（二）引黄大发展到停灌阶段（1958～1964年）

1958年，在全国"大跃进"的形势下，加上黄河下游气候干旱，各地纷纷要求兴建大型引黄工程。于是，在"左倾"思想指导下，不尊重科学、违背平原地区发展水利的客观规律，盲目号召"大引、大灌、大蓄"，在短短的一两年内，黄河下游共修建引黄涵闸22座，设计引黄能力3 361 m^3/s，设计灌溉面积8 861万亩❶。

引黄大发展时期，由于工程仓促上马，发展速度过快，灌区缺乏合理规划，工程建设只注重建渠首闸及干渠，只图把水引到田间即可，配套设施跟不上，又片面执行"以蓄为主"的方针，大水漫灌，不仅把原有部分除涝排水沟（河）占用为引水渠道，还在两岸大修平原水库，进一步破坏了原有的排水系统，大量的泥沙淤积在渠道和排水沟（河）内，余水无处排泄，致使地下水位升高，造成大面积内涝和次生盐碱化。

鉴于上述严重情况，1962年国务院在山东省范县召开会议，研究引黄停灌问题。停灌后，各地转向除涝、治碱，开挖排水沟，打通骨干排水河道，建立健全排水系统，经1962～1964年汛期考验，排水畅通，地下水位开始回落到接近引黄灌溉前的水平，农业生产得到恢复和发展。

（三）复灌到稳固发展阶段（1965年至今）

1964年，济南地区为改造沿黄洼地，恢复运用虹吸管，引黄河水改种水稻获得成功，并把一些荒滩、碱地改造为良田。同年，河南省成立稻改委员会，组织农业、科研、水利等有关部门，进行稻改试验，并取得成功，为恢复引黄灌溉提供了经验。

为了稳妥发展黄河下游引黄灌溉，水电部于1966年3月派工作组到下游灌区进行调查研究，复函河南、山东两省同意恢复引黄灌溉，并指出："要积极慎重，所有引黄灌区均应编制规划设计，做好灌排和田间工程配套，防止再次发生盐碱化。"从此，河南、山东两省又重新恢复引黄灌溉。

河南省本着积极慎重的原则，将原有不适应当地情况的大灌区改成几个小灌区，大型引黄渠首闸有的停用，有的改成小闸；山东省则控制渠首引水量，两省还新建一批中型引黄灌区，20世纪70年代又新建一批大型引黄灌区。

恢复引黄灌溉以后，及时总结经验教训，黄河水利委员会（简称黄委）自1980年以来，为适应引黄灌溉进一步发展的要求，除投资改建和新建引黄涵闸外，同时审批了引黄灌区的规划，调配引黄水量，加强引黄灌溉技术指导，开展科学研究，培养基层灌溉管理干部。

---

❶ 1亩＝1/15 hm^2，下同。

黄河下游引黄灌区自1965年以来，引黄水量逐年增加，灌溉面积不断扩大，20世纪70年代走上稳定发展阶段，80年代以来，引黄规模不断扩大。据2000年不完全资料统计，黄河下游共计有各类引黄涵闸、虹吸92处，大小扬(抽)水站75处，共计167处，设计引黄能力达4 000 m^3/s左右，引黄灌区规划总土地面积64 076 km^2，耕地面积5 863万亩，总设计灌溉面积5 369万亩，有效灌溉面积3 221万亩，实际灌溉面积2 962万亩。黄河下游灌区集中连片分布在河南、山东两省的沿黄地区，已发展成为国内最大的自流连片灌区和商品粮基地。目前，黄河除向下游两岸农业供水外，还担负着向北京、天津、青岛等地的城市供水。

第二节　黄河下游河段水量平衡差值时空变化分析

本节利用水量平衡的原理和方法，在花园口—利津区间，划分为相邻站和长河段两种水量平衡分析的河段，采用水量平衡水量差值过程及累积水量平衡差值过程分析的方法，研究产生较大平衡差值的时段、河段，并分析研究现状情况下黄河下游水量不平衡差值的时空变化特性。

一、水量平衡原理

自然界的水分循环，从长期的观点来看，大体上是不变的，从海洋蒸发向陆地输送的水汽，经降雨以径流的形式又回到海洋。根据物质不灭定律可知：对于任一地区，在给定时段内，各种来水量等于出水量与区域蓄水量的变化量之和，即在水分循环过程中收支平衡，这就是水量平衡原理。水量平衡原理是水文学中最基本的原理之一，水量平衡法是分析研究水文现象，建立水文要素之间定量关系，了解其对时空变化规律等的主要方法之一。

黄河下游是举世闻名的"地上悬河"，河床高于两岸地面，没有地下径流补给，河道渗漏水量基本上是向外补给；区间变量主要是两岸及滩地引水量、区间支流加入量、河道渗漏及水面蒸发损失量。

依照水量平衡原理，结合黄河下游的具体情况，有如下水量平衡方程：

$$W_{下} - (W_{上} + W_{区}) \pm \Delta W = 0 \tag{1-1}$$

$$W_{区} = W_{加} - W_{用} - W_{损} \pm W_{变} \tag{1-2}$$

式中　$W_{上}$、$W_{下}$——平衡对照河段上、下游水文站实测径流量，亿 m^3；

$W_{区}$——平衡对照河段上、下游水文站区间径流加入引出等项变量，亿 m^3；

ΔW——平衡差值，亿 m^3，为下游站实测值减上游站实测值与区间变量之和；

$W_{加}$——平衡对照河段区间集水面积径流汇入量，亿 m^3，其中已设站观测资料部分称已控面积产水量($W_{已加}$)，其余部分为未控面积产水量($W_{未加}$)；

$W_{用}$——农业灌溉及城市、工业用水量，$W_{用} = W_{引} - W_{退}$，亿 m^3；

$W_{损}$——平衡对照河段损耗水量，亿 m^3，包括河道水面净蒸发水量($W_{蒸}$)及河道渗漏水量($W_{渗}$)等；

$W_{变}$——区间其他增减水量，亿 m^3，如水库调节(含库岸调节)、河道漫滩、分洪、河段泥沙冲淤影响等变量，视各河段的具体情况，确定需要考虑的区间因素纳入水量平衡方程。

二、黄河下游水量平衡对照依据资料简述

平衡对照采用资料有两种：一是花园口、夹河滩、高村、孙口、艾山、泺口、利津站 1991～2005 年的实测径流资料；二是区间变量资料，包括区间加入水量、区间引出水量及区间耗损水量三项。其统计、计算方法简述如下：

(1)区间加入水量。包括已设支流站观测的实测资料和未控面积产水量两项，未控面积产水量分别采用降雨径流关系和相似河流面积比拟法推算。

(2)区间引出水量。包括已设渠道站观测的实测资料和未控引水量调查值。

(3)区间耗损水量。包括河道水面净蒸发耗损水量和渗漏耗损水量。河道水面净蒸发量采用沿黄水文站和气象部门观测的降水量和蒸发量资料成果计算。渗漏耗损水量采用黄委原引黄灌溉局在《1950～1990 年黄河水文基本资料审查评价及天然径流量计算》应用的方法计算；黄委原引黄灌溉局在收集沿黄 20 处渗漏试验资料的基础上，经过分析筛选出分布在各站段左右岸 16 个断面(处)的渗漏资料，与各站段相应时段的流量资料建立相关关系推求出渗漏耗损水量，并用达西公式建立多元回归的半经验方程进行系列的展延插补和年内分配。

区间变量统计及推算的精度如何将直接影响水量平衡差值。

三、黄河下游水量平衡方法

鉴于花园口水文站是黄河下游河段水量调度的控制站，花园口以下河段是黄河下游水量调度的重点河段，故黄河下游水量平衡差值沿程变化情况分析河段为花园口—利津河段，分别采用相邻站和长河段水量平衡对照的方法，分析研究产生较大平衡差值的时段、河段及主要区间变量对水量平衡的影响。

(一)相邻站水量平衡对照分析

相邻站水量平衡对照分析是采用上、下游两相邻水文站间进行平衡对照的分析方法，研究平衡差值及累积平衡差值的年内变化。结合来水来沙情况，分析平衡差值较大的河段和时段、平衡差值总的变化趋势。

1. 基本情况

相邻站水量平衡对照分析是根据水量平衡原理，采用下游站减上游站加区间变量代数和的方法计算平衡差值。黄河花园口—利津河段共有 7 个水文站，将其分为：花园口—夹河滩、夹河滩—高村、高村—孙口、孙口—艾山、艾山—泺口、泺口—利津等 6 个水量平衡区间，进行水量平衡差值分析。

2. 平衡差值过程线分析($\Delta W \sim t$)

计算统计 1991～2005 年黄河下游花园口—利津河段多年平均水量平衡差值，见表 1-1。

由表 1-1 绘制平衡差值过程线，见图 1-1。

由表 1-1 和图 1-1 分析各区间水量平衡差值变化情况如下：

(1)花园口—夹河滩区间：各月多年平均水量平衡差值均为负值，年均值为 -10.00 亿 m^3，说明水量平衡对照以下游夹河滩站偏小为主。较大的平衡差值出现在 2～4 月和 6～8 月，这两个时段的平衡差值之和占年均值的 78.4%。由图 1-1 可以看出，花园口—

表 1-1　1991 ~ 2005 年黄河花园口—利津河段相邻站多年平均水量平衡差值

（单位：亿 m^3）

河段	1	2	3	4	5	6	7	8	9	10	11	12	年均值
花园口—夹河滩	-0. 673 2	-1. 251	-1. 256	-1. 203	-0. 592 3	-1. 192	-1. 170	-1. 770	-0. 680 7	-0. 247 3	-0. 026 6	-0. 009 1	-10. 00
夹河滩—高村	0. 321 3	-0. 566 2	0. 227 9	0. 109 7	0. 153 3	-0. 631 5	-0. 865 0	-0. 700 3	-0. 382 6	-0. 234 3	-0. 093 0	-0. 589 7	-3. 309
高村—孙口	-0. 199 2	-0. 379 9	-1. 530	-0. 525 4	-0. 391 9	-0. 349 8	-0. 474 1	-0. 311 6	-0. 065 0	-0. 105 6	-0. 258 3	-0. 553 0	-5. 065
孙口—艾山	0. 175 1	-0. 143 1	-0. 544 0	-0. 579 5	-0. 519 4	-0. 561 0	-0. 592 3	0. 330 2	-0. 158 9	-0. 556 1	0. 025 3	0. 343 8	-2. 830
艾山—泺口	-0. 399 8	-0. 352 0	-1. 245	-0. 753 6	-0. 129 3	-0. 222 3	-1. 002	-0. 772 1	-0. 854 6	0. 065 1	-0. 664 2	-0. 289 1	-6. 621
泺口—利津	0. 283 0	0. 197 6	-0. 452 2	-0. 264 2	-0. 238 2	-0. 259 0	-0. 738 7	-0. 705 2	0. 518 3	-0. 103 2	-0. 068 9	-0. 073 5	-1. 909

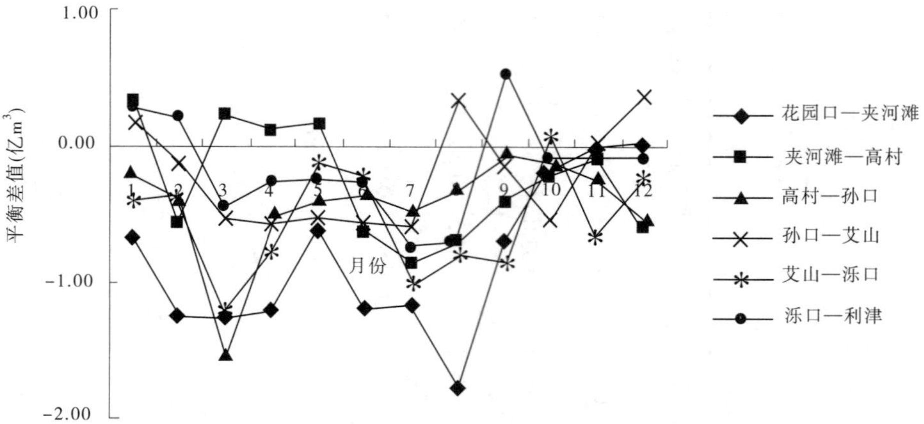

图 1-1　花园口—利津河段水量平衡差值过程线

夹河滩区间 $\Delta W \sim t$ 过程线基本上为曲线簇的下外包线。

（2）夹河滩—高村区间：各月多年平均水量平衡差值除 1、3、4、5 月为正值外，其他月份均为负值，年均值为 －3.309 亿 m^3，说明水量平衡对照以下游高村站偏小为主。较大的平衡差值出现在 2 月及 6～8 月，其时段平衡差值之和占年均值的 83.5%。由图 1-1 可以看出，夹河滩—高村区间 $\Delta W \sim t$ 过程线基本上处于曲线簇的中间。

（3）高村—孙口区间：各月多年平均水量平衡差值均为负值，年均值为 －5.065 亿 m^3，说明水量平衡对照以下游孙口站偏小为主。较大的平衡差值出现在 3 月，其平衡差值占年均值的 30.2%。由图 1-1 可以看出，高村—孙口区间 $\Delta W \sim t$ 过程线基本上处于曲线簇的中间。

（4）孙口—艾山区间：各月多年平均水量平衡差值除 1、8 月为正值外，其他月份均为负值，年均值为 －2.830 亿 m^3，说明水量平衡对照以下游艾山站偏小为主。较大的平衡差值出现在 3～7 月，其时段平衡差值之和占年均值的 77.9%。由图 1-1 可以看出，孙口—艾山区间 $\Delta W \sim t$ 过程线基本上处于曲线簇的中间。

（5）艾山—泺口区间：各月多年平均水量平衡差值除 10 月为正值外，其他月份均为负值，年均值为 －6.621 亿 m^3，说明水量平衡对照以下游泺口站偏小为主。较大的平衡差值出现在 3、4 月及 7～9 月，其时段平衡差值之和占年均值的 69.9%。由图 1-1 可以看出，艾山—泺口区间 $\Delta W \sim t$ 过程线基本上处于曲线簇的偏下方。

（6）泺口—利津区间：各月多年平均水量平衡差值除 1、2、9 月为正值外，其他月份均为负值，年均值为 －1.909 亿 m^3，说明水量平衡对照以下游利津站偏小为主。较大的平衡差值出现在 7～8 月，其时段平衡差值之和占年均值的 75.6%。由图 1-1 可以看出，泺口—利津区间 $\Delta W \sim t$ 过程线基本上处于曲线簇的中间。

通过以上分析可以看出：花园口以下河段各区间的平衡对照均以下游站偏小为主，曲线簇的变化无一定趋势可寻。

3. 累积平衡差值过程线分析（$\sum \Delta W \sim t$）

计算统计 1991～2005 年黄河下游花园口—利津河段相邻站多年平均水量累积平衡差值，见表 1-2，由表 1-2 绘制累积平衡差值过程线，见图 1-2。

表 1-2　1991 ~2005 年黄河花园口—利津河段相邻站多年平均水量累积平衡差值

（单位：亿 m^3）

河段	1	2	3	4	5	6	7	8	9	10	11	12
花园口—夹河滩	-0. 673 2	-1. 924	-3. 180	-4. 383	-4. 975	-6. 167	-7. 337	-9. 107	-9. 787	-10. 03	-10. 06	-10. 07
夹河滩—高村	0. 321 3	-0. 244 8	-0. 016 9	0. 092 8	0. 246 1	-0. 385 4	-1. 250	-1. 951	-2. 333	-2. 568	-2. 661	-3. 250
高村—孙口	-0. 199 2	-0. 579 1	-2. 109	-2. 634	-3. 026	-3. 376	-3. 850	-4. 162	-4. 227	-4. 332	-4. 591	-5. 143
孙口—艾山	0. 175 1	0. 032 0	-0. 512 0	-1. 092	-1. 611	-2. 172	-2. 764	-2. 434	-2. 593	-3. 149	-3. 124	-2. 780
艾山—泺口	-0. 399 8	-0. 751 8	-1. 997	-2. 751	-2. 880	-3. 102	-4. 104	-4. 876	-5. 731	-5. 666	-6. 330	-6. 619
泺口—利津	0. 283 0	0. 480 5	0. 028 3	-0. 235 8	-0. 474 1	-0. 733 1	-1. 472	-2. 177	-1. 659	-1. 762	-1. 831	-1. 904

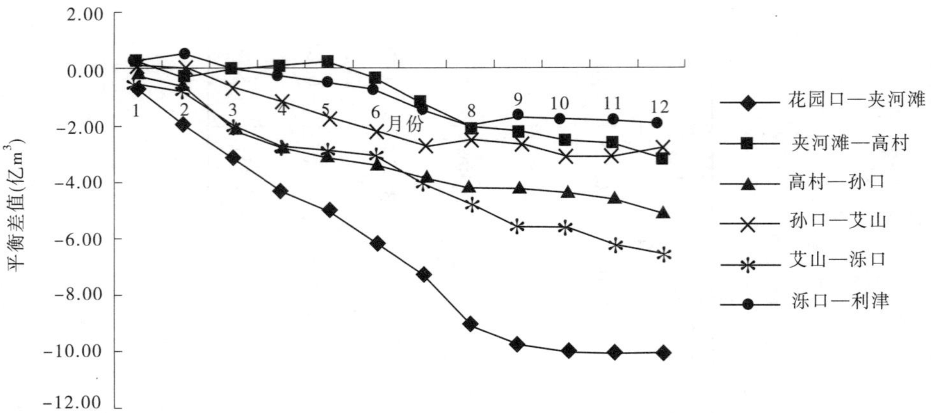

图 1-2　花园口—利津河段累积平衡差值过程线

由图 1-2 可以看出:各区间的累积平衡差值过程线均是累积减小,则花园口以下各区间均是下游站偏小。

从累积平衡差值过程线变化情况分析,大部分区间 2 ~ 9 月曲线坡度变化较陡,1 ~ 2 月及 9 月以后变化比较平缓。花园口—夹河滩区间的累积平衡差值过程线为曲线簇的下外包线,其他各区间的累积平衡差值过程线在曲线簇的中间变化,但高村—孙口区间、艾山—泺口区间的位置处于曲线簇的偏下方。

4. 相邻站水量平衡分析结果

通过对黄河下游花园口—利津河段各相邻站水量平衡分析发现,花园口以下河段的水量平衡差值都是负值,均以下游站水量偏小为主;水量平衡差值最大的区间为花园口—夹河滩区间,年均水量平衡差值为 -10.00 亿 m^3,其次为艾山—泺口区间及高村—孙口区间,其水量平衡差值分别为 -6.621 亿 m^3 和 -5.065 亿 m^3。

(二)长河段水量平衡对照

1. 基本情况

通过相邻站水量平衡对照分析发现花园口以下各区间均以下游站偏小为主,鉴于花园口以下河段是黄河水量统一调度的主要河段,现采用长河段水量对平衡对照差值进行时空变化分析,即把花园口以下河段分为:花园口—夹河滩、花园口—高村、花园口—孙口、花园口—艾山、花园口—泺口、花园口—利津等 6 个区间进行分析。

2. 平衡差值过程线分析($\Delta W \sim t$)

计算统计 1991 ~2005 年黄河下游花园口—利津河段长河段多年平均水量平衡差值,见表 1-3。由表 1-3 绘制平衡差值过程线,见图 1-3。

由表 1-3 和图 1-3 分析长河段各区间水量平衡差值变化情况如下:

(1)花园口—夹河滩区间:各月多年平均水量平衡差值均为负值,年均值为 -10.00 亿 m^3,说明水量平衡对照以下游夹河滩站偏小为主。较大的平衡差值出现在 2 ~4 月和 6 ~8 月,该两个时段的平衡差值之和占年均值的 78.4%。由图 1-3 可以看出,该区间平衡差值过程线基本上是曲线簇的上外包线。

(2)花园口—高村区间:各月多年平均水量平衡差值均为负值,年均值为 -13.28 亿 m^3,说明水量平衡对照以下游高村站偏小为主。较大的平衡差值出现在 2 ~4 月和 6 ~8 月,该两个时段的平衡差值之和占年均值的 77.2%。由图 1-3 可以看出,该区间平衡差值过程线基本上是位于曲线簇的上方。

表 1-3　1991 ~ 2005 年花园口—利津河段长河段多年平均水量平衡差值统计

（单位：亿 m^3）

河段	1	2	3	4	5	6	7	8	9	10	11	12	年均值
花园口—夹河滩	-0. 673 2	-1. 251	-1. 256	-1. 203	-0. 592 3	-1. 192	-1. 170	-1. 770	-0. 680 7	-0. 247 3	-0. 026 6	-0. 009 1	-10. 00
花园口—高村	-0. 351 9	-1. 817	-1. 028	-1. 093	-0. 439 0	-1. 823	-2. 035	-2. 445	-1. 063	-0. 481 6	-0. 119 7	-0. 598 8	-13. 28
花园口—孙口	-0. 551 0	-2. 197	-2. 558	-1. 619	-0. 831	-2. 173	-2. 509	-2. 782	-1. 128	-0. 587	-0. 378	-1. 152	-18. 37
花园口—艾山	-0. 375 9	-2. 340	-3. 102	-2. 198	-1. 350	-2. 734	-3. 101	-2. 451	-1. 287	-1. 143	-0. 352 6	-0. 808 0	-21. 20
花园口—泺口	-0. 775 7	-2. 692	-4. 347	-2. 952	-1. 480	-2. 956	-4. 103	-3. 224	-2. 142	-1. 078	-1. 017	-1. 097	-27. 82
花园口—利津	-0. 492 8	-2. 494	-4. 800	-3. 216	-1. 718	-3. 215	-4. 842	-3. 929	-1. 624	-1. 181	-1. 086	-1. 171	-29. 73

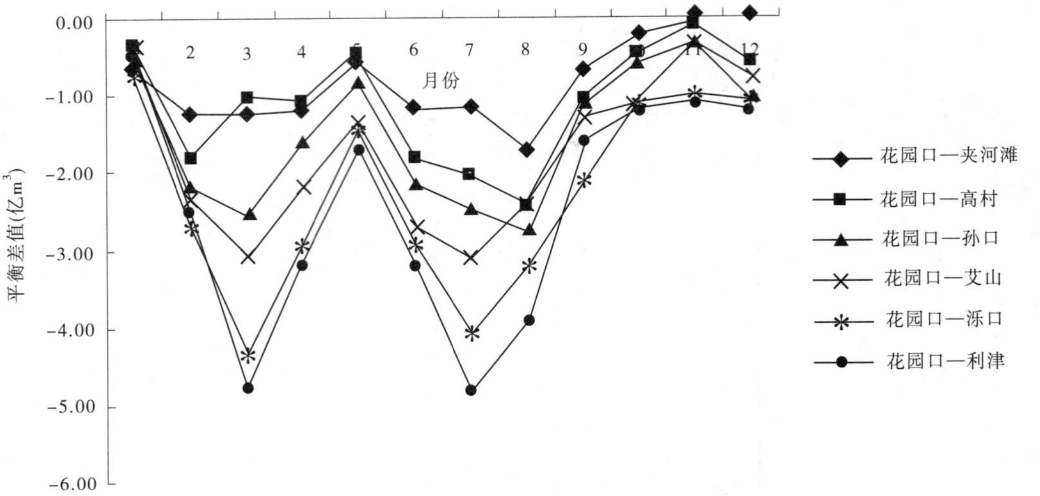

图 1-3　花园口—利津河段长河段平衡差值过程线

(3)花园口—孙口区间:各月多年平均水量平衡差值均为负值,年均值为 -18.37 亿 m^3,说明水量平衡对照以下游孙口站偏小为主。较大的平衡差值出现在2 ~4 月和 6 ~8 月,该两个时段的平衡差值之和占年均值的 74.2%。由图 1-3 可以看出,该区间平衡差值过程线基本上是位于曲线簇的中间。

(4)花园口—艾山区间:各月多年平均水量平衡差值均为负值,年均值为 -21.20 亿 m^3,说明水量平衡对照以下游艾山站偏小为主。较大的平衡差值出现在2 ~4 月和 6 ~8 月,该两个时段的平衡差值之和占年均值的 75.1%。由图 1-3 可以看出,该区间平衡差值过程线基本上是位于曲线簇的中间。

(5)花园口—泺口区间:各月多年平均水量平衡差值均为负值,年均值为 -27.82 亿 m^3,说明水量平衡对照以下游泺口站偏小为主。较大的平衡差值出现在2 ~4 月和 6 ~8 月,该两个时段的平衡差值之和占年均值的 72.9%。由图 1-3 可以看出,该区间平衡差值过程线位于曲线簇的下方。

(6)花园口—利津区间:各月多年平均水量平衡差值均为负值,年均值为 -29.73 亿 m^3,说明水量平衡对照以下游利津站偏小为主。较大的平衡差值出现在2 ~4 月和 6 ~8 月,该两个时段的平衡差值之和占年均值的 75.7%。由图 1-3 可以看出,该区间平衡差值过程线位于曲线簇的下外包线。

(7)平衡差值过程线变化趋势分析。花园口以下河段按长河段作水量平衡对照,其各月多年平均水量平衡差值过程线的曲线簇均处于零线以下区域,各站的过程线很少有交叉,其位置基本上是向下游依次排列;曲线簇变化的外型轮廓皆呈三峰点和两谷点的"W"形状,反映出平衡差值虽然均为负值,但仍具有一定的随机性。曲线簇的三个峰点各站均出现在 1 月、5 月和 11 月;曲线簇的第一个谷点花园口—夹河滩和花园口—高村出现在 2 月,其他几个区间出现在 3 月;第二个谷点花园口—夹河滩、花园口—高村和花园口—孙口出现在 8 月,其他几个区间出现在 7 月。9 月以后曲线簇普遍上抬,变化趋于平稳。

3.累积水量平衡差值过程线分析($\sum\Delta W \sim t$)

计算统计 1991 ~2005 年黄河下游花园口—利津河段长河段多年平均累积水量平衡差值,见表 1-4,由表 1-4 绘制累积水量平衡差值过程线,见图 1-4。

表 1-4　1991 ~ 2005 年花园口—利津河段长河段多年平均累积水量平衡差值统计

（单位：亿 m^3）

区间	1	2	3	4	5	6	7	8	9	10	11	12
花园口—夹河滩	-0.673 2	-1.924	-3.180	-4.383	-4.975	-6.167	-7.337	-9.107	-9.787	-10.03	-10.06	-10.07
花园口—高村	-0.351 9	-2.169	-3.197	-4.290	-4.729	-6.552	-8.587	-11.03	-12.10	-12.58	-12.70	-13.30
花园口—孙口	-0.551 0	-2.748	-5.306	-6.925	-7.755	-9.928	-12.44	-15.22	-16.35	-16.93	-17.31	-18.46
花园口—艾山	-0.375 9	-2.716	-5.818	-8.016	-9.366	-12.10	-15.20	-17.65	-18.94	-20.08	-20.44	-21.24
花园口—泺口	-0.775 7	-3.467	-7.815	-10.77	-12.25	-15.20	-19.31	-22.53	-24.67	-25.75	-26.77	-27.86
花园口—利津	-0.492 8	-2.987	-7.786	-11.00	-12.72	-15.94	-20.78	-24.71	-26.33	-27.51	-28.60	-29.77

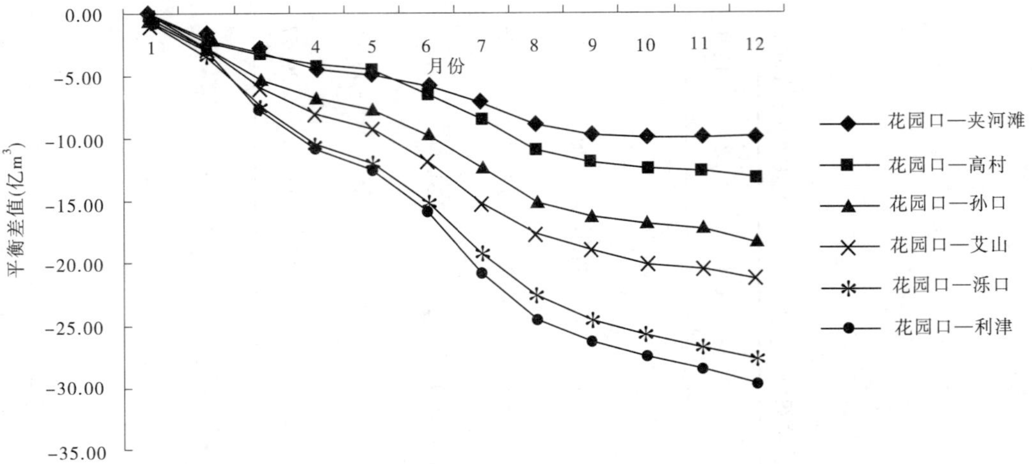

图 1-4　花园口—利津河段长河段累积平衡差值过程线

由图 1-4 可以看出:所分析的 6 个区间的累积水量平衡差值过程线全部为负值,说明平衡对照均是下游站偏小。各区间累积平衡差值过程线的形状基本一致,其位置除花园口—夹河滩、花园口—高村在 6 月份以前和花园口—泺口、花园口—利津 4 月份以前重叠外,其他区间和时段均依次向下游近似平行排列,表示平衡差值有向下游依次增大的趋势。

图 1-4 还显示出两个变化特点:其一,各区间累积平衡差值过程线的变化在 2 ~ 4 月和 6 ~ 8 月两个时段下降斜率大,表示该时段的平衡差值相对较大。其二,花园口—夹河滩、高村—孙口、艾山—泺口累积平衡差值过程线的间距较大,表明这三个区间平衡差值相对较大,这与前述分析结果一致。

4. 长河段水量平衡分析结果

通过对黄河下游河段水量平衡对照分析,发现黄河下游水量平衡差值较大的时段为 2 ~ 4 月和 6 ~ 8 月,该两时段水量平衡差值之和占年水量平衡差值的百分数在 72. 9% ~ 78. 4% 之间。该时段与黄河下游沿岸农作物的灌溉季节相对应,经统计黄河下游花园口—利津河段的引黄水量,2 ~ 4 月及 6 ~ 8 月的引水量之和占年引水量的 64. 2% ,说明引水量是影响黄河下游水量平衡的主要因素。

四、黄河下游水量平衡研究的主要问题

通过对黄河下游相邻站及长河段水量平衡对照分析,发现黄河下游水量平衡差值较大的时段为 2 ~ 4 月和 6 ~ 8 月,平衡差值较大的河段为花园口—夹河滩、高村—孙口、艾山—泺口。

水量平衡对照分析的诸因素中,在上游来水量一定的情况下,河道渗漏量和蒸散发量变化应比较稳定,区间引黄水量主要用于农业灌溉,有一定的季节性,农业灌溉的高峰期正好与水量平衡差值较大的时段相对应。

根据水量平衡对照分析所发现的问题,《黄河下游河段水量平衡研究》拟从以下几个方面进行研究:

（1）在小浪底、高村、艾山、利津等站开展水文测验精度试验，对20世纪90年代以来的水文测验精度进行综合评价；

（2）在花园口开展黄河下游水面蒸发和土壤蒸发模型试验，建立符合黄河下游实际情况的蒸发模型，计算黄河下游的蒸发量，并进行时空变化特征分析；

（3）在花园口、高村、孙口、艾山、泺口等站开展渗透系数试验，率定黄河下游的河道渗透系数，计算黄河下游河道渗漏量，并进行时空变化特征分析；

（4）选择刘庄等8处引黄涵闸，与引黄水量测验部门进行同步期的测验，对20世纪90年代以来的引黄水量测验精度进行综合评价，修正黄河下游的引水量，并进行时空变化特征分析；

（5）开展未控引水调查统计，弥补引黄水量观测的不足，并进行滩区用水分析研究；

（6）应用遥感技术准确提取黄河下游水面、滩地、林草荒地、居民住地、耕地面积，为滩区用水分析、下游蒸散发量计算等方面的研究提供支撑。

通过上述几方面的研究，阐明了黄河下游水量不平衡的原因，并提出了改进措施，为黄河下游水量统一调度管理提供了技术支撑。

第二章 实测河川径流量测验精度分析评价

黄河小浪底水库以下干流布设有小浪底、花园口、高村、孙口、艾山、泺口及利津等7个水文站，水文站实测资料的精度直接关系黄河下游的各项治黄工作。本章实测河川径流量测验精度分析评价选择下游河段入口的小浪底站、出口的利津站、省际断面高村站及位于山东河段中间的艾山站作为审查站，根据各站的具体情况，审查分析的内容有所不同。小浪底站主要分析小浪底水库运用以来的实测资料，从垂线精简误差、测点精简误差、断面测深与测宽误差及水位—流量关系曲线定线误差等方面进行常规流量测验精度分析评价；高村、艾山及利津等站，小水时采用吊箱施测流量，中、高水时采用测船施测流量，本次测验精度分析评价主要分析不同测验设施之间的测验精度，各站分别采用两种不同测验设施同步平行比测试验，对试验成果进行分析评价，同时对1991年以来累积的精测法资料进行精简分析。通过对小浪底、高村、艾山及利津等站实测径流资料测验精度的分析评价，结合黄河下游各站测验设施设备情况、测验情况及水位—流量关系曲线定线情况的分析，综合评价黄河下游实测河川径流量测验精度。

此次测验精度评价依据的技术标准为：《水位观测标准》(GBJ 138—90)、《河流流量测验规范》(GB 50179—93)、《水文资料整编规范》(SL 247—1999)、《水文测杆》(SL 09—89)、《水文普通测量规范》(SL 58—93)等。

第一节 小浪底站水文测验精度分析评价

一、概述

黄河小浪底站于1955年4月20日设立，基本水尺断面于1958年7月11日下迁100 m，由于小浪底水利枢纽工程的兴建，于1991年下迁4 km。目前，小浪底站位于小浪底水库坝下4 km处，集水面积69.4万km^2，距黄河河口892 km，为小浪底水库的出库控制站。

根据小浪底站的实际情况，此次水文测验精度评价只针对小浪底水库建成投入使用后的实测流量资料，从垂线精简误差、测点精简误差、断面水深测量误差、断面宽度测量误差及水位—流量关系曲线定线误差等方面进行。

(一)测站水沙特性

小浪底站受水库的调蓄作用，水位流量涨落急剧，变幅较大，尤其是非汛期受水电站运用影响，变化极其频繁。水位—流量关系一般为多线。每年12月中旬至次年5月中旬含沙量趋于零，洪水期受水库排沙的影响，含沙量一般较大。

(二)断面特性

小浪底站测验河段长400 m，河道顺直，砂卵石河床，一般情况下测验断面河床较稳定，冲淤变化很小。测验断面主槽宽约 330 m，低水时右岸有近 100 m 的串沟，基本断面下游 300 m 以下河道逐渐开阔。

（三）流量测验概况

小浪底站流量测验设施有测船缆道一条，跨度 788 m，配有机吊两用钢质测船一艘，船长 22.99 m，宽 5.00 m，吃水深 0.50 m，铅鱼质量 400 kg，在流量小于 5 000 m^3/s 时使用测船缆道测流；流量大于 5 000 m^3/s 时采用水面浮标法测流，浮标系数风向风力为 0 时选用 0.83，顺风 1 ~4 级时选用 0.80 ~0.83，逆风 1 ~4 级时选用 0.84 ~0.87（系 1992 ~1994 年的试验系数）。

二、流量测验误差分析

（一）资料来源

选用 1996 年以来小浪底站 17 次精测法流量测验原始数据进行分析，资料情况详见表 2-1。

表 2-1　1996 ~2004 年小浪底站流量精测法统计

编号	时间（年-月-日）	水位（m）	流量（m^3/s）	面积（m^2）	平均流速（m/s）	水面宽（m）	平均水深（m）	五点法垂线数目
1	1996-05-12	134.18	783	701	1.12	346	2.03	9
2	1997-05-12	133.70	560	608	0.92	270	2.25	10
3	1997-10-12	133.26	270	472	0.57	230	2.05	7
4	1998-05-12	133.75	501	566	0.89	247	2.29	10
5	1998-10-10	133.37	319	421	0.76	242	1.74	5
6	1999-05-10	133.71	454	573	0.79	269	2.13	11
7	1999-10-12	133.33	293	507	0.58	249	2.04	9
8	2000-05-15	133.67	380	577	0.66	249	2.32	10
9	2000-10-12	133.84	538	593	0.91	265	2.24	11
10	2001-05-15	134.02	630	698	0.90	320	2.18	10
11	2001-10-15	134.09	763	681	1.12	320	2.13	12
12	2002-05-13	134.29	703	724	0.97	321	2.26	12
13	2002-10-12	134.17	813	738	1.10	319	2.31	10
14	2003-05-12	133.72	490	602	0.81	272	2.21	10
15	2004-06-23	136.08	2 440	1 250	1.95	322	3.88	11
16	2004-06-26	136.14	2 450	1 240	1.98	322	3.85	8
17	2004-10-12	133.01	183	416	0.44	136	3.06	11

（二）误差组成

小浪底站流量测验采用流速面积法，流量计算的理论公式为：

$$Q = \int_0^H \int_0^B f(h,B)\mathrm{d}h\mathrm{d}B \tag{2-1}$$

在水文测验中均借助于部分流量测量，经累加后得到断面流量，即由于 $v = f(h,B)$ 关系复杂，积分式变为有限差的形式计算流量：

$$Q = \sum b_i \overline{h_i} \overline{v_{ii}} \tag{2-2}$$

由式(2-2)中可以看出，采用流速仪测流并用面积包围法计算流量时，流量测验误差由以下几部分组成：

(1)测宽误差和测深误差；

(2)流速仪检定误差；

(3)由测点有限测速历时导致的误差；

(4)由测速垂线测点数目不足导致的垂线平均流速计算误差；

(5)由测速垂线数目不足导致的误差。

测宽误差、测深误差由观读的随机误差和仪器本身所造成的未定系统误差组成。流速仪检定误差由检定的随机误差和仪器本身在测量中所造成的未定系统误差组成。

国际标准 ISO1088 规定：

由于在每条垂线上测点测速的有限测速历时所造成的误差。因为水流紊动，在断面内的流速存在着连续的脉动现象，在测点上，按一定的历时测得的平均流速，是这个点的平均流速真值的一个近似值。这方面的误差称为“第Ⅰ型误差”。

由于在一条垂线上使用有限的抽样测点数而产生的误差。用各测点流速的均值或加权均值算得的垂线平均流速，是这条垂线平均流速真值的一个近似值，这方面的误差称为“第Ⅱ型误差”。

由于有限测速垂线数而产生的误差。在两垂线之间，用内插的方法来确定流速横向分布，会产生误差。用垂线水深和平均流速确定单宽流量和部分流量，求各部分流量之和，得到总流量真值的一个近似值，这方面的误差称为“第Ⅲ型误差”。

测点有限测速历时导致的误差(简称Ⅰ型误差)为随机误差；由测速垂线测点数目不足导致的误差(简称Ⅱ型误差)以及测深、测速垂线数目不足导致的误差(简称Ⅲ型误差)，由随机误差和已定系统误差组成。

1. Ⅰ型误差

Ⅰ型误差：是测点有限测速历时导致的误差，即测点流速脉动误差。经试验表明，Ⅰ型误差随测速历时的增加而减少，与水深的关系为上下大中间小，小浪底站 0.5 m 水深测速历时 100 s 时，其相对标准差为 ±3.3%，与黄河其他站试验结果一致，并符合流量测验规范要求。

2. Ⅱ型误差

Ⅱ型误差：是由于测速垂线测点数目不足导致的误差。在野外流量测验过程中，为保证水位代表性、满足水位—流量关系定线推流精度要求,同时缩短测速历时、减轻劳动强度,按照流量测验规范,常减少流速测点数目,采用两点法进行测验。有时为了抢测洪峰、避免水草影响,还采用一点法进行流量测验,因而导致了Ⅱ型误差。

通过对小浪底站 1996 ~ 2004 年资料分析,以 17 次精测法 166 条五点法测速垂线作为相互独立的随机样本,以五点法垂线平均流速作为近似真值,分别以式(2-3) ~ 式(2-9)计算不同测点数的垂线平均流速 v_m 进行误差计算。

(1)垂线平均流速计算公式。

五点法垂线平均流速计算公式为:

$$v_{mf} = \frac{1}{10}(v_{0.0} + 3v_{0.2} + 3v_{0.6} + 2v_{0.8} + v_{1.0}) \tag{2-3}$$

三点法垂线平均流速计算公式为:

$$v_{mt} = \frac{1}{3}(v_{0.2} + v_{0.6} + v_{0.8}) \tag{2-4}$$

两点法垂线平均流速计算公式为:

$$v_{mt} = \frac{1}{2}(v_{0.2} + v_{0.8}) \tag{2-5}$$

一点法平均流速计算公式为:

$$v_{m0.2} = K_{0.2}v_{0.2} \tag{2-6}$$

或

$$v_{m0.6} = K_{0.6}v_{0.6} \tag{2-7}$$

式中 $K_{0.2}$、$K_{0.6}$——相对水深 0.2、0.6 流速系数。

(2)一点法(0.2、0.6)流速系数计算。

选用 1996 ~ 2004 年共 17 次精测法流量测验中共 166 条采用五点法测速垂线,分别进行相对水深 0.2、0.6 测点的垂线平均流速计算及误差分析。

分别点绘五点法垂线平均流速与相应 0.2、0.6 测点流速关系,如图 2-1、图 2-2 所示。从图中可以看出,0.2、0.6 测点流速与五点法垂线平均流速呈带状分布,最小二乘法线性拟合公式为:

$$v_{m0.2} = 0.89v_{0.2} \tag{2-8}$$

$$v_{m0.6} = 1.00v_{0.6} \tag{2-9}$$

(3)误差分析计算。

平均相对误差。其计算公式为:

$$\bar{\mu} = \frac{1}{n}\sum_{i=1}^{n}\left(\frac{v_{mi} - v_{m5i}}{v_{m5i}}\right) \tag{2-10}$$

式中 $\bar{\mu}$——按不同测点数计算所得平均流速的平均相对误差;

v_{mi}——第 i 个不同流速测点数计算所得垂线平均流速;

v_{m5i}——第 i 个以五点法求得的垂线平均流速;

n——测点总数。

相对标准差。其计算公式为:

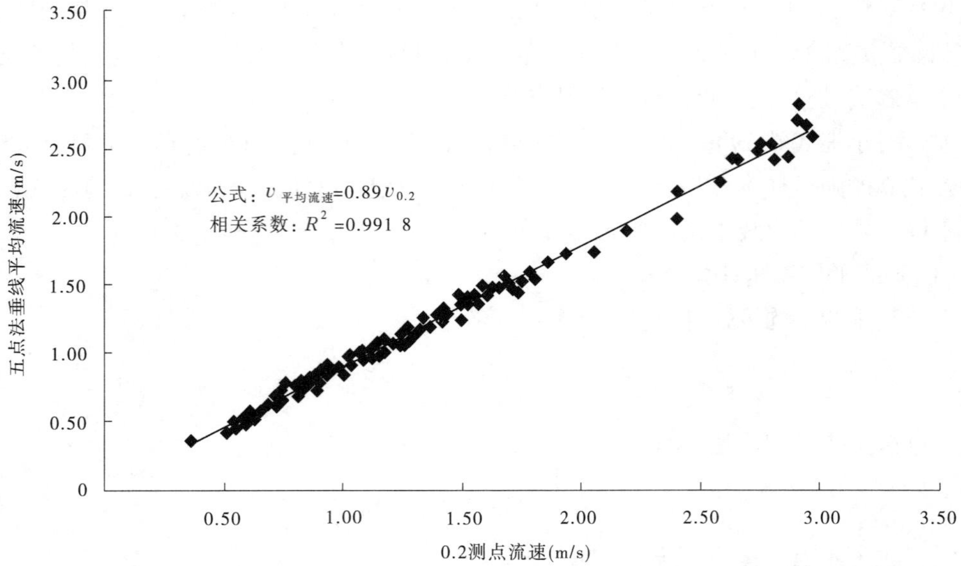

图 2-1　小浪底站五点法与 0.2 一点法垂线平均流速相关关系

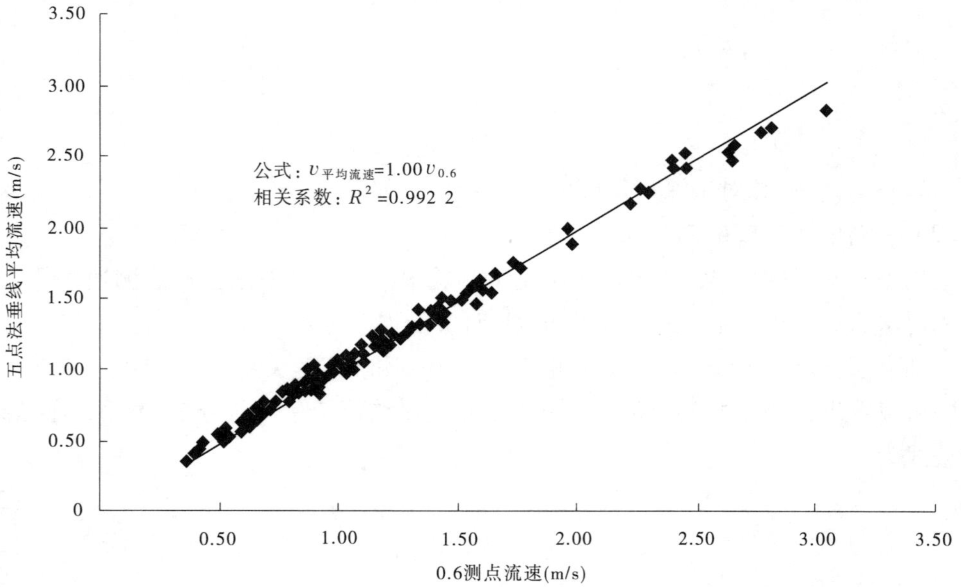

图 2-2　小浪底站五点法与 0.6 一点法垂线平均流速相关关系

$$S = \sqrt{\frac{\sum_{i=1}^{n}(\mu_i - \bar{\mu})^2}{n-1}} \tag{2-11}$$

式中　S——按不同测点数计算所得平均流速的相对标准差；

μ_i——第 i 条垂线按不同测点数计算所得平均流速的相对误差，$\mu_i = \frac{v_{m0.2} - v_{mf}}{v_{mf}}$。

Ⅱ型误差计算结果见表 2-2。

表 2-2　Ⅱ型误差计算结果

测验方法	平均相对误差 (%)	相对标准差 (±%)	累计频率 75% 相对误差 (±%)
三点法	-0.13	1.10	1.21
二点法	-0.23	2.29	2.38
0.2 一点法	0.80	4.09	4.73
0.6 一点法	0.18	4.28	4.83

从计算结果中可以看出以下几点：

(1)随着测点数目的减少,垂线平均流速相对标准差增加。

(2)一点法、两点法、三点法等简化测验方法均存在不同程度的系统误差,但是其误差值均较小,均不超过1%,符合规范要求。

(3)一点法测验相对标准差较大,一般不宜采用。

3. Ⅲ型误差

Ⅲ型误差:是测流断面上有限测速、测深垂线引起的误差。在精测法流量测验中,往往布置较多测深、测速垂线,以控制测验断面上流速、水深的横向分布。常规测验时由于垂线数目的减少,会产生Ⅲ型误差。

(1)断面水深、流速横向分布。

选择精测法中不同流量级测次,绘制起点距—流速、起点距—高程横向分布图,如图2-3所示。

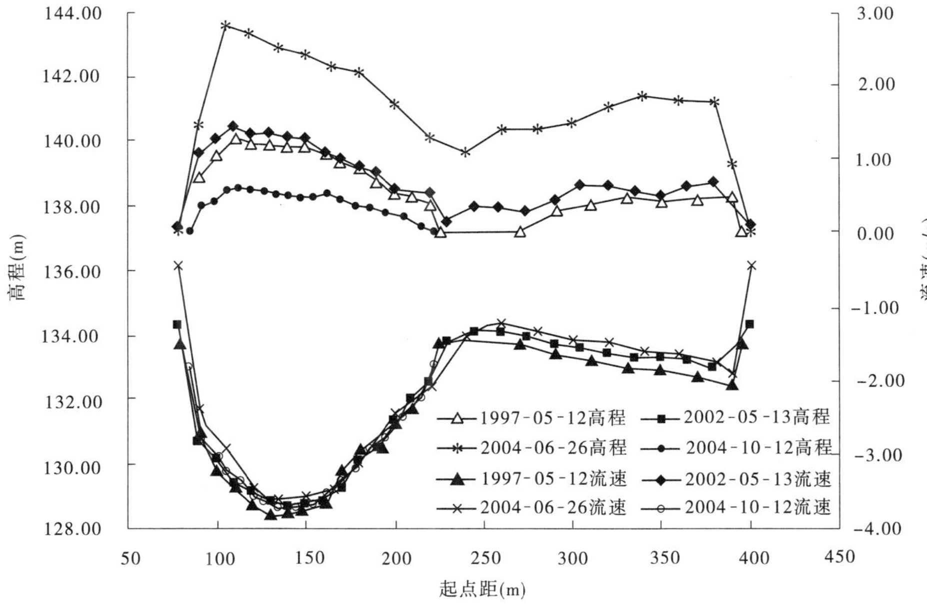

图 2-3　小浪底站精测法水深、流速横向分布

从图2-3中可以看出,小浪底站断面较稳定,河床冲淤变化小,主河槽位于起点距78~260 m范围内,右岸有一浅槽,宽度约为140 m,中低水时在断面上形成两股河。流速横向分布变化与断面横向变化基本相应，主槽流速较大，最大流速基本都位于起点距 100 m 附近的范围内，中高水时流速横向变化大，低水时流速横向分布均匀。右岸浅槽流速较小，横向分布均匀。

(2)少线流量计算方案的确定。

Ⅲ型误差计算就是在多线精测法流量成果的基础上，确定垂线精简的方案，计算减少测深、测速垂线的近似流量，从而进行Ⅲ型误差的分析计算。在计算过程中以单宽流量横向分布规律为依据(见图 2-4)，以等部分水面宽和等部分流量相结合滑动抽线，进行测速垂线选择，充分考虑水深、流速横向分布规律和单宽流量横向分布规律，合理减少测深、测速垂线。

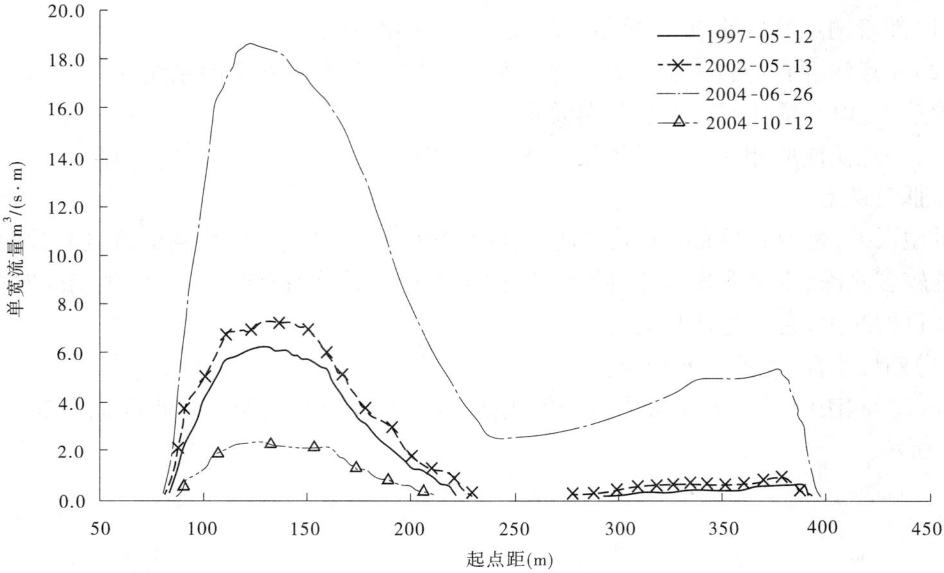

图 2-4　小浪底站精测法单宽流量横向分布

(3)误差分析计算。

平均相对误差。其计算公式为：

$$\bar{\mu} = \frac{1}{n}\sum_{i=1}^{n}\left(\frac{Q_m - Q_0}{Q_0}\right)_i \tag{2-12}$$

式中　$\bar{\mu}$——减少测深、测速垂线计算的近似流量的平均相对误差；

Q_m——减少测深、测速垂线后所计算的近似流量；

Q_0——精测法流量；

n——测次总数。

相对标准差。其计算公式为：

$$S = \sqrt{\frac{\sum_{i=1}^{n}(\mu_i - \bar{\mu})^2}{n-1}} \tag{2-13}$$

式中　S——减少测深、测速垂线计算的近似流量的相对标准差；

μ_i——第 i 次以较少测深、测速垂线计算的近似流量的相对误差，$\mu_i = \frac{Q_m - Q_0}{Q_0}$。

Ⅲ型误差计算成果见表 2-3。

表 2-3　Ⅲ型误差计算成果

垂线数	平均相对误差（%）	相对标准差（%）	累计频率 75% 的相对误差（%）
5	-6.35	2.15	8.69
8	-4.32	1.46	5.71
10	-3.17	1.30	4.33
12	-2.40	1.49	4.06
15	-1.25	1.25	2.42
18	-0.40	0.49	0.61
20	-0.14	0.32	0.38

从表 2-3 中可以看出以下几点：

(1)垂线数越多，测验精度越高。

(2)小浪底站常规测验在低水时布设测速垂线 9～10 条，洪水时布设 15 条，河宽超过 300 m 时，采用 11 条以上测速垂线，平均相对误差小于 3%，累计频率 75% 的相对误差小于 5%，均在规范允许误差范围之内，说明小浪底站常测法流量测验精度能够满足规范要求。

(3)平均相对误差均为负值，说明当垂线减少时，常测法较精测法流量有所偏小。

三、水位—流量关系分析

(一)实测流量资料情况

选用 1996～2004 共 1 321 次实测资料，历年资料情况统计见表 2-4。从表 2-4 中可以看出，小浪底站洪峰控制幅度平均为 95.2%，超过 95%，满足规范要求。但部分年份洪峰控制幅度较低，如 2000 年仅为 86%，这是由于受小浪底水库调蓄运用、闸门启闭影响，洪水涨落急剧，导致洪峰控制幅度降低。

表 2-4　小浪底站实测流量统计

年份	流量测次	最大流量（m^3/s）	实测最大流量（m^3/s）	相应水位（m）	时间（月-日）	控制幅度（%）
1996	104	5 090	4 930	136.42	08-04	96.9
1997	87	4 030	4 020	136.71	08-03	99.8
1998	111	4 390	4 340	136.78	07-15	98.9
1999	126	2 840	2 630	135.96	07-23	92.6
2000	75	1 710	1 470	134.99	04-26	86.0
2001	83	1 680	1 660	135.14	10-01	98.8
2002	231	3 350	3 120	136.34	07-04	93.1
2003	311	2 500	2 430	135.83	10-24	97.2
2004	193	3 030	2 850	136.11	07-08	94.1

(二)水位—流量关系定线分析

小浪底站水位—流量关系受冲淤变化和洪水涨落等因素影响,呈多线关系,据 1997 ~ 2004 年资料统计,年定线 1 ~ 17 条,现将 1997 ~ 2004 年主要曲线的关系点套绘,如图 2-5 所示。

从图 2-5 中可以看出,各年主要水位—流量关系点群较集中,呈带状分布。流量在 500 m^3/s 以下的低水,含沙量很小,点群密集,变幅小;流量为 500 ~ 3 000 m^3/s 的中高水,受冲淤变化和洪水涨落等因素影响,关系点带较宽,变幅为 300 ~ 500 m^3/s,采用临时曲线及绳套曲线定线,但一次洪水过程水位—流量关系基本稳定,多呈单一曲线。有时受洪水涨落等因素的影响,呈逆时针绳套关系,但涨水侧、落水侧仍表现为较稳定的水位—流量关系。

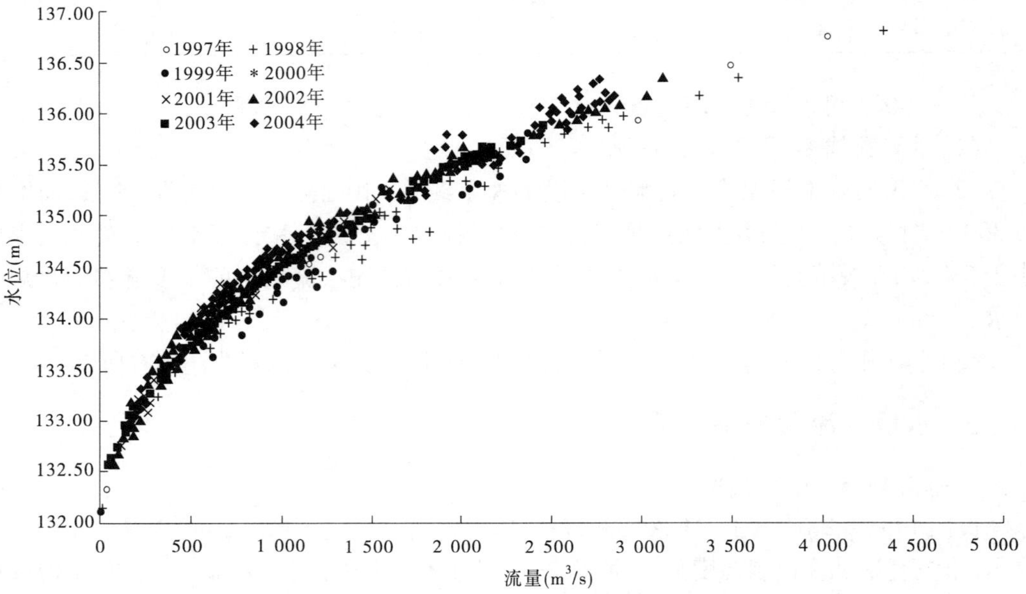

图 2-5　1997 ~ 2004 年实测水位—流量关系

(1)定线系统误差。其计算公式为:

$$\bar{\mu} = \frac{1}{n}\sum_{i=1}^{n}\left(\frac{Q_i - Q_{ci}}{Q_{ci}}\right)_i \tag{2-14}$$

式中 $\bar{\mu}$——测点流量与关系线对应流量的相对误差的均值,即系统误差;

Q_i——第 i 次测点实测流量,m^3/s;

Q_{ci}——第 i 次实测流量在相应的曲线上的流量,m^3/s;

n——测点总数。

(2)测点标准差。其计算公式为:

$$S = \left[\frac{1}{n-2}\sum\left(\frac{Q_i - Q_{ci}}{Q_{ci}}\right)^2\right]^{1/2} \tag{2-15}$$

式中 S——测点流量与关系线对应流量的相对标准差。

(3)随机不确定度。其计算公式为:

$$x'_0 = 2S \tag{2-16}$$

式中　x_0'——水位—流量关系线置信水平为95%的随机不确定度。

由于小浪底站水位—流量关系较好，故整编定线推流精度较高，见表2-5。

表2-5　小浪底站1996～2004年定线推流精度统计

年份	整编定线数目	系统误差（%）	测点标准差（%）	累计频率75%的相对误差（%）	随机不确定度（%）
1996	11	0.32	3.32	3.88	6.64
1997	5	0.61	4.74	5.58	9.48
1998	17	-0.24	2.63	2.55	5.26
1999	11	0.04	2.56	2.55	5.12
2000	2	0.11	3.25	3.66	6.50
2001	4	0.58	3.81	3.90	7.62
2002	6	0.26	3.03	3.26	6.07
2003	1	0.22	2.73	2.69	5.46
2004	5	-0.07	2.95	2.82	5.90
平均		0.09	3.20	3.10	6.40

由表2-5可知，1996～2004年定线系统误差平均为0.09%；累计频率75%相对误差平均为3.10%，随机不确定度平均为6.40%，定线精度符合水文规范要求。

小浪底站水位—流量关系较稳定也可从各年定线条数看出，自2000年开始，定线条数都在6条以下，其中2003年全年水文资料整编仅用1条曲线推流。

四、小浪底站分析结果

（1）小浪底站现行测验及建立的水位—流量关系推流整编方法符合国家标准行业标准规范精度要求。

（2）一点法测速的误差较大，一般不宜采用。

（3）对于U形河槽测深、测速垂线条数不足时，产生的误差有系统性，为负值。

（4）小浪底站精测法流量测验一次需要约3 h，常测法流量测验一次需要约1 h，该站受水库运用调节影响，水位变幅大、变化频繁，采用增加测点、测线提高测验精度，远远不及流量测验时水位变化带来的误差。因此，研究改进测验方法和应用先进的测验仪器是提高测验精度的关键。

第二节　高村站水文测验精度分析评价

高村站水文测验精度分析评价主要是通过不同测验方法的比测试验，按照行业标准《河流流量测验规范》（GB 50179—93）的规定，对实测流量资料的各要素进行单项和综合误差分析，评价流量测验精度是否符合规范要求，同时提出存在的问题。

一、测站概况

黄河高村站于1934年4月设立，站址位于山东省东明县菜园集乡冷寨村。地理坐标为：东经115°05′、北纬35°23′，距河口579 km。该站是黄河进入山东境内的把口站，是北金堤滞洪区分洪量的校核站，是黄河下游水量统一调度的省际断面，为黄河山东段的防洪、防凌及水资源调度测取各项水文资料与提供情报服务。

高村站测验河段位于游荡性河段与过渡性河段的交界处。断面左岸上游3 km处为青庄坝，右岸为高村险工。主流常年靠右岸，河势发生变化时将左移，如1986年、1987年，因上游29号坝脱险，致使主流左移1 000余m，至1988年汛后，在人工控导和水沙条件的相互作用下，主流又逐步右移，在起点距300～800 m处摆动。为克服低水测验困难，测站于2002年5～10月在基本水尺断面上游254 m处修建低水测验吊箱缆道。为了完成本次流量精度试验比测工作，又在吊箱缆道上游31 m拉偏缆道处新设低水测流试验断面。

二、流量平行比测试验

近年来，高村站流量测验方法是采用缆道测船（冲锋舟）定位、流速仪测速、测深杆施测水深，用常测法（按规范布设少线、少点）测流。为验证这种方法所测流量资料的精度，故本次比测试验采用吊箱（定位较准）及测船（冲锋舟）不同定位方法进行流量平行比测试验，比测次数为30次，同时，对测船（冲锋舟）左右、上下摆动幅度进行观测。另外，还对测深杆测深误差进行了试验。

（一）流量平行比测试验情况

高村站测验断面为一槽一滩（分嫩滩和老滩两部分）复式河床。本次比测测船测流采用C_5测流断面（基本水尺断面下游346 m），冲锋舟测流采用吊箱副缆所在断面（新设试验断面，基本水尺断面上游285 m），电动吊箱测流断面位于基本水尺断面上游254 m。比测期间，吊箱断面的宽度为443～517 m，冲锋舟测流断面宽度为443～512 m，C_5测流断面宽度为495 m左右。比测试验期间，河务部门正在进行标准化堤防建设，在测验河段先后有7艘吸泥船进行挖泥作业，导致测验断面变化频繁且极不规则，对水流产生一定影响。

本次比测试验可根据上游来水来沙和河势变化特点，分三个时段进行。

第一时段：2004年6月2～8日，水位变化范围为61.30～61.70 m，流量变化范围为550～1 100 m^3/s，期间共平行比测流量14次。吊箱用精测法（22～24条加密测速垂线、垂线上用两点法测速，水深较小时用0.6一点法测速）在基上254 m断面施测；测船（冲锋舟）用常测法（11～12条测速垂线，垂线上用1～2点法测速）在基上285 m施测。

第二时段：2005年6月16～19日，水位变化范围为62.20～62.35 m，流量变化范围为2 200～2 500 m^3/s，期间共平行比测流量4次。吊箱和测船均用多线五点精测法测验。吊箱测验在基上254 m断面进行，测船测验在C_5测流断面（基下346 m）进行。

第三时段：2005年8月6～19日，水位变化范围为60.50～61.20 m，流量变化范围为350～900 m^3/s，期间共平行比测流量12次。吊箱断面前6次（8月6～11日）用多线五点法精测法施测，后6次（8月12～19日）用多线少点法（近似精测法）施测。测船（冲锋舟)断面前 6 次用多线五点精测法施测,后 6 次用常测法施测。

上述三个平行比测试验时段,吊箱与测船(冲锋舟)共平行比测流量 30 次。其中,吊箱测有 10 次是符合规范的精测法,有 20 次是多线少点(一般为两点法)的近似精测法。测船(冲锋舟)有 10 次是符合规范的精测法施测,有 20 次是按照规范规定的常测法施测。比测试验成果见表 2-6 和表 2-7。

在比测试验期间,我们随时对测验资料进行整理分析。在第一时段平行比测试验期间,由于测验河段有吸泥船在进行作业,导致断面左、右岸均出现一窄深槽。吊箱测验很难控制断面变化,造成断面面积测量不准确(见图 2-6)。在比测试验过程中,我们于 2004 年 6 月 2 日(第 3 测次)和 6 月 4 日(第 5 测次)分别进行了吊箱测验断面测深加密测验,然后将测深垂线精简到 24 条测深垂线。其中,第 3 测次,精简后断面面积减小 7 m^2,偏小 1.4%;第 5 测次,精简后断面面积减小 2 m^2,偏小 0.34%。对于冲锋舟常测法而言,对断面面积的控制则更加困难,所以影响对平行测验结果进行正确评价。另外,第 15 ~ 18 测次平行测验系中水期间的比测,测船在 C_5 测船缆道断面悬吊黄测 A109 船施测,而且第 15 ~ 30 测次测船施测不在同一断面,对比测成果也有一定影响。

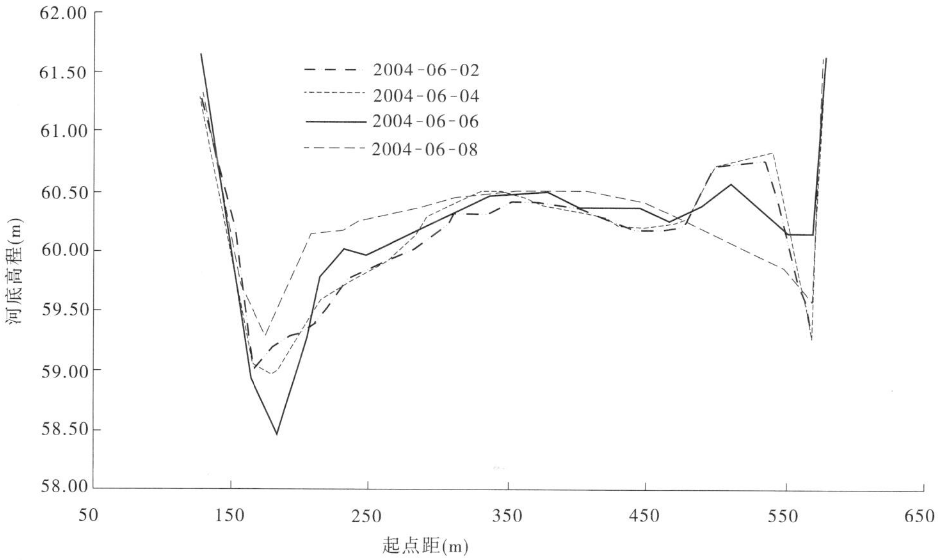

图 2-6　2004 年流量比测期间受吸泥船作业影响断面冲淤变化(吊箱断面)

综上所述,我们认为平行比测分三个时段进行,时空变化大,测验断面也发生了很大变化,而使用测船(冲锋舟)进行常测法测验时,对断面变化控制存在一定困难,致偶然误差较大。由于比测分三个时段进行,历时长达一年两个月,影响比测的不确定因素较多,所以将三个时段的比测试验成果作为一个系列,使正确分析评价测验精度受到一定影响。

(二)流量平行比测试验成果误差分析

1. 吊箱精测法与测船(冲锋舟)常测法流量对比分析

以吊箱测精测法和近似精测法流量 30 次资料作为近似真值,与测船(冲锋舟)平行比测的常测法(其中 10 次精测法经过正规的垂线测点精简后改算为常测法)流量资料(见表 2-8)进行对比分析,求出各次常测法的绝对误差和相对误差,其计算见表 2-9。

表 2-6 黄河高村站吊箱实测流量成果

测次	比测编号	施测时间				断面位置	测验方法	水位(m)	流量(m^3/s)	断面面积(m^2)	流速(m/s)		水面宽(m)	水深(m)		水面比降($\times 10^{-4}$)	糙率	说明
		年-月-日	起	讫	平均						平均	最大		平均	最大			
			时:分	时:分	时:分													
2	1	2004-06-02	09:18	11:00	10:09		23/24	61.30	591	521	1.13	1.73	443	1.18	2.30			
3	2	2004-06-02	17:24	19:12	18:18		23/41	61.28	549	503	1.09	1.66	443	1.14	2.25			
120	3	2004-06-03	06:18	08:00	07:09		23/44	61.30	596	519	1.15	1.70	443	1.17	2.50			
204	4	2004-06-03	09:18	11:00	10:09		23/43	61.30	596	523	1.14	1.77	443	1.18	2.40			
121	5	2004-06-04	06:18	08:00	07:09		23/42	61.29	568	510	1.11	1.72	445	1.15	2.35			
5	6	2004-06-04	10:00	11:42	10:51		23/42	61.31	580	519	1.12	1.67	445	1.17	2.70			
123	7	2004-06-06	06:24	08:06	07:15	基上 254 m	22/44	61.67	1 010	683	1.48	2.15	451	1.51	3.10			多线少点法
6	8	2004-06-06	10:42	12:06	11:24		23/46	61.66	1 050	680	1.54	2.18	451	1.51	3.20			
124	9	2004-06-06	17:00	18:42	17:51		23/46	61.68	1 040	675	1.54	2.04	451	1.50	3.20			
125	10	2004-06-07	06:30	08:12	07:21		23/46	61.62	970	658	1.48	1.93	451	1.46	3.20			
7	11	2004-06-07	10:00	11:36	10:48		23/46	61.62	937	630	1.49	1.94	451	1.40	2.60			
8	12	2004-06-07	15:12	16:42	15:57		23/46	61.62	922	620	1.49	2.04	451	1.37	2.70			
126	13	2004-06-08	08:12	09:48	09:00		23/46	61.60	957	632	1.51	1.94	450	1.40	2.40			
9	14	2004-06-08	16:42	18:24	17:33		23/46	61.64	967	636	1.52	2.00	450	1.41	2.40			

续表 2-6

测次	比测编号	施测时间				断面位置	测验方法	水位(m)	流量(m^3/s)	断面面积(m^2)	流速(m/s)		水面宽(m)	水深(m)		水面比降($\times10^{-4}$)	糙率	说明
		年-月-日	起	讫	平均						平均	最大		平均	最大			
			时:分	时:分	时:分													
142	15	2005-06-16	06:18	09:42	08:00		25/80	62.24	2 280	1 190	1.92	2.83	515	2.31	4.20	1.2	0.010	
143	16	2005-06-17	06:48	09:42	08:15		25/81	62.24	2 230	1 170	1.90	2.75	517	2.26	4.70	1.4	0.011	
144	17	2005-06-18	06:48	09:54	08:21		25/75	62.22	2 260	1 170	1.93	2.70	517	2.26	4.60	1.3	0.010	
145	18	2005-06-19	08:00	10:54	09:27		25/77	62.31	2 450	1 190	2.06	2.81	517	2.30	3.90	1.5	0.010	
183	19	2005-08-06	08:00	11:00	09:30		24/81	60.56	357	499	0.72	1.47	490	1.01	3.50			精测法
184	20	2005-08-07	08:00	10:54	09:27		24/81	60.57	365	496	0.74	1.56	489	1.01	3.00			
185	21	2005-08-08	14:48	18:00	16:24		24/70	60.56	360	463	0.78	1.55	489	0.94	3.00			
186	22	2005-08-09	08:12	11:06	09:39	基上 254 m	24/69	60.55	375	470	0.80	1.60	488	0.96	3.30			
187	23	2005-08-10	08:00	11:00	09:30		24/72	60.54	363	453	0.80	1.64	487	0.93	3.00			
688	24	2005-08-11	08:00	10:54	09:27		24/73	60.78	523	546	0.96	1.71	492	1.11	3.50			
189	25	2005-08-12	08:00	09:36	08:48		24/40	60.79	551	563	0.98	1.68	494	1.13	3.50			多线少点法
190	26	2005-08-13	08:00	10:00	09:00		22/42	61.12	842	719	1.17	1.90	511	1.40	3.00			
191	27	2005-08-14	14:54	16:54	15:54		22/41	61.06	805	716	1.12	1.85	511	1.40	3.20			
192	28	2005-08-15	08:00	09:30	08:45		22/39	60.96	740	663	1.12	1.82	504	1.31	3.10			
193	29	2005-08-16	07:48	09:48	08:48		22/39	60.84	648	596	1.09	1.74	499	1.19	3.10			
194	30	2005-08-19	07:48	09:42	08:45		22/38	60.96	738	650	1.14	1.89	507	1.28	3.10			

注:测验方法栏中,分子表示流速仪法布设测速垂线数,分母表示布设测点总数,下同。

表 2-7　黄河高村站测船(冲锋舟)实测流量成果

测次	比测编号	施测时间				断面位置	测验方法	水位(m)	流量(m^3/s)	断面面积(m^2)	流速(m/s)		水面宽(m)	水深(m)		水面比降($\times10^{-4}$)	糙率	说明
		年-月-日	起	讫	平均						平均	最大		平均	最大			
			时:分	时:分	时:分													
200	1	2004-06-02	09:24	10:54	10:09	基上 285 m	12/23	61.30	552	514	1.68	1.07	443	2.70	1.16			常测法
201	2	2004-06-02	17:18	18:48	18:03		12/21	61.28	571	526	1.68	1.08	443	2.90	1.19			
202	3	2004-06-03	06:24	07:48	07:06		13/23	61.30	572	524	1.64	1.09	443	3.00	1.18			
203	4	2004-06-03	09:18	10:48	10:03		13/25	61.30	602	571	1.72	1.05	443	3.00	1.29			
204	5	2004-06-04	06:30	07:54	07:12		12/23	61.30	584	572	1.68	1.02	442	3.10	1.29			
205	6	2004-06-04	10:24	11:48	11:06		12/22	61.31	585	555	1.63	1.05	442	3.40	1.26			
206	7	2004-06-06	07:30	08:42	08:06		12/24	61.66	1 040	687	2.27	1.51	447	3.50	1.54			
207	8	2004-06-06	10:30	11:54	11:12		12/24	61.65	994	653	2.21	1.52	447	3.50	1.46			
208	9	2004-06-06	17:18	18:35	17:56		12/24	61.56	1 020	668	2.12	1.53	447	3.50	1.49			
209	10	2004-06-07	06:24	07:48	07:06		12/24	61.63	930	640	2.00	1.45	447	3.50	1.43			
210	11	2004-06-07	10:00	11:24	10:42		12/24	61.62	924	628	2.04	1.47	448	3.00	1.40			
211	12	2004-06-07	15:00	16:24	15:42		12/24	61.62	926	634	2.02	1.46	448	2.90	1.42			
212	13	2004-06-08	08:12	09:30	08:51		13/26	61.60	928	622	1.96	1.49	448	2.50	1.39			
213	14	2004-06-08	17:24	18:24	17:54		12/24	61.64	934	628	2.03	1.49	448	2.60	1.40			

续表 2-7

测次	比测编号	施测时间 年-月-日	起 时:分	讫 时:分	平均 时:分	断面位置	测验方法	水位(m)	流量(m^3/s)	断面面积(m^2)	流速(m/s) 平均	流速(m/s) 最大	水面宽(m)	水深(m) 平均	水深(m) 最大	水面比降($\times10^{-4}$)	糙率	说明
542	15	2005-06-16	06:36	09:36	08:06	基下 346 m	25/73	62.24	2 260	1 120	2.02	2.78	495	2.26	3.30	1.2	0.010	精测法
543	16	2005-06-17	07:00	10:12	08:36		24/76	62.25	2 200	1 160	1.90	2.59	495	2.34	4.30	1.4	0.011	
544	17	2005-06-18	07:36	10:36	09:06		24/78	62.28	2 260	1 090	2.07	2.75	495	2.20	3.40	1.3	0.010	
545	18	2005-06-19	08:36	11:36	10:06		24/78	62.32	2 410	1 130	2.13	2.88	495	2.28	3.30	1.5	0.010	
683	19	2005-08-06	08:00	11:00	09:30	基上 285 m	26/78	60.56	367	516	0.71	1.46	485	1.06	2.50			
684	20	2005-08-07	08:00	10:54	09:27		24/83	60.57	381	533	0.71	1.51	485	1.09	2.50			
685	21	2005-08-08	14:48	18:00	16:24		24/74	60.56	387	497	0.78	1.53	485	1.02	2.60			
686	22	2005-08-09	08:12	11:06	09:39		24/73	60.55	351	453	0.77	1.54	489	0.92	2.50			
687	23	2005-08-10	08:00	11:00	09:00		24/66	60.54	377	444	0.85	1.55	485	0.91	2.50			
188	24	2005-08-11	08:00	10:54	09:27		24/74	60.78	558	564	0.99	1.71	499	1.13	2.60	1.4	0.013	
689	25	2005-08-12	08:00	09:36	08:48		13/22	60.79	567	597	0.95	1.62	502	1.18	2.80			常测法
690	26	2005-08-14	07:48	09:12	08:30		13/24	61.13	891	741	1.20	1.93	512	1.44	3.00			
691	27	2005-08-14	15:30	16:48	16:09		13/25	61.04	808	722	1.12	1.94	512	1.41	3.20			
692	28	2005-08-15	08:00	09:30	08:45		13/24	60.96	775	681	1.14	1.83	507	1.34	3.00			
693	29	2005-08-16	07:48	09:30	08:39		13/24	60.83	657	607	1.08	1.73	507	1.19	2.60			
694	30	2005-08-19	08:00	09:42	08:51		12/22	60.96	729	640	1.14	1.86	507	1.26	2.50			

表 2-8　高村站测船(冲锋舟)流量资料精简成果

测次	比测编号	比测时间				精测法					常测法	
		年-月-日	起 时:分	讫 时:分	平均 时:分	断面位置	测验方法	水位 (m)	流量 (m^3/s)	断面面积 (m^2)	测验方法	流量 (m^3/s)
200	1	2004-06-02	09:24	10:54	10:09	基上 285 m		61. 30		514	12/23	552
201	2	2004-06-02	17:18	18:48	18:03			61. 28		526	12/21	571
202	3	2004-06-03	06:24	07:48	07:06			61. 30		524	13/23	572
203	4	2004-06-03	09:18	10:48	10:02			61. 30		571	13/25	602
204	5	2004-06-04	06:30	07:54	07:12			61. 30		572	12/23	584
205	6	2004-06-04	10:24	11:48	11:06			61. 31		555	12/22	585
206	7	2004-06-06	07:30	08:42	08:06			61. 66		687	12/24	1 040
207	8	2004-06-06	10:30	11:54	11:12			61. 65		653	12/24	994
208	9	2004-06-06	17:18	18:35	17:56			61. 56		668	12/24	1 020
209	10	2004-06-07	06:24	07:48	07:06			61. 63		640	12/24	930
210	11	2004-06-07	10:00	11:24	10:42			61. 62		628	12/24	924
211	12	2004-06-07	15:00	16:24	15:42			61. 62		634	12/24	926
212	13	2004-06-08	08:12	09:30	08:51			61. 60		622	13/26	928
213	14	2004-06-08	17:24	18:24	17:54			61. 64		628	12/24	934
542	15	2005-06-16	06:36	09:36	08:06	基下 346 m	25/73	62. 24	2 260	1 120	12/24	2 260
543	16	2005-06-17	07:00	10:12	08:36		24/76	62. 25	2 200	1 160	12/24	2 190
544	17	2005-06-18	07:36	10:36	09:06		24/78	62. 28	2 260	1 090	12/24	2 220
545	18	2005-06-19	08:36	11:36	10:06		24/78	62. 32	2 410	1 130	12/24	2 400

续表 2-8

测次	比测编号	比测时间				精测法					精简分析后常测法	
		年-月-日	起	讫	平均	断面位置	测验方法	水位 (m)	流量 (m^3/s)	断面面积 (m^2)	测验方法	流量 (m^3/s)
			时:分	时:分	时:分							
683	19	2005-08-06	08:00	11:00	09:30	基上 285 m	26/78	60.56	367	515	13/19	354
684	20	2005-08-07	08:00	10:54	09:27		24/83	60.57	381	532	12/21	365
685	21	2005-08-08	14:48	18:00	16:24		24/74	60.56	387	496	12/19	382
686	22	2005-08-09	08:12	11:06	09:39		24/73	60.55	351	451	12/18	340
687	23	2005-08-10	08:00	11:00	09:30		24/66	60.54	377	443	12/18	371
188	24	2005-08-11	08:00	10:54	09:27		24/74	60.78	558	564	12/20	549
689	25	2005-08-12	08:00	09:36	08:48			60.79		597	13/22	567
690	26	2005-08-13	07:48	09:12	08:30			61.13		741	13/24	891
691	27	2005-08-14	15:30	16:48	16:09			61.04		722	13/25	808
692	28	2005-08-15	08:00	09:30	08:45			60.96		681	13/24	775
693	29	2005-08-16	07:48	09:30	08:39			60.83		607	13/24	657
694	30	2005-08-19	08:00	09:42	08:51			60.96		640	12/22	729

注:比测编号 15～24 次断面面积及常测法流量为实测精测法经精简分析后计算求得,其他均为用常测法测得值。

表 2-9　吊箱精测法与测船(冲锋舟)常测法平行比测流量误差计算

序号	$Q_{吊箱}$	$Q_{测船}$	$Q_{测船}-Q_{吊箱}$	$\frac{Q_{测船}-Q_{吊箱}}{Q_{吊箱}}$ (%)	序号	$Q_{吊箱}$	$Q_{测船}$	$Q_{测船}-Q_{吊箱}$	$\frac{Q_{测船}-Q_{吊箱}}{Q_{吊箱}}$ (%)
1	591	552	-39	-6.60	16	2 230	2 190	-40	-1.79
2	549	571	22	4.01	17	2 260	2 220	-40	-1.77
3	596	572	-24	-4.03	18	2 450	2 400	-50	-2.04
4	596	602	6	1.01	19	357	354	-3	-0.84
5	568	584	16	2.82	20	365	365	0	0.00
6	580	585	5	0.86	21	360	382	22	6.11
7	1 010	1 040	30	2.97	22	375	340	-35	-9.33
8	1 050	994	-56	-5.33	23	363	371	8	2.20
9	1 040	1 020	-20	-1.92	24	523	549	26	4.97
10	970	930	-40	-4.12	25	551	567	16	2.90
11	937	924	-13	-1.39	26	842	891	49	5.82
12	922	926	4	0.43	27	805	808	3	0.37
13	957	928	-29	-3.03	28	740	775	35	4.73
14	967	934	-33	-3.41	29	648	657	9	1.39
15	2 280	2 260	-20	-0.88	30	738	729	-9	-1.22

注:平均误差为-0.24%;序号第15~18次为测船(C_5断面)施测的精测法经过垂线测点精简后计算的常测法流量,序号19~24次为冲锋舟施测的精测法经过垂线测点精简后计算的常测法流量。

2. *测船常测法流量误差分析*

根据表2-9所计算各次相对误差,按照规范的规定又计算统计出借以评价流量精度的各项误差,列入表2-10。

表 2-10　高村站常测法流量误差统计

累计频率达75%以上的误差		累计频率达95%以上的误差		系统误差	
允许 不超过±3%	本次比测 ±4.08%	允许 不超过±5%	本次比测 ±6.36%	允许 不超过±1%	本次比例 -0.42%

从表2-9、表2-10中所列各种数据可分析得出以下几点认识和结论:

(1)此次比测试验30次流量资料仅满足误差分析所需资料数量的下限,其中偶然相对误差大于±5%的就有5次,占总比测次数的1/6。由于比测次数尚少,且部分测次误差较大,因而影响到误差分析的结论不尽符合客观实际。

(2)测船(冲锋舟)常测法流量的正相对误差和负相对误差的数量各有15次(即各占总比测次数的50%),总的来说,基本符合偶然误差的正态分布规律。但从流量级分析统计,则正负误差符号的分布不够均衡,存在着系统问题。如比测序号7~18次流量(常测法流量为924~2 400 m^3/s)中,负误差为10次,占83%,正误差仅2次,占17%,表明船测中高水常测法流量测验存在着偏小因素。

(3)在30次测船(冲锋舟)常测法流量的平均相对误差为-0.24%,系统性(即累计频率50%)误差为-0.42%。两项误差均为负误差,但误差很小,小于行业规范允许值±1%的规定。表明高村站测船(冲锋舟)常测法流量的误差系统偏小在1.0%以下,基本上符合规范的精度要求。

(4)表2-10中所列累计频率75%和95%的误差分别为±4.08%和±6.36%,均超过了规范规定的误差界限,其原因在本节流量平行比例试验情况中已分析。

3. 吊箱测精测法与测船(冲锋舟)常测法流量相关分析

以吊箱精测法流量为纵坐标,测船(冲锋舟)常测法流量为横坐标,点绘相关关系,见图2-7。

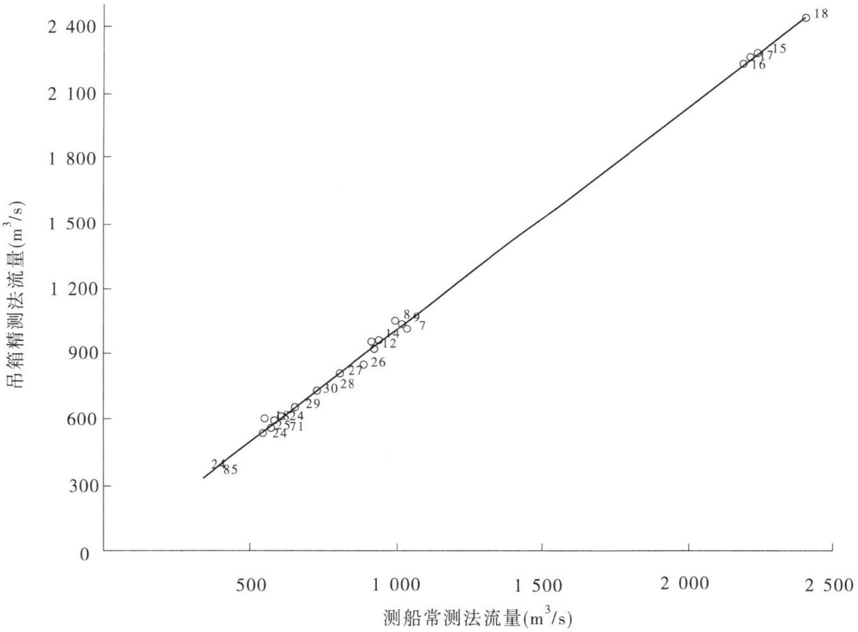

图2-7　吊箱精测法流量与测船常测法流量相关关系

从图2-7可以直观地看出,两种比测流量相关较好,点据密集的分布在相关线两侧,相关线为一接近45°的直线,亦表明测船(冲锋舟)常测法流量存在略微系统偏小问题,同前边误差分析是一致的。另外,图2-7也直观地反映出本次比测,流量主要集中在350~1 050 m^3/s,2 200~2 400 m^3/s流量级仅有4个比测点,而1 100~2 200 m^3/s无比测点分布,是这次比测的一个严重不足。

4. 吊箱常测法流量与测船(冲锋舟)常测法流量对比分析

考虑到吊箱测流定位准确,而测船(冲锋舟)受水流冲击、锚滑动等因素影响定位不准而影响测验精度的实际情况,因此对两种不同定位方法的常测法流量作了对比分析。首先将吊箱施测的30次精测法(或近似精测法)进行垂线、测点精简后求得常测法流量资料,详见表2-11,并以吊箱常测法流量为标准值求出测船(冲锋舟)常测法流量的相对误差,见表2-12。

表 2-11　高村站吊箱精测法流量资料及精简分析成果

测次	比测编号	比测时间				精测法					精简分析后常测法	
		年-月-日	起 时:分	讫 时:分	平均 时:分	断面位置	垂线/测点数	水位 (m)	流量 (m^3/s)	断面面积 (m^2)	垂线/测点数	流量 (m^3/s)
2	1	2004-06-02	09:18	11:00	10:09	基上 254 m	23/24	61.30	591	521	12/22	582
3	2	2004-06-02	17:24	19:12	18:18		23/41	61.28	549	503	23/41	549
120	3	2004-06-03	06:18	08:00	07:09		23/44	61.30	596	519	12/22	598
204	4	2004-06-03	09:18	11:00	10:09		23/43	61.30	596	523	12/23	584
121	5	2004-06-04	06:18	08:00	07:09		23/42	61.29	568	510	12/21	568
5	6	2004-06-04	10:00	11:42	10:51		23/42	61.31	580	519	12/22	569
123	7	2004-06-06	06:24	08:06	07:15		22/44	61.67	1 010	683	11/22	1 020
6	8	2004-06-06	10:42	12:06	11:24		23/46	61.66	1 050	680	12/24	1 040
124	9	2004-06-06	17:00	18:42	17:51		23/46	61.68	1 040	675	11/22	1 020
125	10	2004-06-07	06:30	08:12	07:21		23/46	61.62	970	658	12/24	964
7	11	2004-06-07	10:00	11:36	10:48		23/46	61.62	937	630	12/24	923
8	12	2004-06-07	15:12	16:42	15:57		23/46	61.62	922	620	11/22	924
126	13	2004-06-08	08:12	09:48	09:00		23/46	61.60	957	632	11/22	943
9	14	2004-06-08	16:42	18:24	17:33		23/46	61.64	967	636	11/22	954
142	15	2005-06-16	06:18	09:42	08:00		25/80	62.24	2 280	1 190	12/24	2 290
143	16	2005-06-17	06:48	09:42	08:15		25/81	62.24	2 230	1 170	12/24	2 240
144	17	2005-06-18	06:48	09:54	08:21		25/75	62.22	2 260	1 170	12/24	2 270
145	18	2005-06-19	08:00	10:54	09:27		25/77	62.31	2 450	1 190	12/24	2 450

续表 2-11

测次	比测编号	比测时间				精测法					精简分析后常测法	
		年-月-日	起	讫	平均	断面位置	垂线/测点数	水位(m)	流量(m^3/s)	断面面积(m^2)	垂线/测点数	流量(m^3/s)
			时:分	时:分	时:分							
183	19	2005-08-06	08:00	11:00	09:30	基上 254 m	24/81	60.56	357	499	12/22	352
184	20	2005-08-07	08:00	10:54	09:27		20/81	60.57	365	496	12/20	356
185	21	2005-08-08	14:48	18:00	16:24		24/70	60.56	360	463	12/19	361
186	22	2005-08-09	08:12	11:06	09:39		24/69	60.55	375	470	12/18	375
187	23	2005-08-10	08:00	11:00	09:30		24/72	60.54	363	453	12/18	359
188	24	2005-08-11	08:00	10:54	09:27		24/73	60.78	523	546	12/20	523
189	25	2005-08-12	08:00	09:36	08:48		24/40	60.79	551	563	12/20	546
190	26	2005-08-13	08:00	10:00	09:00		22/42	61.12	842	719	13/24	826
191	27	2005-08-14	14:54	16:54	15:54		22/41	61.06	805	716	15/27	801
192	28	2005-08-15	08:00	09:30	08:45		22/39	60.96	740	663	13/22	731
193	29	2005-08-16	07:48	09:48	08:48		22/39	60.84	648	596	14/24	644
194	30	2005-08-19	07:48	09:42	08:45		22/38	60.96	738	650	13/22	746

表 2-12　吊箱常测法与测船(冲锋舟)常测法平行测验流量误差计算

序号	$Q_{吊箱}$	$Q_{测船}$	$Q_{差}=Q_{测船}-Q_{吊箱}$	$Q_{差}/Q_{吊箱}$(%)
1	582	552	-30	-5.15
2	549	571	22	4.01
3	598	572	-26	-4.35
4	584	602	18	3.08
5	568	584	16	2.82
6	569	585	16	2.81
7	1 020	1 040	20	1.96
8	1 040	994	-46	-4.42
9	1 020	1 020	0	0
10	964	930	-34	-3.53
11	923	924	1	0.11
12	924	926	2	0.22
13	943	928	-15	-1.59
14	954	934	-20	-2.10
15	2 290	2 260	-30	-1.31
16	2 240	2 190	-50	-2.23
17	2 270	2 220	-50	-2.20
18	2 450	2 400	-50	-2.04
19	352	354	2	0.57
20	356	365	9	2.53
21	361	382	21	5.82
22	375	340	-35	-9.33
23	359	371	12	3.34
24	523	549	26	4.97
25	546	567	21	3.85
26	826	891	65	7.87
27	801	808	7	0.87
28	731	775	44	6.02
29	644	657	13	2.02
30	746	729	-17	-2.28

从表 2-12 可以看出,测船(冲锋舟)常测法流量相对误差正负值的分布不均衡。在 30 个比测测次中,正误差有 17 次,占 57%;负误差有 12 次,占 40%,且主要分布在中高水流量级,误差等于 0 的有 1 次。同样证明,高村站中高水测船(冲锋舟)施测的常测法流量中存在着偏小因素,而低水存在着偏大因素。

为了分析评价测船(冲锋舟)常测法流量的精度,统计出表 2-13 所列各项误差。

表 2-13 高村站测船(冲锋舟)常测法流量误差统计

误差名称	最大偶然误差	最小偶然误差	平均误差	系统性误差	累计频率 75% 的误差	累计频率 95% 的误差
误差(%)	-9.33	0	0.41	0.40	±4.18	±6.95

从表 2-13 可以看出,平均误差和系统性误差分别为 0.41% 和 0.40%,均为正值且十分接近,而且均不超过规范规定的允许值。说明测船(冲锋舟)所测常测法与吊箱常测法相比,虽稍偏大,但数值很小,其精度是符合行业规范规定的。另外,累计频率 75% 和累计频率 95% 两项误差则均超过了规范规定的误差界限,其原因如同前述,即比测次数少,且部分测次测验误差大所造成的。

三、冲锋舟定位摆动情况试验分析

在 2004 年 6 月 2 ~8 日的第一时段流量比测试验期间,我们利用全站仪对冲锋舟一锚一点法 5 次流量测验过程中的测船摆动情况进行了观测,取得了 60 组数据。试验时用于测验的玻璃钢冲锋舟尺寸为 2 m×5 m,吃水深 0.4 m,所用铁锚为 3 kg 小锚。这种小锚,在低水时使用玻璃钢冲锋舟测验时,具有抓得快而稳、不易跑锚的特点。

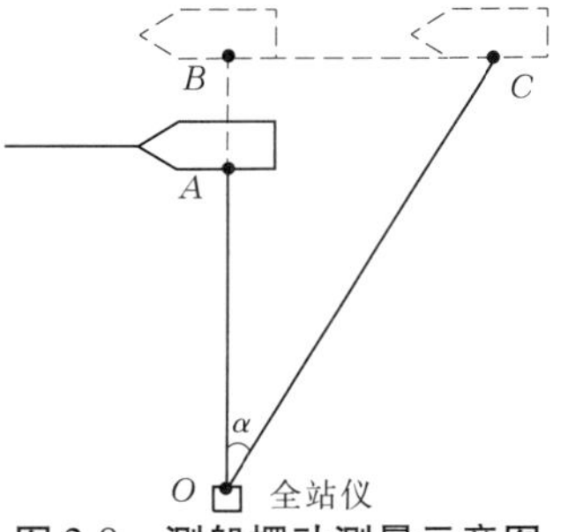

图 2-8 测船摆动测量示意图

冲锋舟施测每条测速垂线时,初次定位很难精确地定位在测验断面上,因此这里我们首先假定冲锋舟施测每条测速垂线时均定位在测流断面上。具体观测方法是,在测流断面右岸架设全站仪,在垂线上测速开始时用全站仪测量测船位置,观读仪器至测船的水平距离 OA 和初始水平角度(见图 2-8),当垂线测验结束时,记录垂线测速历时,并测记仪器至测船的水平距离 OC 和终了水平角度,则测船在每条测速垂线上的向下滑动距离为 $BC = OC \times \sin\alpha$($\alpha$ 为初始水平角度与终了水平角度之差),左右摆动距离为 $AB = OC \times \cos\alpha - OA$。如果计算结果为负值,则说明冲锋舟向右摆动。根据观测到的冲锋舟向下滑动的距离除以测速历时得到冲锋舟向下滑动的速度(见表 2-14)。

从表 2-14 我们可以发现,在用冲锋舟一锚一点法施测流量时,测船的确存在左右摆动和向下滑动的现象。就其左右摆动情况而言,平均摆动幅度为 0.50 m,最大摆动范围为 4.04 m(向右岸摆动)。从整体情况看,出现向左岸摆动的情况居多,这是由于河道水流流向存在指向左岸的流向偏角;出现左右摆动幅度大的垂线主要集中在右岸深槽位置起点距 170 ~220 m 范围,一般大多为向左岸摆动。另外,在左岸边也存在向右岸摆动的

表 2-14　冲锋舟定位摆动情况观测记载计算

流量比测序号	测速垂线编号	视距(m)		角度读数						夹角	左右摆动(m)	上下移动(m)	时间(时:分)		历时(min)	下滑速度(m/s)	测点流速	比例(%)	说明
		开始	结束	开始			结束						开始	结束					
				°	′	″	°	′	″										
9	1	96.7	96.9	0	0	18	0	2	36	0.083 3	0.20	0.14			4	0.001	0.97	0.10	
	2	132.2	133.8	0	0	0	2	40	0	2.666 7	1.46	6.23			4	0.026	1.86	1.40	
	3	154.6	154.7	0	0	1	4	3	1	4.050 0	-0.29	10.93			4	0.046	2.12	2.17	
	4	190.0	190.2	0	0	25	1	3	40	1.091 7	0.17	3.62			4	0.015	2.11	0.71	
	5	243.4	243.2	359	59	39	0	36	7	0.527 8	-0.21	2.24			5	0.007	2.00	0.35	
	6	301.4	300.2	0	0	51	0	18	47	0.288 9	-1.20	1.51			4	0.006	1.93	0.31	
	7	351.8	351.9	0	0	20	0	22	47	0.441 7	0.09	2.71			4	0.011	2.04	0.54	
	8	395.6	396.2	0	0	56	0	20	34	0.272 2	0.60	1.88			4	0.008	1.96	0.41	
	9	424.1	425.3	359	59	47	0	36	8	0.508 3	1.18	3.77			5	0.013	1.96	0.66	
	10	465.6	465.2	0	0	50	0	14	36	0.194 4	-0.40	1.58			4	0.007	1.81	0.39	
	11	498.0	498.9	359	59	52	0	44	19	0.6583	0.87	5.73			4	0.024	1.55	1.55	
	12	525.1	524.7	0	0	8	0	1	10	0.022 2	-0.40	0.20			4	0.001	0.85	0.12	

续表 2-14

流量比测序号	测速垂线编号	视距(m)		角度读数						夹角	左右摆动(m)	上下移动(m)	时间(时:分)		历时(min)	下滑速度(m/s)	测点流速	比例(%)	说明
		开始	结束	开始			结束						开始	结束					
				°	′	″	°	′	″										
10	13	98. 3	99. 0	0	0	10	0	3	16	0. 066 7	0. 70	0. 12	6:35	6:39	4	0. 000	0. 91	0. 00	
	14	128. 3	129. 4	1	7	28	2	4	55	1. 025 0	1. 08	2. 31	6:41	6:45	4	0. 010	1. 76	0. 57	
	15	164. 0	164. 0	0	0	16	1	19	9	1. 297 2	-0. 04	3. 71	6:46	6:49	4	0. 015	1. 96	0. 77	
	16	183. 9	184. 3	359	57	38	0	31	24	0. 527 8	0. 39	1. 70	6:50	6:54	4	0. 007	2. 00	0. 35	
	17	224. 7	224. 5	0	0	19	0	21	7	0. 316 7	-0. 20	1. 24	6:55	7:00	5	0. 004	1. 97	0. 20	
	18	257. 7	257. 9	0	0	0	0	11	43	0. 302 8	0. 20	1. 36	7:02	7:06	4	0. 006	1. 90	0. 32	
	19	300. 0	299. 9	0	0	8	0	7	45	0. 2194	-0. 10	1. 15	7:08	7:12	4	0. 005	1. 84	0. 27	
	20	341. 0	341. 2	0	0	41	0	10	5	0. 066 7	0. 20	0. 40	7:13	7:17	4	0. 002	1. 93	0. 10	
	21	385. 7	386. 7	0	0	4	0	22	36	0. 455 6	0. 99	3. 07	7:19	7:24	5	0. 010	1. 90	0. 53	
	22	429. 8	430. 1	359	44	5	0	11	32	0. 525 0	0. 28	3. 94	7:26	7:30	4	0. 016	1. 88	0. 85	
	23	471. 6	472. 3	0	1	17	0	20	47	0. 400 0	0. 69	3. 30	7:32	7:36	4	0. 014	1. 67	0. 84	
	24	519. 5	519. 9	359	58	2	359	59	24	0. 077 8	0. 40	0. 71	7:38	7:42	4	0. 003	1. 06	0. 28	

续表 2-14

流量比测序号	测速垂线编号	视距(m)		角度读数						夹角	左右摆动(m)	上下移动(m)	时间(时:分)		历时(min)	下滑速度(m/s)	测点流速	比例(%)	说明
		开始	结束	开始			结束						开始	结束					
				°	′	″	°	′	″										
11	25	94. 8	95. 5	359	58	14	359	59	21	0. 036 1	0. 70	0. 06			4	0. 000	0. 69	0. 00	
	26	127. 2	127. 8	0	0	32	0	50	30	0. 827 8	0. 59	1. 85			4	0. 008	1. 62	0. 49	
	27	152. 9	148. 9	0	0	40	1	14	52	1. 266 7	-4. 04	3. 29			5	0. 011	1. 86	0. 59	
	28	190. 1	191. 1	0	0	49	1	6	6	0. 980 6	0. 97	3. 27			4	0. 014	1. 92	0. 73	
	29	219. 3	219. 3	0	0	27	0	31	0	0. 441 7	-0. 01	1. 69			4	0. 007	1. 80	0. 39	
	30	255. 1	255. 1	0	0	21	0	22	14	0. 347 2	0. 00	1. 55			4	0. 006	1. 79	0. 34	
	31	291. 1	291. 3	0	0	23	0	6	56	0. 191 7	0. 20	0. 97			4	0. 004	1. 72	0. 23	
	32	334. 3	334. 4	0	0	20	0	25	56	0. 516 7	0. 09	3. 02			4	0. 013	1. 79	0. 73	
	33	391. 6	391. 8	0	0	4	0	33	3	0. 547 2	0. 18	3. 74			5	0. 012	1. 83	0. 66	
	34	438. 8	439. 4	0	0	44	0	14	0	0. 111 1	0. 60	0. 85			4	0. 004	2. 04	0. 20	
	35	479. 2	480. 4	0	10	11	1	4	57	1. 027 8	1. 12	8. 62			5	0. 029	1. 83	1. 58	
	36	521. 8	522. 3	0	0	55	0	21	1	0. 200 0	0. 50	1. 82			4	0. 008	1. 63	0. 49	

续表 2-14

流量比测序号	测速垂线编号	视距(m)		角度读数						夹角	左右摆动(m)	上下移动(m)	时间(时:分)		历时(min)	下滑速度(m/s)	测点流速	比例(%)	说明
		开始	结束	开始			结束						开始	结束					
				°	′	″	°	′	″										
12	37	94.0	94.5	0	0	23	0	3	5	0.000 0	0.50	0.00			5	0.000	0.83	0.00	
	38	119.3	119.3	0	0	17	0	5	14	0.075 0	0.00	0.16			4	0.001	1.80	0.06	
	39	139.9	141.4	0	0	0	3	1	17	3.063 9	1.30	7.56			4	0.031	2.02	1.53	
	40	176.0	176.6	359	57	52	0	35	0	0.488 9	0.59	1.51			4	0.006	1.97	0.30	
	41	211.8	211.9	0	0	20	0	25	15	0.402 8	0.09	1.49			4	0.006	1.90	0.32	
	42	260.3	260.5	0	7	0	0	16	40	0.261 1	0.20	1.19			4	0.005	1.85	0.27	
	43	298.5	299.0	0	7	19	0	13	13	0.083 3	0.50	0.43			4	0.002	1.80	0.11	
	44	341.2	341.0	0	0	41	0	3	58	0.097 2	-0.20	0.58			4	0.002	1.83	0.11	
	45	372.6	372.2	0	0	25	0	5	50	0.152 8	-0.40	0.99			4	0.004	1.87	0.21	
	46	419.0	418.1	0	1	54	0	15	29	0.163 9	-0.90	1.20			4	0.005	1.84	0.27	
	47	459.2	459.3	0	3	21	0	33	2	0.4472	0.09	3.59			5	0.012	1.65	0.73	
	48	504.3	504.4	0	28	49	0	44	39	0.238 9	0.10	2.10			4	0.009	1.32	0.68	

续表 2-14

流量比测序号	测速垂线编号	视距(m)		角度读数						夹角	左右摆动(m)	上下移动(m)	时间(时:分)		历时(min)	下滑速度(m/s)	测点流速	比例(%)	说明
		开始	结束	开始			结束						开始	结束					
				°	′	″	°	′	″										
13	49	97. 6	97. 8	0	0	49	0	4	48	0. 063 9	0. 20	0. 11	17:23	17:27	4	0. 000	0. 83	0. 00	
	50	129. 5	130. 8	0	36	59	3	12	59	2. 600 0	1. 17	5. 93	17:30	17:34	4	0. 025	1. 64	1. 52	
	51	158. 7	158. 9	359	56	18	0	40	40	0. 794 4	0. 18	2. 20	17:36	17:40	4	0. 009	1. 91	0. 47	
	52	191. 0	190. 9	359	58	54	0	22	26	0. 322 2	-0. 10	1. 07	17:41	17:45	4	0. 004	1. 93	0. 21	
	53	228. 5	228. 5	0	0	49	0	15	40	0. 225 0	0. 00	0. 90	17:46	17:50	4	0. 004	1. 96	0. 20	
	54	268. 9	268. 8	0	4	6	0	17	24	0. 266 7	-0. 10	1. 25	17:51	17:55	4	0. 005	1. 92	0. 26	
	55	317. 2	317. 6	359	59	11	0	21	6	0. 352 8	0. 39	1. 96	17:56	18:00	4	0. 008	1. 87	0. 43	
	56	354. 5	354. 3	0	2	25	0	18	55	0. 350 0	-0. 21	2. 16	18:02	18:06	4	0. 009	1. 90	0. 47	
	57	399. 2	399. 5	0	2	15	0	15	21	0. 233 3	0. 30	1. 63	18:08	18:22	4	0. 007	1. 89	0. 37	
	58	445. 5	445. 8	0	0	15	0	20	3	0. 300 0	0. 29	2. 33	18:24	18:28	4	0. 010	1. 83	0. 55	
	59	481. 1	484. 1	0	5	44	2	29	19	2. 330 6	2. 60	19. 69	18:30	18:34	4	0. 082	1. 90	4. 32	*
	60	525. 3	525. 4	0	2	16	0	29	39	0. 513 9	0. 08	4. 71	18:36	18:40	4	0. 020	1. 54	1. 30	
统计	平均										0. 50	2. 36				0. 009		0. 52	负值向右摆动
	最大										-4. 04	10. 93				0. 05		2. 17	

注:"＊"为第 59 测次因跑锚属于特殊情况,这里予以舍弃,不参加统计计算;左右摆动平均值系取绝对值后进行的统计;测点流速为相对位置 0. 2 处的流速;比例(%)为下滑速度除以测点流速的百分数。

情况。对于向下滑动现象的产生，一是存在水流动力对冲锋舟的冲力作用，二是使用的铁锚较小，因而导致冲锋舟向下滑动。经统计，59 条测速垂线平均下滑速度为 0.009 m/s，最大下滑速度为 0.05 m/s。下滑速度快的垂线主要集中在右岸深槽位置起点距 170 ~ 220 m。与冲锋舟施测的 5 次流量的平均流速 1.48 m/s 相比，59 条测速垂线平均下滑速度 0.009 m/s，将造成每次流量资料系统偏小 0.61%（不考虑其他影响因素），这说明使用冲锋舟采用一锚一点法施测，在一定的流速情况下会造成流量资料的系统偏小现象，但其偏小范围在规范规定的误差范围之内。

需要说明的是，在进行该项试验时，使用对讲机方式通信以确定垂线测速历时时，会造成测速历时记录有一定的误差。另外，初步定位时是否准确定位在测流断面上也会造成计算时产生一定的误差。但是，即使如此也足以说明使用冲锋舟采用一锚一点法施测流量时会因为爬锚而造成流量系统偏小的现象。根据山东测区的测验经验，洪水时流速较大，应采用较大的冲锋舟，即改用较大的铁锚，但阻水现象更为严重，也会造成一定的误差。

四、测深精度试验资料分析

该项试验于 2004 年 6 月 1 日进行。试验中由高村站主要技术人员操作，试验时制作了最小刻度为 1 cm 的测深杆，在吊箱测验断面选择不同位置进行了测深精度试验，水深为 0.52 ~ 1.16 m。每条垂线反复进行 5 次，精确到 0.01 m，共进行了 54 条垂线 270 点次的测深试验。

经统计分析，在 54 条垂线中，最大误差为 0.03 m，最小误差为 0.00 m，测深误差大于 3% 的有两条垂线，占 3.7%，基本符合规范要求，试验资料统计见表 2-15。

通过以上的资料分析可以得出结论，测深精度较高，误差较小。但从平常水深测验的实际情况来看，使用测深杆施测水深，测验时受水深、流速和测船等的影响，再加上不同测验人员测深经验不同，其偶然误差一般为 0 ~ 0.05 m，测深精度一般不可能达到该次试验的精度。但对于一次流量测验来说，所布垂线测深误差有正负抵消机会，因此对断面面积不致造成大的系统误差。

五、垂线上三点法和两点法测速误差分析

进行此项误差分析的目的有二，其一是本次吊箱和测船（冲锋舟）平行比测的 30 次流量中，其中吊箱测的精测法中有 20 次是多线（即垂线数符合精测法规定）少点（即垂线上是采用三点法（即 0.2、0.6 和 0.8）或两点法（0.2 和 0.8））测速，即所计算的平均流速不符合精测法的要求，因此应验证三点法和两点法测速的误差是否在规范的允许范围之内；其二是高村站历年常测法测流，垂线上多用两点法（极少数采用三点法）布设测点，其代表性是影响该站常测法流量精度的重要因素之一。因此，也应该对这两种测速误差进行分析。

（一）吊箱测流垂线上三点法、两点法测速误差分析

分析采用的样本，是从 2005 年 6 月及 8 月施测的 10 次正规精测法（即多线五点法）流量资料中，选取 65 条垂线的五点法（水面、0.2、0.6、0.8、河底）。所选测速垂线分布在

表 2-15　测深精度试验资料统计(施测日期:2004 年 6 月 1 日 10:20 ~ 11:30)

序号	测次	水深(m)	平均水深(m)	误差(m)	序号	测次	水深(m)	平均水深(m)	误差(m)	序号	测次	水深(m)	平均水深(m)	误差(m)
	1	1.20		0.00		1	1.73		0.01		1	1.23		0.00
	2	1.19		-0.01		2	1.73		0.01		2	1.23		0.00
1	3	1.21	1.20	0.01	5	3	1.72	1.72	0.00	9	3	1.23	1.23	0.00
	4	1.20		0.00		4	1.72		0.00		4	1.22		-0.01
	5	1.21		0.01		5	1.72		0.00		5	1.22		-0.01
	1	1.30		0.01		1	1.71		0.01		1	1.20		0.01
	2	1.29		0.00		2	1.70		0.00		2	1.19		0.00
2	3	1.29	1.29	0.00	6	3	1.70	1.70	0.00	10	3	1.19	1.19	0.00
	4	1.30		0.01		4	1.70		0.00		4	1.19		0.00
	5	1.29		0.00		5	1.70		0.00		5	1.19		0.00
	1	2.18		0.00		1	1.50		0.01		1	1.02		-0.01
	2	2.17		-0.01		2	1.49		0.00		2	1.03		0.00
3	3	2.19	2.18	0.01	7	3	1.49	1.49	0.00	11	3	1.03	1.03	0.00
	4	2.18		0.00		4	1.49		0.00		4	1.03		0.00
	5	2.18		0.00		5	1.49		0.00		5	1.03		0.00
	1	2.15		0.00		1	1.49		0.01		1	1.01		0.01
	2	2.14		-0.01		2	1.48		0.00		2	1.02		0.02
4	3	2.15	2.15	0.00	8	3	1.48	1.48	0.00	12	3	1.02	1.00	0.02
	4	2.15		0.00		4	1.48		0.00		4	1.01		0.01
	5	2.14		-0.01		5	1.49		0.01		5	1.02		0.02

续表 2-15

序号	测次	水深(m)	平均水深(m)	误差(m)	序号	测次	水深(m)	平均水深(m)	误差(m)	序号	测次	水深(m)	平均水深(m)	误差(m)
	1	0.94		0.00		1	0.93		0.00		1	0.91		-0.02
	2	0.94		0.00		2	0.94		0.01		2	0.94		0.01
13	3	0.94	0.94	0.00	17	3	0.92	0.93	-0.01	21	3	0.94	0.93	0.01
	4	0.94		0.00		4	0.92		-0.01		4	0.93		0.00
	5	0.93		-0.01		5	0.92		-0.01		5	0.94		0.01
	1	0.93		0.00		1	0.92		0.01		1	0.95		0.00
	2	0.93		0.00		2	0.92		0.01		2	0.95		0.00
14	3	0.93	0.93	0.00	18	3	0.91	0.91	0.00	22	3	0.95	0.95	0.00
	4	0.93		0.00		4	0.91		0.00		4	0.95		0.00
	5	0.93		0.00		5	0.91		0.00		5	0.94		-0.01
	1	0.93		0.00		1	0.94		0.01		1	0.98		0.00
	2	0.93		0.00		2	0.94		0.01		2	0.98		0.00
15	3	0.93	0.93	0.00	19	3	0.93	0.93	0.00	23	3	0.98	0.98	0.00
	4	0.94		0.01		4	0.93		0.00		4	0.99		0.01
	5	0.94		0.01		5	0.93		0.00		5	0.99		0.01
	1	0.90		-0.01		1	0.93		0.00		1	1.00		0.01
	2	0.92		0.01		2	0.93		0.00		2	0.99		0.00
16	3	0.93	0.91	0.02	20	3	0.93	0.93	0.00	24	3	0.99	0.99	0.00
	4	0.91		0.00		4	0.94		0.01		4	0.98		-0.01
	5	0.91		0.00		5	0.93		0.00		5	0.99		0.00

续表 2-15

序号	测次	水深(m)	平均水深(m)	误差(m)	序号	测次	水深(m)	平均水深(m)	误差(m)	序号	测次	水深(m)	平均水深(m)	误差(m)
	1	1.07		0.00		1	1.17		0.01		1	1.00		0.01
	2	1.07		0.00		2	1.17		0.01		2	1.00		0.01
25	3	1.06	1.07	-0.01	29	3	1.16	1.16	0.00	33	3	0.99	0.99	0.00
	4	1.06		-0.01		4	1.15		-0.01		4	0.98		-0.01
	5	1.07		0.00		5	1.14		-0.02		5	0.98		-0.01
	1	1.08		0.00		1	1.14		0.01		1	0.98		0.00
	2	1.09		0.01		2	1.13		0.00		2	0.98		0.00
26	3	1.08	1.08	0.00	30	3	1.13	1.13	0.00	34	3	0.97	0.98	-0.01
	4	1.08		0.00		4	1.13		0.00		4	0.97		-0.01
	5	1.09		0.01		5	1.13		0.00		5	0.98		0.00
	1	1.14		0.01		1	1.10		0.01		1	0.96		0.01
	2	1.14		0.01		2	1.09		0.00		2	0.95		0.00
27	3	1.13	1.13	0.00	31	3	1.09	1.09	0.00	35	3	0.94	0.95	-0.01
	4	1.13		0.00		4	1.09		0.00		4	0.96		0.01
	5	1.13		0.00		5	1.10		0.01		5	0.93		-0.02
	1	1.12		0.00		1	1.11		0.00		1	0.98		0.01
	2	1.13		0.01		2	1.12		0.01		2	0.98		0.01
28	3	1.12	1.12	0.00	32	3	1.12	1.11	0.01	36	3	0.97	0.97	0.00
	4	1.12		0.00		4	1.11		0.00		4	0.97		0.00
	5	1.11		-0.01		5	1.11		0.00		5	0.96		-0.01

续表 2-15

序号	测次	水深(m)	平均水深(m)	误差(m)	序号	测次	水深(m)	平均水深(m)	误差(m)	序号	测次	水深(m)	平均水深(m)	误差(m)
37	1	0.90	0.89	0.01	41	1	0.83	0.82	0.01	45	1	0.58	0.57	0.01
	2	0.89		0.00		2	0.83		0.01		2	0.57		0.00
	3	0.88		-0.01		3	0.82		0.00		3	0.57		0.00
	4	0.89		0.00		4	0.82		0.00		4	0.56		-0.01
	5	0.88		-0.01		5	0.81		-0.01		5	0.57		0.00
38	1	0.87	0.86	0.01	42	1	0.73	0.72	0.01	46	1	0.94	0.93	0.01
	2	0.87		0.01		2	0.73		0.01		2	0.94		0.01
	3	0.86		0.00		3	0.72		0.00		3	0.94		0.01
	4	0.85		-0.01		4	0.72		0.00		4	0.92		-0.01
	5	0.84		-0.02		5	0.72		0.00		5	0.93		0.00
39	1	0.82	0.81	0.01	43	1	0.67	0.64	0.03	47	1	0.90	0.89	0.01
	2	0.82		0.01		2	0.65		0.01		2	0.89		0.00
	3	0.81		0.00		3	0.64		0.00		3	0.88		-0.01
	4	0.80		-0.01		4	0.63		-0.01		4	0.89		0.00
	5	0.80		-0.01		5	0.63		-0.01		5	0.88		-0.01
40	1	0.82	0.81	0.01	44	1	0.54	0.52	0.02	48	1	1.14	1.13	0.01
	2	0.82		0.01		2	0.53		0.01		2	1.14		0.01
	3	0.81		0.00		3	0.52		0.00		3	1.13		0.00
	4	0.80		-0.01		4	0.50		-0.02		4	1.13		0.00
	5	0.80		-0.01		5	0.50		-0.02		5	1.13		0.00

续表 2-15

序号	测次	水深(m)	平均水深(m)	误差(m)	序号	测次	水深(m)	平均水深(m)	误差(m)	序号	测次	水深(m)	平均水深(m)	误差(m)
	1	1.15		0.01		1	1.03		0.01		1	0.99		0.01
	2	1.14		0.00		2	1.02		0.00		2	0.99		0.01
49	3	1.15	1.14	0.01	52	3	1.02	1.02	0.00	55	3	0.98	0.98	0.00
	4	1.14		0.00		4	1.01		-0.01		4	0.97		-0.01
	5	1.14		0.00		5	1.01		-0.01		5	0.98		0.00
	1	1.13		0.00		1	1.00		-0.01					
	2	1.13		0.00		2	1.00		-0.01					
50	3	1.13	1.13	0.00	53	3	1.01	1.01	0.00					
	4	1.13		0.00		4	1.01		0.00					
	5	1.13		0.00		5	1.01		0.00					
	1	1.14		0.01		1	0.97		0.00					
	2	1.14		0.01		2	0.97		0.00					
51	3	1.13	0.13	0.00	54	3	0.97	0.97	0.00					
	4	1.13		0.00		4	0.97		0.00					
	5	1.13		0.00		5	0.98		0.01					

注:最大误差 0.03 m;最小误差 0 m;测深误差超过 3% 的有两条垂线,占 3.7%。

起点距285～597 m范围之内，水深为1.10～4.70 m，垂线平均流速（五点法）为0.34～1.73 m/s，水流条件也比较正常。分时以五点法所测垂线平均流速作为准确值，然后与减少测点后的三点法和两点垂线平均流速进行比较，分别计算出其相对误差，见表2-16。

表2-16 吊箱测流垂线上三点法及两点法测速误差计算

垂线序号	流量测次	起点距（m）	水深（m）	v_5（m/s）	v_3（m/s）	v_2（m/s）	$\frac{v_3-v_5}{v_5}\times100$（%）	$\frac{v_2-v_5}{v_5}\times100$（%）
1	142	546	3.20	1.73	1.71	1.70	-1.16	-1.73
2		562	4.00	1.64	1.66	1.68	1.22	2.44
3		577	4.20	1.56	1.56	1.61	0.00	3.21
4	143	536	3.10	1.53	1.48	1.50	-3.27	-1.96
5		556	3.60	1.47	1.43	1.47	-2.72	0.00
6		570	4.20	1.49	1.47	1.52	-1.34	2.01
7		582	4.70	1.41	1.40	1.41	-0.71	0.00
8		594	3.80	0.81	0.82	0.84	1.23	3.70
9	144	554	3.10	1.57	1.53	1.52	-2.55	-3.18
10		570	4.00	1.65	1.67	1.67	1.21	1.21
11		582	4.60	1.48	1.49	1.52	0.68	2.70
12	145	560	3.40	1.82	1.83	1.83	0.55	0.55
13		576	3.60	1.81	1.78	1.82	-1.66	0.55
14		592	3.90	1.08	1.08	1.06	0.00	-1.85
15	183	285	1.10	0.54	0.54	0.54	0.00	0.00
16		303	1.70	0.70	0.70	0.72	0.00	2.86
17		321	1.70	1.14	1.13	1.13	-0.88	-0.88
18		339	1.60	1.12	1.10	1.11	-1.79	-0.89
19		359	1.60	1.22	1.21	1.22	-0.82	0.00
20		378	1.50	1.23	1.23	1.24	0.00	0.81
21		398	1.40	1.19	1.17	1.17	-1.68	-1.68
22		418	1.40	1.19	1.17	1.18	-1.68	-0.84
23		436	1.40	1.04	1.02	1.02	-1.92	-1.92
24		559	1.10	0.36	0.36	0.36	0.00	0.00
25		587	2.40	0.34	0.34	0.35	0.00	2.94
26		596	3.50	0.36	0.36	0.36	0.00	0.00

续表 2-16

垂线序号	流量测次	起点距(m)	水深(m)	v_5(m/s)	v_3(m/s)	v_2(m/s)	$\frac{v_3 - v_5}{v_5} \times 100$(%)	$\frac{v_2 - v_5}{v_5} \times 100$(%)
27	184	296	1. 50	0. 63	0. 63	0. 65	0. 00	3. 17
28		313	1. 60	0. 84	0. 84	0. 84	0. 00	0. 00
29		332	1. 50	1. 14	1. 14	1. 14	0. 00	0. 00
30		352	1. 60	1. 18	1. 18	1. 16	0. 00	−1. 69
31		370	1. 65	1. 23	1. 22	1. 22	−0. 81	−0. 81
32		388	1. 50	1. 25	1. 25	1. 26	0. 00	0. 80
33		408	1. 40	1. 26	1. 24	1. 24	−1. 59	−1. 59
34	184	428	1. 50	1. 17	1. 17	1. 16	0. 00	−0. 85
35	184	446	1. 60	0. 73	0. 73	0. 74	0. 00	1. 37
36	184	578	1. 10	0. 34	0. 34	0. 35	0. 00	2. 94
37	184	588	2. 20	0. 35	0. 35	0. 35	0. 00	0. 00
38	184	597	3. 00	0. 42	0. 41	0. 41	−2. 38	−2. 38
39	185	287	1. 10	0. 56	0. 56	0. 57	0. 00	1. 79
40	185	305	1. 60	0. 60	0. 60	0. 63	0. 00	5. 00
41	185	323	1. 55	1. 03	1. 03	1. 03	0. 00	0. 00
42	185	342	1. 50	1. 27	1. 26	1. 26	−0. 79	−0. 79
43	185	360	1. 60	1. 29	1. 29	1. 29	0. 00	0. 00
44	185	378	1. 60	1. 32	1. 32	1. 30	0. 00	−1. 52
45	185	398	1. 60	1. 29	1. 28	1. 28	−0. 78	−0. 78
46	185	418	1. 50	1. 30	1. 29	1. 31	−0. 77	0. 77
47	185	438	1. 30	1. 00	1. 00	1. 00	0. 00	0. 00
48	185	587	2. 00	0. 36	0. 37	0. 37	2. 78	2. 78
49	185	595	3. 00	0. 46	0. 47	0. 48	2. 17	4. 35
50	186	289	1. 10	0. 58	0. 58	0. 59	0. 00	1. 72
51	186	304	1. 50	0. 71	0. 71	0. 69	0. 00	−2. 82
52	186	322	1. 60	1. 05	1. 05	1. 02	0. 00	−2. 86
53	186	340	1. 50	1. 27	1. 26	1. 25	−0. 79	−1. 57
54	186	359	1. 60	1. 33	1. 33	1. 31	0. 00	−1. 50
55	186	377	1. 70	1. 34	1. 33	1. 36	−0. 75	1. 49
56	186	396	1. 70	1. 33	1. 33	1. 36	0. 00	2. 26

续表 2-16

垂线序号	流量测次	起点距(m)	水深(m)	v_5 (m/s)	v_3 (m/s)	v_2 (m/s)	$\frac{v_3-v_5}{v_5}\times100$ (%)	$\frac{v_2-v_5}{v_5}\times100$ (%)
57	187	298	1.40	0.54	0.53	0.53	-1.85	-1.85
58	187	316	1.50	0.82	0.82	0.81	0.00	-1.22
59	187	334	1.40	1.13	1.12	1.14	-0.88	0.88
60	187	352	1.60	1.18	1.16	1.17	-1.69	-0.85
61	187	370	1.75	1.35	1.35	1.35	0.00	0.00
62	187	388	1.80	1.25	1.24	1.25	-0.80	0.00
63	187	407	1.80	1.32	1.32	1.33	0.00	0.76
64	187	425	1.60	1.28	1.28	1.29	0.00	0.78
65	187	440	1.20	0.99	0.98	1.02	-1.01	3.03

依据表 2-16 中所求三点法和两点法的垂线平均流速之和分别去除五点法垂线平均流速之和,求得三点法和两点法的平均流速系数 $\overline{K}$ 值,并按规范规定分别统计出评定其代表性的各项误差,列入表 2-17。

表 2-17 高村站吊箱测流垂线上三点法、两点法流速系数及误差统计

项目	0.2、0.6、0.8 三点法	0.2 和 0.8 两点法	规范允许误差
流速系数 $\overline{K}$ 值	1.005	0.998	
累计频率 75% 以上的误差(%)	±1.22	±2.20	不超过 ±3.0
累计频率 95% 以上的误差(%)	±2.51	±3.20	不超过 ±5.0
系统性误差(%)	0.00	0.00	不超过 ±1.0

从表 2-17 中统计结果可以看出,三点法和两点法的平均流速系数 $\overline{K}$ 分别为 1.005 和 0.998,表明三点法比五点法偏小 0.5%,两点法偏大 0.2%,$\overline{K}$ 值若取至小数两位,其 $\overline{K}$ 值均为 1.00;其系统性误差:三点法为 0.00,两点法为 0.00;从累计频率 75% 以上的误差来看,三点法为 ±1.22%,两点法为 ±2.20%,均不超过 ±3.0% 的允许值;从累计频率 95% 以上的误差来看,三点法为 ±2.51%,两点法为 ±3.20%,亦均未超过规范允许值 ±5.0% 的规定。综合以上各项误差分析,高村站吊箱测流用三点法测速可影响成果偏小(不考虑其他影响因素),而两点法优于三点法,所测成果与五点法很接近。

(二)测船(冲锋舟)测速垂线上三点法和两点法测速误差分析

分析采用资料,同样是从 2005 年 6 月和 8 月测船施测的 10 次精测法流量资料中,选取 64 条垂线的五点法测速成果。所选测速垂线分布在起点距 274 ~ 657 m 的范围内,测速垂线水深为 1.20 ~ 4.30 m,垂线平均流速(五点法)为 0.34 ~ 2.48 m/s。分析时以五点法垂线平均流速作为准确值,与减少测点后计算的三点法和两点法垂线平均流速值进行比较,分别求出其相对误差,列入表 2-18。

表 2-18　测船(冲锋舟)测流垂线上三点法及两点法测速误差计算

垂线序号	起点距(m)	水深(m)	v_5 (m/s)	v_3 (m/s)	v_2 (m/s)	$\frac{v_3 - v_5}{v_5} \times 100$ (%)	$\frac{v_2 - v_5}{v_5} \times 100$ (%)
1	601	3.10	2.20	2.19	2.22	-0.45	0.91
2	531	3.70	1.76	1.76	1.88	0.00	6.82
3	547	3.70	1.87	1.85	1.90	-1.07	1.60
4	564	3.90	1.83	1.78	1.81	-2.73	-1.09
5	578	4.10	1.91	1.90	1.94	-0.52	1.57
6	593	4.30	1.89	1.90	1.92	0.53	1.59
7	612	3.20	1.97	1.94	1.91	-1.52	-3.05
8	582	3.00	2.27	2.27	2.30	0.00	1.32
9	599	3.10	2.31	2.29	2.31	-0.87	0.00
10	612	3.40	2.24	2.23	2.24	-0.45	0.00
11	627	3.40	2.28	2.29	2.31	0.44	1.32
12	642	3.30	2.29	2.33	2.32	1.75	1.31
13	657	3.00	1.97	1.95	1.97	-1.02	0.00
14	597	3.20	2.48	2.49	2.51	0.40	1.21
15	614	3.30	2.40	2.44	2.45	1.67	2.08
16	631	3.25	2.27	2.31	2.32	1.76	2.20
17	649	3.00	2.34	2.37	2.34	1.28	0.00
18	290	1.20	0.56	0.55	0.56	-1.79	0.00
19	304	1.50	0.67	0.66	0.66	-1.49	-1.49
20	317	1.60	0.98	0.97	0.98	-1.02	0.00
21	332	1.65	1.06	1.05	1.05	-0.94	-0.94
22	348	1.55	1.20	1.20	1.21	0.00	0.83
23	365	1.50	1.20	1.18	1.16	-1.67	-3.33
24	381	1.60	1.27	1.26	1.25	-0.79	-1.57
25	400	1.50	1.23	1.22	1.23	-0.81	0.00
26	418	1.40	1.11	1.09	1.09	-1.80	-1.80
27	437	1.50	1.00	0.99	1.01	-1.00	1.00
28	458	1.50	0.68	0.66	0.67	-2.94	-1.47
29	615	2.50	0.36	0.35	0.36	-2.78	0.00
30	274	1.20	0.53	0.00	0.52	0.00	-1.89
31	290	1.40	0.61	0.60	0.60	-1.64	-1.64
32	307	1.60	0.67	0.67	0.68	0.00	1.49

续表 2-18

垂线序号	起点距(m)	水深(m)	v_5(m/s)	v_3(m/s)	v_2(m/s)	$\frac{v_3-v_5}{v_5}\times100$(%)	$\frac{v_2-v_5}{v_5}\times100$(%)
33	324	1.60	0.99	1.02	1.03	3.03	4.04
34	341	1.60	1.21	1.20	1.20	-0.83	-0.83
35	358	1.60	1.10	1.10	1.11	0.00	0.91
36	375	1.60	1.18	1.16	1.15	-1.69	-2.54
37	393	1.70	1.27	1.26	1.25	-0.79	-1.57
38	410	1.50	1.23	1.21	1.21	-1.63	-1.63
39	427	1.40	1.05	1.04	1.00	-0.95	-4.76
40	444	1.40	0.94	0.93	0.92	-1.06	-2.13
41	461	1.30	0.66	0.67	0.70	1.52	6.06
42	589	1.20	0.35	0.33	0.34	-5.71	-2.86
43	615	2.50	0.34	0.33	0.33	-2.94	-2.94
44	287	1.50	0.65	0.63	0.68	-3.08	4.62
45	301	1.60	0.70	0.68	0.73	-2.86	4.29
46	318	1.65	0.78	0.75	0.79	-3.85	1.28
47	335	1.50	1.07	1.07	1.06	0.00	-0.93
48	352	1.40	1.27	1.26	1.26	-0.79	-0.79
49	370	1.60	1.29	1.29	1.28	0.00	-0.78
50	387	1.70	1.25	1.24	1.25	-0.80	0.00
51	406	1.70	1.19	1.18	1.18	-0.84	-0.84
52	424	1.60	1.18	1.18	1.16	0.00	-1.69
53	444	1.50	1.10	1.09	1.11	-0.91	0.91
54	600	1.30	0.37	0.38	0.38	2.70	2.70
55	615	2.60	0.44	0.45	0.43	2.27	-2.27
56	297	1.20	0.67	0.67	0.67	0.00	0.00
57	317	1.60	0.79	0.78	0.80	-1.27	1.27
58	342	1.40	1.13	1.13	1.13	0.00	0.00
59	360	1.60	1.30	1.31	1.34	0.77	3.08
60	377	1.70	1.32	1.32	1.33	0.00	0.76
61	383	1.70	1.24	1.23	1.22	-0.81	-1.61
62	402	1.70	1.23	1.23	1.22	0.00	-0.81
63	420	1.60	1.16	1.16	1.17	0.00	0.86
64	439	1.50	1.07	1.04	1.02	-2.80	-4.67

根据表2-18中所求五点法垂线平均流速之和，分别除以三点法和两点法所求垂线平均流速之和，求得三点法和两点法平均流速系数 $\overline{K}$ 值，再根据计算的相对误差统计出系统误差和累计频率75%和95%以上的误差，列入表2-19。

表2-19　高村站测船测验测速垂线三点法和两点法流速系数及误差统计

项目	三点法	两点法	规范允许误差
流速系数 $\overline{K}$ 值	1.004	0.998	
累计频率75%以上的误差(%)	±1.69	±2.13	不超过±3.0
累计频率95%以上的误差(%)	±3.01	±4.66	不超过±5.0
系统性误差(%)	-0.79	0.00	不超过±1.0

从表2-19可以看出，高村站用测船(冲锋舟)测流时，垂线用三点法测速同样存在稍偏小的问题，如其流速系数平均为1.004，表明偏小0.4%，其系统性误差为-0.79%，同样说明此种方法成果偏小，但未超过±1.0%的规定。其累计频率75%以上和95%以上的误差分别为±1.69%和±3.01%，均未超过规范规定的允许值。同吊箱上测流一样，船测两点法优于三点法，其平均流速系数 $\overline{K}$ 值为0.998，仅表明偏大0.2%，而系统性误差为0.00，其累计频率75%以上和95%以上的误差分别为±2.13%和±4.66%，亦均不超过规范规定的误差界限。综合上述各项误差分析，垂线上三点法误差大于两点法误差，且各项误差均符合规范的规定。而高村站常测法测流垂线上多采用两点法，很少用三点法，由此证明高村站常测法用两点法测速成果的质量是可靠的，对所计算流量成果不会产生大的偏大或偏小问题。

六、1991～2005年测船精测法与常测法流量比较分析

为了进一步分析验证高村站测船(冲锋舟)常测法流量的测验精度是否符合现行规范的要求，我们又选取了该站1991～2005年间施测的35次精测法流量资料(其中包括表2-7中所列10次与吊箱平行比测的测船精测资料)。测验断面有三处：一是基下346 m(施测28次)，二是基上254 m(施测1次)，三是基下285 m(施测6次)。所选资料系列的水位变幅为60.54～63.19 m，流量为351～3 290 m^3/s。对35次精测法资料，根据测验河段的河宽、水深及流速横向分布情况，按规范规定减线、减点后，计算出相应的常测法流量进行比较分析，以精测法流量为准确值，分别求出各次常测法流量的绝对误差和相对误差，见表2-20。

根据表2-20所求相对误差，分别统计出评价常测法测验精度的各项误差，列入表2-21。

从表2-20和表2-21可以看出，在精简分析后的35次常测法流量与船测精测法流量相比，负误差为23次，占65.7%；0误差有7次，占20%；正误差只有5次，占14.3%。平均误差(按正负误差相抵后的平均值)为-1.05%，系统性误差为-0.70%，后者虽未超过规范规定的允许值，但都说明测船常测法存在着系统偏小问题；累计频率75%以上和95%以上的误差分别为±1.81%和±3.26%，亦均未超过规范规定的允许值。以15年的较长系列常测法流量误差分析评价，其精度基本上符合规范的要求，不存在大的偏小问题。

表 2-20　黄河高村站 1991～2005 年船测精测法及精简后常测法流量成果比较

比测编号序号	施测时间			断面位置	垂线/测点数	相应水位 (m)	精测法流量 (m^3/s)	常测法流量 (m^3/s)	常测法绝对误差 (m^3/s)	常测法相对误差 (%)
	年-月-日	起	讫							
		时:分	时:分							
1	1991-08-02	08:20	11:05	基下 346 m	23/109	61.52	1 330	1 310	-20	-1.50
2	1991-08-04	08:52	11:20		22/106	61.35	926	922	-4	-0.40
3	1992-08-09	14:48	19:06		24/120	61.77	1 460	1 470	10	0.68
4	1993-08-09	15:00	17:48		23/115	62.64	3 230	3 260	30	0.93
5	1993-09-13	08:40	10:50		22/106	61.33	1 170	1 170	0	0.00
6	1994-08-10	15:23	18:18		23/115	62.65	3 290	3 310	20	0.61
7	1994-08-21	15:00	17:10		22/110	61.94	1 690	1 690	0	0.00
8	1994-09-01	08:30	11:00		23/98	61.66	1 370	1 370	0	0.00
9	1994-09-09	14:36	17:00		22/108	61.67	1 360	1 320	-40	-2.94
10	1994-09-28	08:20	10:40		21/90	61.50	1 030	1 010	-20	-1.94
11	1995-07-31	08:24	10:24		22/108	61.89	1 320	1 330	10	0.76
12	1995-09-12	08:36	11:00		23/115	62.04	1 820	1 830	10	0.55
13	1995-09-20	08:36	10:36		22/108	62.02	1 480	1 480	0	0.00
14	1995-09-30	14:54	16:46		21/101	61.48	633	613	-20	-3.16
15	1995-10-29	08:36	10:50		21/91	61.37	571	570	-1	-0.18
16	1996-09-28	09:00	11:12		22/105	61.68	1 070	1 070	0	0.00
17	1999-09-27	08:24	10:12		22/96	62.39	815	805	-10	-1.23

续表 2-20

比测编号序号	施测时间			断面位置	垂线/测点数	相应水位(m)	精测法流量(m^3/s)	常测法流量(m^3/s)	常测法绝对误差(m^3/s)	常测法相对误差(%)
	年-月-日	起	讫							
		时:分	时:分							
18	2003-09-19	09:06	12:06	基下 346 m	24/120	63.19	2 480	2 470	-10	-0.40
19	2003-09-20	09:00	11:54		24/120	63.03	2 250	2 200	-50	-2.22
20	2003-09-21	08:30	12:00		24/110	62.38	1 220	1 200	-20	-1.64
21	2003-09-22	08:30	11:18		24/104	62.50	1 480	1 450	-30	-2.02
22	2004-07-10	08:42	11:30		27/135	62.78	2 460	2 430	-30	-1.22
23	2004-07-12	08:36	10:36		24/120	62.95	2 870	2 850	-20	-0.70
24	2004-07-13	08:12	11:00		24/120	62.92	2 820	2 820	0	0.00
25	2004-10-14	13:30	15:48	基上 254 m	28/100	60.73	364	354	-10	-2.75
26	2005-06-16	06:36	9:36	基下 346 m	25/73	62.24	2 260	2 260	0	0.00
27	2005-06-17	07:00	10:12		24/76	62.25	2 200	2 190	-10	-0.45
28	2005-06-18	07:36	10:36		24/78	62.28	2 260	2 220	-40	-1.77
29	2005-06-19	08:36	11:36		24/78	62.32	2 410	2 400	-10	-0.41
30	2005-08-06	08:00	11:00	基上 285 m	26/78	60.56	367	354	-13	-3.54
31	2005-08-07	08:00	10:54		24/83	60.57	381	365	-16	-4.20
32	2005-08-08	14:48	18:00		24/74	60.56	387	382	-5	-1.29
33	2005-08-09	08:12	11:06		24/73	60.55	351	340	-11	-3.13
34	2005-08-10	08:00	11:00		24/66	60.54	377	371	-6	-1.59
35	2005-08-11	08:00	10:54		24/74	60.78	558	549	-9	-1.61

表 2-21　1991 ~ 2005 年船测常测法流量误差

最大相对误差（%）	最小相对误差（%）	平均相对误差（%）	系统性误差（%）		累计频率 75%以上的误差（%）		累计频率 95%以上的误差（%）	
			规定	历年实测值	规定	历年实测值	规定	历年实测值
-4.20	0.00	-1.05	±1.0	-0.70	±3.0	±1.81	±5.0	±3.26

七、高村分析结果

本次高村站开展“流量资料测验精度分析评价”工作，是为黄委治黄专项——《黄河下游河段水量平衡研究》（2003Z03）项目服务的。为此，该站进行了吊箱精测法与测船（冲锋舟）常测法流量平行比测试验、测深杆测深误差试验、测船（冲锋舟）定位上下及左右摆动幅度观测等项工作。

在取得外业观测试验一定数量资料的基础上，进行了以下几项分析工作：即平行比测的测船（冲锋舟）常测法流量（与吊箱精测法流量比较）误差分析，吊箱常测法流量与测船（冲锋舟）常测法流量对比分析，测深精度试验资料分析，垂线上三点法及两点法测速误差分析，1991 ~ 2005 年测船（冲锋舟）精测法与常测法流量比较分析等。

各项分析的结果是：其一，此次吊箱与测船（冲锋舟）平行比测分析，测船常测法成果稍偏小，系统性误差为 -0.42%，其累计频率 75% 以上和 95% 以上的相对误差均超过允许值，表明偶然误差较大；其二，此次平行比测两种常测法流量比较，常测法流量稍偏大，系统性误差为 0.40%，其累计频率 75% 以上和 95% 以上的相对误差亦均超过允许值，同样表明部分测次测验误差大；其三，测深精度达到了规范要求，即 96% 测深读数误差小于 1% ~3% 的规定；其四，吊箱及测船（冲锋舟）测流，垂线上三点法及两点法所求垂线平均流速均有较好的代表性，其平均流速系数 $\overline{K}$ 值为 0.998 ~ 1.004，其他各项误差均在允许范围之内；其五，1991 ~ 2005 年测船（冲锋舟）常测法与精测法比较，前者系统性误差为 -0.70%，其他各项误差均不超标。

综合各项分析结果，高村站平常采用测船（冲锋舟）定位所测常测法流量存在稍偏小的问题，即偏小 0.4% ~0.70%，均不超过 ±1.0% 的规定。证明该站流量资料的测验精度符合国家标准《河流流量测验规范》（GB 50179—93）的规定，其成果质量是可信的。再举例来说，据统计计算，该站 1990 ~ 2004 年实测径流总量为 3 150.87 亿 m^3，平均每年径流量为 210.06 亿 m^3，若按偏小 0.70% 来估算，则每年仅平均偏小 1.470 亿 m^3。

存在的问题是：本次平行比测的次数相对较少，且主要分布在低水部分，2 000 m^3/s 以上流量测次仅有 4 次，更无较大洪水资料，因而分析结论不尽符合实际。

第三节　艾山站水文测验精度分析评价

根据艾山站的实际情况，治黄专项——《黄河下游河段水量平衡研究》（2003Z03）项目在艾山站开展吊箱与测船平行测流试验,通过对试验资料进行分析,全面评价其测验精度,发现该站在外业测验中存在问题,以改进测验方法。

一、测站概况

艾山站于 1950 年 4 月设立,位于山东省平阴县黄河大桥上游 7.5 km 处,东经 116°18′、北纬 36°15′,距河口 396 km,站址于 1984 年由东阿县黄屯乡艾山村下迁 1 000 m 至大桥镇井圈村。

艾山站测验河段顺直,测验断面位于井圈险工段,左岸为黄河大堤,右岸是外山,下游 500 m 处是著名的艾山卡口,是黄河下游的最窄段。艾山站基本断面宽度约 500 m,右岸山弯处有生产堤,左岸至生产堤间河槽宽 430 m,生产堤至外山山根宽 60 m,区间均为树林。生产堤顶高程 43.00 m,相应流量约为 5 200 m^3/s,同流量级水位较 20 世纪 80 年代末抬高 1.10 m 左右。图 2-9 为艾山站 2005 年实测大断面。

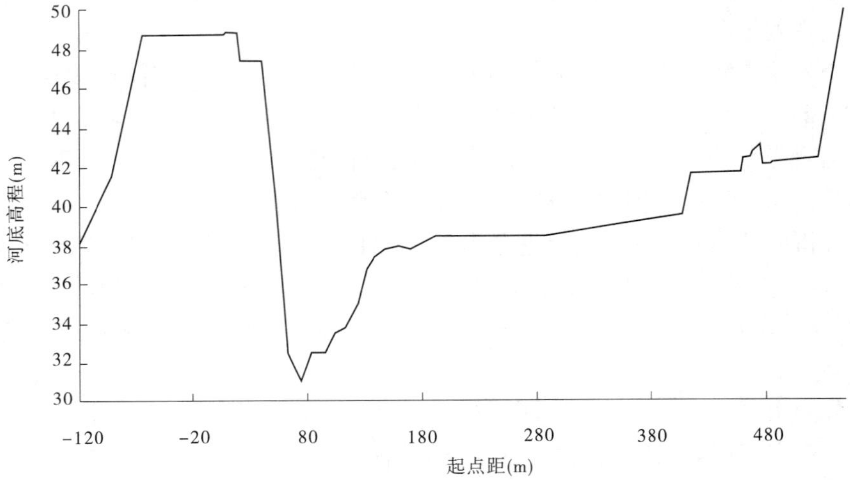

图 2-9　艾山站 2005 年实测大断面

艾山站测验河段属窄深型河段,水流一般在主槽内运行,含沙量的横向变化幅度小于流速,一般洪峰、沙峰分布较为均匀,沙峰一般滞后于洪峰,洪水漫滩时沙峰有时超前于洪峰。艾山站水位—流量关系曲线低水时期由于受假潮、引水、冲淤等因素的影响,水位—流量相关点左右摆动、分布散乱;中、高水主要受洪水涨落和断面冲淤等因素的综合影响,一般呈绳套型曲线或单一线。

该站流量测验主要是采用面积流速法,以流速仪常测法为主,特殊洪水或流冰严重时,改用浮标(冰)法施测。测验方式以吊箱和测船为主。一般情况主槽部分用测船定位测验,滩地部分用冲锋舟施测。特殊情况主槽用机动船(临时租用大型机船)与钢板船联合运用进行测验。

二、流量测验精度试验分析

本次流量测验精度试验与分析有以下四项内容:

(1)开展吊箱与测船平行测流试验 20 次,其中精测法 10 次,常测法 10 次,同时观测流向偏角、测船左右和上下摆动幅度。

(2)以精测法资料为基础,对常测法流量误差、测船定位误差、水面流向偏角代表性进行分析。

(3)对流速纵横向分布、大断面图、水位—流量关系曲线进行分析,综合评价各种误差所导致的流量测验误差。

(4)通过以上误差分析,评价1990~2004年实测径流量的可信度。

(一)流量平行比测试验情况

比测试验于2005年4月29日开始,由于吊箱故障、两次洪水来临及断面特性发生变化等原因,完成比测任务的时间较长,至7月22日,比测任务全部完成。按照要求,共平行比测流量20次(10次常测法,10次精测法)。

按照断面及流速转折变化布置垂线,精测法测速垂线数目多者布设20~21条,少者布设16~18条。常测法分别布设垂线11~13条和9~13条。水深按照规定重复两次测验。测验时随时进行分析,发现异常情况及时复测。测验结束后,及时进行单次合理性检查,确认无误后,进行分析存档,保证比测资料真实可靠。

由于艾山站测验断面的主槽水深流急,水文吊箱的测流能力为1 000 m^3/s以下,本次比测范围流量为342~1 130 m^3/s,达到了吊箱测流能力的极限,相应水位为38.48~39.52 m,水面宽为206~360 m。测船比测范围流量为347~1 120 m^3/s,相应水位38.48~39.52 m,水面宽为178~361 m。

(二)流向偏角及测船摆动情况观测

按要求,在施测每条垂线流速的同时,进行流向偏角的观测,观测方法为:在测船稳定后进行第1次观测,待垂线测速即将结束时,进行第2次观测。通过对流向偏角的资料统计,同一条垂线的流向偏角变化为0°~2°,对垂线流速的影响微乎其微,完全可以忽略不计。由于该站没有流速流向仪,所以对测速垂线上不同测点的流向无法施测,故测点流向测验没有进行,只对水面流向偏角进行观测。

在水深适宜的大部分河槽内,采用抛锚结合吊缆的方式稳定测船,故测船没有左右幅度的摆动。由于测船缆道与断面方向不平行,测船位置在断面上下变化的控制,用紧、放吊缆的方法进行调节,使测深及测速始终在断面上进行,不存在测船上下变化。上述情况对垂线流速的影响均可不予考虑,不对断面流速造成影响。

三、流量平行比测试验成果误差分析

(一)吊箱与测船平行比测流量成果对比分析

鉴于该站吊箱测流断面不受左岸回流区影响,且测流定位较准,故以吊箱测流成果为近似准确值与测船(测船测流断面左岸有回流)施测成果对比分析,以验证平常采用测船测流的精度。本次平行比测仅有20次成果,其中精测法和常测法各有10次,故只作两种混合成果的误差分析。吊箱实测流量成果见表2-22,测船实测流量成果见表2-23,测船测流成果绝对误差与相对误差计算见表2-24,在表2-24的基础上,又统计出评价其测验精度的各项误差(见表2-25)。

表 2-22　黄河艾山站 2005 年吊箱实测流量成果(与测船平行比测)

比测序号	测次	开始时间(月-日 T 时:分)	结束时间(月-日 T 时:分)	断面位置	测验方法	相应水位(m)	流量(m^3/s)	断面面积(m^2)	平均流速(m/s)	最大测点流速(m/s)	水面宽(m)	平均水深(m)	最大水深(m)
1	53	04-29T08:38	04-29T09:28	基上 126 m	流速仪 9/17	38. 65	479	411	1. 17	1. 79	206	1. 99	5. 8
2	60	05-23T08:30	05-23T10:15		流速仪 13/24	38. 71	493	434	1. 14	1. 75	238	1. 82	6. 2
3	61	05-24T08:30	05-24T11:10		流速仪 18/62	38. 65	435	391	1. 11	1. 73	238	1. 64	4. 8
4	62	05-25T08:40	05-25T11:00		流速仪 16/54	38. 54	385	377	1. 02	1. 65	238	1. 58	5. 7
5	63	05-26T08:35	05-26T11:20		流速仪 17/59	38. 54	373	402	0. 93	1. 65	238	1. 68	5. 0
6	564	05-27T08:28	05-27T09:40		流速仪 11/22	38. 48	342	345	0. 99	1. 52	237	1. 45	4. 1
7	65	05-30T08:26	05-30T09:50		流速仪 11/22	38. 50	400	385	1. 04	1. 63	238	1. 61	5. 0
8	66	05-31T08:36	05-31T09:56		流速仪 11/22	38. 63	481	397	1. 21	1. 96	238	1. 66	4. 8
9	67	06-01T08:30	06-01T10:00		流速仪 11/20	38. 64	501	408	1. 23	1. 91	238	1. 71	5. 0
10	68	06-02T08:55	06-02T10:07		流速仪 11/18	38. 63	481	390	1. 23	1. 80	238	1. 63	5. 0
11	69	06-03T08:26	06-03T11:20		流速仪 18/58	38. 53	413	378	1. 09	1. 75	238	1. 58	5. 8
12	91	07-05T08:34	07-05T12:12		流速仪 18/67	39. 41	761	848	0. 90	1. 50	360	2. 35	6. 9
13	92	07-06T08:23	07-06T11:30		流速仪 18/66	39. 29	744	766	0. 97	1. 55	346	2. 21	7. 2
14	101	07-12T09:40	07-12T13:06		流速仪 18/69	39. 52	1 130	876	1. 29	1. 93	356	2. 46	5. 5
15	102	07-13T08:55	07-13T10:52		流速仪 13/26	39. 20	756	749	1. 01	1. 66	355	2. 10	5. 9
16	103	07-14T09:40	07-14T11:20		流速仪 13/24	38. 99	604	683	0. 88	1. 43	354	1. 92	7. 5
17	104	07-15T08:32	07-15T11:26		流速仪 18/53	38. 89	552	630	0. 88	1. 38	352	1. 78	6. 2
18	105	07-18T08:26	07-18T09:49		流速仪 13/24	38. 77	529	597	0. 89	1. 45	351	1. 70	6. 3
19	106	07-20T08:57	07-20T11:24		流速仪 18/54	38. 59	429	542	0. 79	1. 31	349	1. 55	5. 4
20	107	07-22T08:16	07-22T11:02		流速仪 18/54	38. 55	440	551	0. 80	1. 36	347	1. 58	5. 8

表 2-23　黄河艾山站 2005 年测船实测流量成果(与吊箱平行比测)

比测序号	测次	开始时间(月-日 T 时:分)	结束时间(月-日 T 时:分)	断面位置	测验方法	相应水位(m)	流量(m^3/s)	断面面积(m^2)	平均流速(m/s)	最大测点流速(m/s)	水面宽(m)	平均水深(m)	最大水深(m)
1	553	04-29T08:48	04-29T09:48	基上 50 m	流速仪 11/19	38.65	490	416	1.18	1.72	178	2.33	6.9
2	560	05-23T08:20	05-23T10:05		流速仪 11/21	38.71	489	409	1.20	1.77	209	1.95	6.0
3	561	05-24T08:23	05-24T10:50		流速仪 16/56	38.65	454	395	1.15	1.81	209	1.88	6.0
4	562	05-25T08:28	05-25T11:06		流速仪 17/59	38.54	392	364	1.08	1.69	208	1.75	5.5
5	563	05-26T08:41	05-26T11:32		流速仪 17/59	38.54	391	357	1.10	1.72	208	1.71	5.3
6	64	05-27T08:26	05-27T09:40		流速仪 11/21	38.48	347	330	1.05	1.60	202	1.63	4.60
7	565	05-30T08:30	05-30T09:48		流速仪 12/23	38.50	380	317	1.20	1.70	200	1.58	5.0
8	566	05-31T08:30	05-31T09:45		流速仪 12/23	38.63	460	356	1.29	1.90	204	1.74	5.5
9	567	06-01T08:28	06-01T09:50		流速仪 12/22	38.63	494	383	1.29	1.86	209	1.83	6.0
10	568	06-02T08:34	06-02T09:42		流速仪 12/22	38.63	484	384	1.26	1.84	210	1.83	6.6
11	569	06-03T08:34	06-03T11:08		流速仪 17/57	38.54	424	357	1.19	1.75	204	1.75	5.9
12	591	07-05T08:33	07-05T13:24		流速仪 20/80	39.41	811	801	1.01	1.60	355	2.25	7.2
13	592	07-06T08:30	07-06T12:06		流速仪 18/68	39.29	750	722	1.04	1.67	355	2.03	7.3
14	601	07-12T09:30	07-12T13:00		流速仪 18/68	39.52	1 120	870	1.28	1.96	361	2.40	6.5
15	602	07-13T08:54	07-13T10:32		流速仪 12/24	39.19	761	746	1.02	1.69	351	2.12	6.5
16	603	07-14T09:26	07-14T10:49		流速仪 12/21	38.98	629	680	0.93	1.52	350	1.94	6.9
17	604	07-15T08:33	07-15T11:16		流速仪 21/63	38.88	571	617	0.93	1.50	350	1.76	6.8
18	605	07-18T08:30	07-18T09:49		流速仪 13/22	38.77	533	538	0.99	1.52	350	1.54	6.4
19	606	07-20T09:00	07-20T11:24		流速仪 20/56	38.59	448	501	0.89	1.38	349	1.44	5.7
20	607	07-22T08:26	07-22T10:46		流速仪 19/49	38.55	432	493	0.88	1.45	349	1.41	7.2

表 2-24　吊箱与测船平行比测流量误差计算

比测序号	吊箱施测					测船施测					绝对误差 $Q_{测船}-Q_{吊箱}$ (m^3/s)	相对误差 (%)
	相应水位 (m)	流量 (m^3/s)	断面面积 (m^2)	平均流速 (m/s)	平均水深 (m)	相应水位 (m)	流量 (m^3/s)	断面面积 (m^2)	平均流速 (m/s)	平均水深 (m)		
1	38. 65	479	411	1. 17	1. 99	38. 65	490	416	1. 18	2. 33	11	2. 30
2	38. 71	493	434	1. 14	1. 82	38. 71	489	409	1. 20	1. 95	-4	-0. 81
3	38. 65	435	391	1. 11	1. 64	38. 65	454	395	1. 15	1. 88	19	4. 37
4	38. 54	385	377	1. 02	1. 58	38. 54	392	364	1. 08	1. 75	7	1. 82
5	38. 54	373	402	0. 93	1. 68	38. 54	391	357	1. 10	1. 71	18	4. 83
6	38. 48	342	345	0. 99	1. 45	38. 48	347	330	1. 05	1. 63	5	1. 46
7	38. 50	400	385	1. 04	1. 61	38. 50	380	317	1. 20	1. 58	-20	-5. 00
8	38. 63	481	397	1. 21	1. 66	38. 63	460	356	1. 29	1. 74	-21	-4. 37
9	38. 64	501	408	1. 23	1. 71	38. 63	494	383	1. 29	1. 83	-7	-1. 40
10	38. 63	481	390	1. 23	1. 63	38. 63	484	384	1. 26	1. 83	3	0. 62
11	38. 53	413	378	1. 09	1. 58	38. 54	424	357	1. 19	1. 75	11	2. 66
12	39. 41	761	848	0. 90	2. 35	39. 41	811	801	1. 01	2. 25	50	6. 57
13	39. 29	744	766	0. 97	2. 21	39. 29	750	722	1. 04	2. 03	6	0. 81
14	39. 52	1 130	876	1. 29	2. 46	39. 52	1 120	870	1. 28	2. 40	-10	-0. 88
15	39. 20	756	749	1. 01	2. 10	39. 19	761	746	1. 02	2. 12	5	0. 66
16	38. 98	604	683	0. 88	1. 92	38. 98	629	680	0. 93	1. 94	25	4. 14
17	38. 89	552	630	0. 88	1. 78	38. 88	571	617	0. 93	1. 76	19	3. 44
18	38. 77	529	597	0. 89	1. 70	38. 77	533	538	0. 99	1. 54	4	0. 76
19	38. 59	429	542	0. 79	1. 55	38. 59	448	501	0. 89	1. 44	19	4. 43
20	38. 55	440	551	0. 80	1. 58	38. 55	432	493	0. 88	1. 41	-8	-1. 82

表 2-25　艾山站船测流量误差统计　（%）

累计频率 95%以上的误差		累计频率 75%以上的误差		系统性误差	
允许	本次比测	允许	本次比测	允许	本次比测
±5.0	±5.0	±3.0	±4.37	±1.0	1.14%

从表 2-22～表 2-25 中所列各种数据可得出以下几点认识和结论：

（1）本次比测试验仅有 20 次资料，不符合误差分析最少 30 次成果的要求，且比测流量变幅为 342～1 130 m^3/s，又无高水比测资料。其中精测法只有 10 次，因而误差分析的资料基础差，代表性不够。

（2）测船测流成果比吊箱所测流量系统性误差为 1.14%，超过允许值 ±1.0% 的规定；正负误差的分配亦不均衡，其中正误差 14 次，占 70%，负误差 6 次，占 30%。这些均表明测船所测成果比吊箱所测成果存在系统偏大因素。分析其原因，测船断面左岸受险工坝挑水影响，水流顺逆不定，且有翻花水，垂线流速分布不规则，测船难以稳定。

（3）累计频率 95% 以上的误差为 ±5.0%，与允许值相同，而累计频率 75% 以上的误差为 ±4.37%，超过了 ±3.0% 的规定，表明测船偶然误差较大。

（二）吊箱精测法与测船常测法流量比较分析

将平行比测的测船 10 次精测法流量资料，按照规范要求，经过垂线、测点精简后重新计算常测法流量与吊箱 10 次精测法流量资料进行对比分析。由于艾山站中小水期间主流靠近左岸，断面上大部分水深小于 2.00 m，所以在用精测法施测流量时，多数垂线流速测点布设以三点法居多，五点法一般只有 3～5 条。由于回流等原因的影响，个别垂线采用了 0.6 一点法施测。在精简垂线分析时，尽量多保留五点法和断面、流速有转折变化的垂线，精简分析成果见表 2-26。

表 2-26　艾山站吊箱精测法与测船常测法比较

比测序号	吊箱精测法流量（m^3/s）	测船常测法流量（m^3/s）	$Q_{测船}-Q_{吊箱}$（m^3/s）	测船相对误差（%）
1	435	452	17	3.91
2	385	392	7	1.82
3	373	394	21	5.63
4	413	423	10	2.42
5	761	816	55	7.23
6	744	729	－15	－2.02
7	1 130	1 110	－20	－1.77
8	552	571	19	3.44
9	429	443	14	3.26
10	440	429	－11	－2.50

注：测船常测法较吊箱精测法平均相对误差为 2.14%。

因分析样本只有10次资料，无法按规范统计评价常测法精度的各项误差。从表2-26可以看出：其算术平均误差为2.14%，同样正误差次数占70%，负误差次数占30%，且误差范围为-2.50%~7.23%。以上均可以证明，测船常测法比吊箱精测法存在偏大的问题。

（三）吊箱精测法与精简后的常测法流量比较分析

表2-27所列吊箱精测法流量资料，是2005年5~7月期间与测船平行比测时施测。常测法是在该10次精测法流量的基础上，经过正规精简垂线、测点后求得。因资料太少，无法统计评价其精度的各项误差，仅说明其算术平均误差为-0.55%，最大偶然误差为-2.30%，最小误差为0，表明吊箱常测法与精测法相比，存在系统偏小现象，但偏小值基本在允许范围内，且各次偶然误差数值较小。

表2-27　艾山站2005年吊箱精测法与精简后常测法流量误差分析

序号	实测精测法流量 (m^3/s)	垂线测点精简后常测法流量 (m^3/s)	常测法误差计算	
			绝对 (m^3/s)	相对 (%)
1	435	425	-10	-2.30
2	385	388	3	0.78
3	373	365	-8	-2.14
4	413	419	6	1.45
5	761	755	-6	-0.79
6	744	743	-1	-0.13
7	1 130	1 140	10	0.88
8	552	552	0	0
9	429	425	-4	-0.93
10	440	430	-10	-2.27
统计	平均误差为-0.55%，最大误差为-2.30%，最小误差为0.00			

四、1991~2005年测船精测法与常测法流量对比分析

考虑到上述2005年平行比测试验中，测船精测法仅有10次，不足以反映长时段的真实情况。为了对长系列资料进行分析，这里我们对艾山站1991~2005年共35次测船精测资料进行了垂线测点精简，并对精简分析后的常测法误差进行了分析计算，统计结果见表2-28。

表2-28所选1991~2005年（实际是9年）间的35次精测法流量资料，最小流量是350 m^3/s（1995年），最大流量是2 920 m^3/s（2004年），属中低水流量级，无高水资料，尚有一定代表性。

表2-28所列计算的常测法误差，是以精测法为真值求得的。其最大偶然误差为3.90%，最小偶然误差为0，变幅不大。其正负误差符号的分配大致均衡，正误差（含0误差）为17次，占总测次的48.6%，负误差为18次，占总测次的51.4%。为评价测船常测

表 2-28　艾山站 1991 ~ 2005 年测船精测法与常测法流量比较分析

比测序号	比测时间（年-月-日 T 时:分）	水位（m）	精测法					精简后常测法					常测法误差	
			流量（m^3/s）	水面宽（m）	断面面积（m^2）	平均水深（m）	平均流速（m/s）	流量（m^3/s）	水面宽（m）	断面面积（m^2）	平均水深（m）	平均流速（m/s）	差值（m^3/s）	相对（%）
1	1991-08-03T10:30	39.58	1 680	373	1 070	2.87	1.57	1 690	373	1 060	2.84	1.59	10	0.60
2	1993-08-30T10:45	40.27	1 940	375	1 110	2.96	1.74	1 930	375	1 110	2.96	1.74	-10	-0.52
3	1993-09-15T09:53	39.66	1 210	362	837	2.31	1.45	1 180	362	835	2.31	1.41	-30	-2.48
4	1994-08-09T11:05	40.64	2 490	379	1 220	3.22	2.04	2 400	379	1 210	3.19	1.98	-90	-3.61
5	1994-08-13T10:20	40.45	2 310	369	1 240	3.36	1.86	2 280	369	1 230	3.33	1.85	-30	-1.30
6	1994-08-16T10:16	40.86	2 720	382	1 320	3.46	2.06	2 680	382	1 310	3.43	2.04	-40	-1.47
7	1994-09-10T09:50	39.89	1 430	361	898	2.49	1.59	1 450	361	898	2.49	1.61	20	1.40
8	1994-09-23T09:50	39.32	849	349	634	1.82	1.34	847	349	634	1.82	1.34	-2	-0.24
9	1994-10-21T10:20	39.22	737	334	564	1.69	1.31	720	334	563	1.68	1.28	-17	-2.31
10	1995-08-11T09:02	40.15	1 540	348	956	2.75	1.61	1 600	348	956	2.75	1.67	60	3.90
11	1995-08-25T10:10	40.30	1 800	353	1 040	2.95	1.73	1 810	353	1 030	2.92	1.76	10	0.56
12	1995-09-10T10:23	40.46	2 120	365	1 080	2.96	1.96	2 160	365	1 070	2.93	2.02	40	1.89
13	1995-09-28T09:31	39.43	767	357	601	1.68	1.28	750	357	600	1.68	1.25	-17	-2.22
14	1995-10-28T09:33	39.24	683	240	535	2.23	1.28	691	240	535	2.23	1.29	8	1.17
15	1995-11-18T09:33	39.27	350	291	546	1.88	0.64	346	291	544	1.87	0.64	-4	-1.14
16	1996-09-10T10:31	40.01	1 780	369	1 000	2.71	1.78	1 760	369	998	2.7	1.76	-20	-1.12
17	1996-09-30T10:47	39.40	842	339	601	1.77	1.40	849	339	600	1.77	1.42	7	0.83

续表 2-28

比测序号	比测时间（年-月-日 T 时:分）	水位（m）	精测法					精简后常测法					常测法误差	
			流量（m^3/s）	水面宽（m）	断面面积（m^2）	平均水深（m）	平均流速（m/s）	流量（m^3/s）	水面宽（m）	断面面积（m^2）	平均水深（m）	平均流速（m/s）	差值（m^3/s）	相对（%）
18	2002-07-11T09:42	41. 22	1 990	352	1 230	3. 49	1. 62	1 940	352	1 230	3. 49	1. 58	−50	−2. 51
19	2002-07-13T09:51	41. 26	2 090	352	1 270	3. 61	1. 65	2 110	352	1 260	3. 58	1. 67	20	0. 96
20	2002-07-15T09:53	41. 46	2 250	386	1 390	3. 60	1. 62	2 250	386	1 380	3. 58	1. 63	0	0. 00
21	2003-09-15T09:59	41. 39	2 630	333	1 390	4. 17	1. 83	2 630	333	1 390	4. 17	1. 83	0	0. 00
22	2003-09-19T09:56	41. 53	2 810	344	1 520	4. 42	1. 85	2 740	344	1 520	4. 42	1. 80	−70	−2. 49
23	2003-09-22T10:38	40. 34	1 480	341	889	2. 61	1. 66	1 450	341	890	2. 61	1. 63	−30	−2. 03
24	2004-07-12T10:46	41. 44	2 850	365	1 630	4. 47	1. 75	2 920	365	1 620	4. 44	1. 8	70	2. 46
25	2004-07-13T11:48	41. 43	2 920	364	1 660	4. 55	1. 76	2 950	364	1 650	4. 53	1. 79	30	1. 03
26	2005-05-24T09:36	38. 65	454	209	391	1. 64	1. 11	452	209	390	1. 64	1. 09	−2	−0. 44
27	2005-05-25T09:47	38. 54	392	208	377	1. 58	1. 02	392	208	377	1. 58	1. 03	0	0. 00
28	2005-05-26T10:06	38. 54	391	208	402	1. 69	0. 93	394	208	402	1. 69	0. 92	3	0. 77
29	2005-06-03T09:51	38. 54	424	204	378	1. 59	1. 09	423	204	378	1. 59	1. 11	−1	−0. 24
30	2005-07-05T10:58	39. 41	811	355	848	2. 35	0. 9	816	355	847	2. 35	0. 89	5	0. 62
31	2005-07-06T10:18	39. 29	750	355	766	2. 21	0. 97	729	355	765	2. 21	0. 95	−21	−2. 80
32	2005-07-12T11:15	39. 52	1 120	361	876	2. 46	1. 29	1 110	361	875	2. 46	1. 3	−10	−0. 89
33	2005-07-15T09:54	38. 88	571	350	630	1. 78	0. 88	571	350	630	1. 79	0. 86	0	0. 00
34	2005-07-20T10:12	38. 59	448	349	501	1. 55	0. 79	443	349	541	1. 55	0. 78	−5	−1. 12
35	2005-07-22T09:36	38. 55	432	349	493	1. 41	0. 88	429	349	550	1. 58	0. 87	−3	0. 69

法流量测验精度，又统计了其系统性误差，累计频率75%以上和95%以上的误差列入表2-29。

表2-29 艾山站测船常测法流量误差统计 (%)

系统性误差		累计频率75%以上的误差		累计频率95%以上的误差	
允许值	实测值	允许值	实测值	允许值	实测值
±1.0	-0.24	±3.0	±2.08	±5.0	±3.0

表2-29所列各项误差显示，测船常测法流量的系统性误差为-0.24%，与算术平均误差-0.34%相接近，均说明存在偏小问题，但误差值均在规范允许误差范围之内；其累计频率75%以上和95%以上的误差分别为±2.08%和±3.0%，均在规范允许误差范围内。由此说明，该站测船常测法流量的精度是符合规范要求。

需要说明的是，表2-28所列35次精测法流量中，发现右岸浅滩部分大部分垂线流速存在偏小现象，而左岸深槽部分则多数垂线流速存在偏大现象，但因左岸深槽水深较大，且受回流影响，测速垂线测点布设不同时期不尽相同，此部分流量一般占断面总流量的10%~15%。因而在对垂线、测点精简分析时，有时会对常测法流量造成较大偶然误差，甚至产生一定的系统性误差。

五、流速横向分布情况及垂线上不同测点流速误差分析

(一)断面流速横向分布情况

该站中低水断面为窄深河槽，较大洪水时右岸漫滩，呈复式河槽。断面靠近左岸部分为深槽，受下游险工阻水影响，回流严重，洪水流向顺逆不定。流速横向变化一般与水深大小有密切关系，横向分布起伏变化大，特别是在左岸深槽受回水影响区及流向顺逆不定交界处，变化更为剧烈，见图2-10。

(二)垂线上流速分布情况

该站垂线上流速的分布同流速的横向分布一样，左岸变化较大，有时出现相对水深0.8处的流速比相对水深0.2处的流速大的反常现象，这也是受回流和顺逆不定水流区产生的翻花水所形成的。而右岸垂线分布相对比较有规律。这里从2005年实测精测法流量中，选有代表性的5条五点法垂线流速资料，点绘垂线流速分布图(见图2-11)。

(三)垂线上三点法和两点法垂线平均流速误差分析

为进一步分析常测法垂线上常用两点法、三点法测速代表垂线平均流速的误差，这里从1991~2004年精测法流量中，选取224条五点法测速垂线资料，以五点法(水面、0.2、0.6、0.8相对水深及河底)垂线平均流速为准确值，与精简测点后的三点法和两点法计算的垂线平均流速进行比较，分别求出后两种垂线平均流速的相对误差(见表2-30)，并统计三点法、两点法的流速系数K值、系统性误差、累计频率75%以上和95%以上的误差，见表2-31。

从表2-30和表2-31可得出以下几点认识和结论。其一，三点法测速其平均流速系数$\overline{K}$值为1.008，系统性误差为-0.94%，均表明存在系统偏小问题，累计频率75%以上和

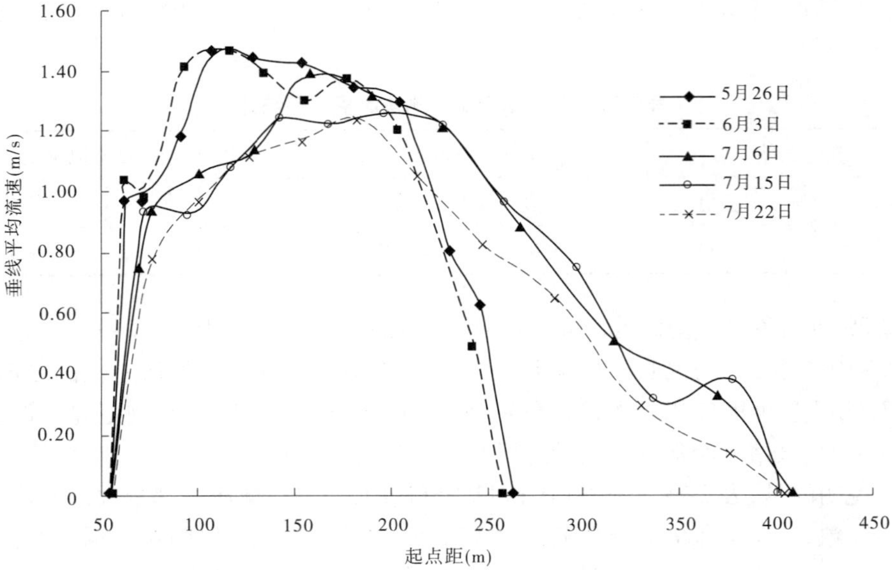

图 2-10 艾山站流速横向分布

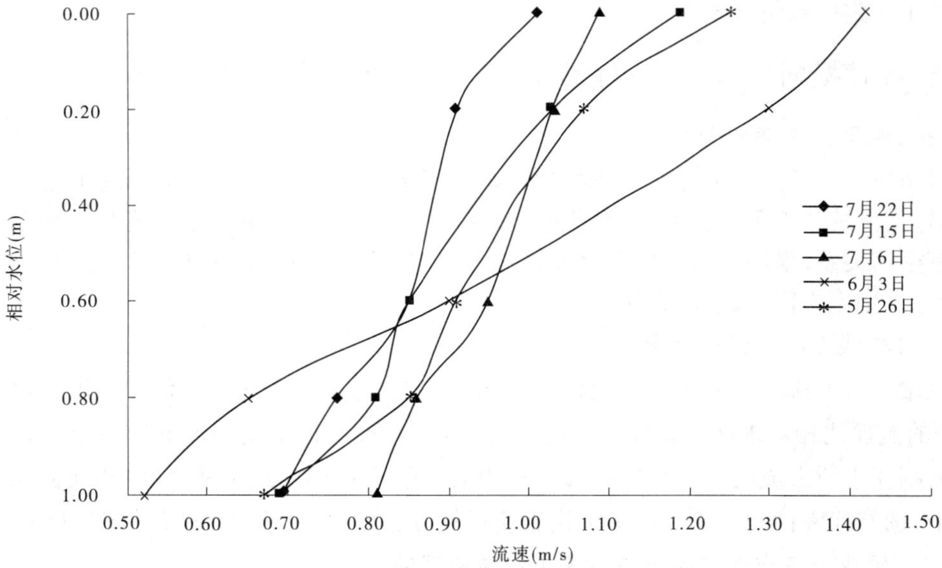

图 2-11 流速垂线分布

95%以上的误差分别为±2.94%和±4.93%,各项误差均不超过规定的允许值。其二,垂线上两点法测速的平均流速系数$\overline{K}$值为0.996,系统性误差为0.50%,均说明两点法测速成果稍偏大,误差性质与三点法相反;两点法的累计频率75%以上的误差为±4.17%,不符合规范要求,而累计频率95%以上的误差为±8.22%,则超过了±5.0%的允许值,说明偶然误差大的垂线数占的比重较大,如在224条垂线中,偶然误差超过±5.0%的垂线有39条,占17.4%,其原因主要是所选左岸部分测速垂线水流不正常,垂线上流速分布不规律所致。

表 2-30　艾山站五点法垂线流速资料精简分析计算

年份	序号	起点距（m）	水深（m）	五点法垂线平均流速（m/s）	三点法垂线平均流速（m/s）	两点法垂线平均流速（m/s）	两点法相对误差(%)	三点法相对误差(%)
1991	1	311	2.00	1.84	1.84	1.88	2.17	0.00
	2	292	2.30	1.69	1.65	1.67	-1.18	-2.37
	3	274	2.10	1.89	1.88	1.84	-2.65	-0.53
	4	256	1.80	2.13	2.12	2.16	1.41	-0.47
	5	239	1.80	2.15	2.12	2.09	-2.79	-1.40
	6	223	2.10	2.14	2.12	2.10	-1.87	-0.93
	7	206	2.40	1.96	1.95	1.97	0.51	-0.51
	8	191	3.00	1.73	1.70	1.71	-1.16	-1.73
	9	175	4.20	1.74	1.76	1.82	4.60	1.15
	10	161	4.40	1.69	1.68	1.77	4.73	-0.59
	11	147	4.70	1.69	1.71	1.80	6.51	1.18
	12	135	5.10	1.63	1.67	1.74	6.75	2.45
	13	122	5.60	1.76	1.80	1.81	2.84	2.27
	14	110	5.90	1.64	1.68	1.71	4.27	2.44
	15	99	6.00	1.48	1.60	1.59	7.43	8.11
	16	90	6.10	1.27	1.36	1.30	2.36	7.09
	17	81	6.00	0.96	1.03	0.88	-8.33	7.29
	18	68	5.50	0.84	0.87	0.77	-8.33	3.57

续表 2-30

年份	序号	起点距（m）	水深（m）	五点法垂线平均流速（m/s）	三点法垂线平均流速（m/s）	两点法垂线平均流速（m/s）	两点法相对误差（%）	三点法相对误差（%）
1993	19	214	2.30	1.88	1.87	1.86	-1.06	-0.53
	20	201	2.60	1.73	1.69	1.70	-1.73	-2.31
	21	187	3.40	1.91	1.85	1.83	-4.19	-3.14
	22	174	4.00	1.69	1.63	1.70	0.59	-3.55
	23	162	5.50	1.76	1.69	1.66	-5.68	-3.98
	24	150	4.90	1.99	1.95	2.03	2.01	-2.01
	25	138	5.20	2.27	2.28	2.33	2.64	0.44
	26	126	5.30	2.22	2.20	2.27	2.25	-0.90
	27	115	6.50	1.79	1.74	1.75	-2.23	-2.79
	28	104	6.70	1.60	1.60	1.62	1.25	0.00
	29	79	6.40	1.35	1.40	1.26	-6.67	3.70
	30	166	2.50	1.51	1.50	1.51	0.00	-0.66
	31	153	4.00	1.40	1.32	1.40	0.00	-5.71
	32	140	4.20	1.55	1.54	1.60	3.23	-0.65
	33	128	4.30	1.69	1.67	1.72	1.78	-1.18
	34	116	4.50	1.75	1.73	1.60	-8.57	-1.14
	35	105	5.00	1.66	1.63	1.65	-0.60	-1.81
	36	93	5.80	1.54	1.51	1.51	-1.95	-1.95
	37	79	6.40	1.30	1.30	1.20	-7.69	0.00
1994	38	394	1.50	2.07	2.03	2.04	-1.45	-1.93
	39	317	1.60	2.63	2.60	2.58	-1.90	-1.14
	40	295	1.60	2.62	2.56	2.53	-3.44	-2.29
	41	276	1.80	2.69	2.64	2.75	2.23	-1.86
	42	258	1.80	2.85	2.80	2.82	-1.05	-1.75
	43	242	2.00	2.80	2.72	2.75	-1.79	-2.86
	44	212	2.60	2.43	2.38	2.43	0.00	-2.06
	45	198	3.50	2.32	2.25	2.34	0.86	-3.02
	46	185	4.50	2.26	2.14	2.21	-2.21	-5.31
	47	173	4.40	2.38	2.29	2.44	2.52	-3.78

续表 2-30

年份	序号	起点距（m）	水深（m）	五点法垂线平均流速（m/s）	三点法垂线平均流速（m/s）	两点法垂线平均流速（m/s）	两点法相对误差（%）	三点法相对误差（%）
1994	48	161	4.80	2.34	2.27	2.27	-2.99	-2.99
	49	149	6.00	2.37	2.35	2.33	-1.69	-0.84
	50	114	6.70	2.25	2.28	2.37	5.33	1.33
	51	102	6.70	2.35	2.34	2.30	-2.13	-0.43
	52	208	4.50	1.69	1.57	1.74	2.96	-7.10
	53	193	4.30	1.97	1.89	2.04	3.55	-4.06
	54	179	5.20	1.97	1.90	1.93	-2.03	-3.55
	55	165	5.90	2.10	2.03	2.17	3.33	-3.33
	56	151	6.00	1.99	2.00	2.10	5.53	0.50
	57	137	6.70	2.16	2.09	2.05	-5.09	-3.24
	58	124	7.20	2.00	2.08	2.13	6.50	4.00
	59	111	6.50	2.12	2.14	2.09	-1.42	0.94
	60	99	6.50	1.78	1.79	1.80	1.12	0.56
	61	87	6.00	1.02	1.13	1.03	0.98	10.78
	62	206	4.30	2.12	2.05	2.33	9.91	-3.30
	63	191	4.60	2.29	2.21	2.41	5.24	-3.49
	64	177	5.30	2.29	2.19	2.19	-4.37	-4.37
	65	164	5.80	2.44	2.34	2.50	2.46	-4.10
	66	151	6.80	2.30	2.27	2.33	1.30	-1.30
	67	139	7.00	2.24	2.28	2.33	4.02	1.79
	68	128	6.60	2.49	2.55	2.58	3.61	2.41
	69	116	6.50	2.30	2.39	2.40	4.35	3.91
	70	104	6.20	2.19	2.20	2.05	-6.39	0.46
	71	166	3.40	1.76	1.73	1.87	6.25	-1.70
	72	154	4.20	1.79	1.79	1.94	8.38	0.00
	73	141	4.50	1.64	1.59	1.60	-2.44	-3.05
	74	128	4.20	1.98	1.92	2.00	1.01	-3.03
	75	115	5.20	1.85	1.82	1.89	2.16	-1.62
	76	104	5.20	1.84	1.83	1.79	-2.72	-0.54

续表 2-30

年份	序号	起点距（m）	水深（m）	五点法垂线平均流速（m/s）	三点法垂线平均流速（m/s）	两点法垂线平均流速（m/s）	两点法相对误差（%）	三点法相对误差（%）
1994	77	91	5.00	1.42	1.48	1.49	4.93	4.23
	78	139	2.50	1.52	1.50	1.58	3.95	-1.32
	79	128	3.40	1.48	1.42	1.50	1.35	-4.05
	80	117	4.20	1.29	1.24	1.25	-3.10	-3.88
	81	107	4.50	1.42	1.40	1.46	2.82	-1.41
	82	98	4.70	1.46	1.48	1.50	2.74	1.37
	83	89	5.20	1.20	1.25	1.31	9.17	4.17
	84	74	6.00	0.89	0.85	0.84	-5.62	-4.49
	85	135	2.60	1.54	1.49	1.60	3.90	-3.25
	86	121	4.00	1.61	1.63	1.63	1.24	1.24
	87	107	4.80	1.57	1.57	1.56	-0.64	0.00
	88	94	5.10	1.52	1.52	1.52	0.00	0.00
	89	80	6.70	1.42	1.43	1.44	1.41	0.70
1995	90	176	3.20	2.11	2.06	2.15	1.90	-2.37
	91	162	4.90	1.95	1.96	2.09	7.18	0.51
	92	149	5.10	2.09	2.05	1.99	-4.78	-1.91
	93	130	5.30	1.69	1.74	1.77	4.73	2.96
	94	119	5.30	1.64	1.70	1.80	9.76	3.66
	95	97	5.10	1.08	1.05	1.13	4.63	-2.78
	96	167	3.60	1.93	1.83	1.99	3.11	-5.18
	97	154	5.50	1.75	1.67	1.73	-1.14	-4.57
	98	141	5.00	1.93	1.89	1.92	-0.52	-2.07
	99	129	6.20	1.93	1.95	1.90	-1.55	1.04
	100	117	5.70	2.16	2.17	2.14	-0.93	0.46
	101	106	6.40	1.86	1.81	1.92	3.23	-2.69
	102	94	6.40	2.05	2.10	2.03	-0.98	2.44
	103	76	6.50	1.12	1.14	1.15	2.68	1.79
	104	225	3.30	2.44	2.42	2.50	2.46	-0.82
	105	208	3.70	1.91	1.78	1.77	-7.33	-6.81

续表 2-30

年份	序号	起点距（m）	水深（m）	五点法垂线平均流速（m/s）	三点法垂线平均流速（m/s）	两点法垂线平均流速（m/s）	两点法相对误差（%）	三点法相对误差（%）
1995	106	192	4.00	2.39	2.36	2.38	-0.42	-1.26
	107	177	4.30	2.13	2.08	2.09	-1.88	-2.35
	108	162	4.40	2.41	2.36	2.34	-2.90	-2.07
	109	148	4.50	2.37	2.32	2.29	-3.38	-2.11
	110	134	4.50	2.56	2.58	2.52	-1.56	0.78
	111	121	4.80	1.97	1.99	1.90	-3.55	1.02
	112	106	5.40	1.68	1.69	1.62	-3.57	0.60
	113	75	4.50	1.12	1.08	1.09	-2.68	-3.57
	114	110	3.90	1.07	1.05	0.98	-8.41	-1.87
	115	99	3.70	1.12	1.14	1.11	-0.89	1.79
	116	82	3.60	0.93	0.99	0.91	-2.15	6.45
	117	129	3.10	1.35	1.35	1.37	1.48	0.00
	118	117	3.90	1.60	1.56	1.65	3.12	-2.50
	119	106	4.50	1.49	1.48	1.47	-1.34	-0.67
	120	94	5.00	1.44	1.45	1.43	-0.69	0.69
	121	78	5.80	1.12	1.12	1.17	4.46	0.00
	122	131	3.40	0.69	0.67	0.68	-1.45	-2.90
	123	118	3.80	0.69	0.69	0.69	0.00	0.00
	124	106	4.20	0.70	0.71	0.71	1.43	1.43
	125	93	5.00	0.70	0.70	0.70	0.00	0.00
	126	80	5.60	0.67	0.69	0.70	4.48	2.99
1996	127	173	3.70	1.83	1.81	1.96	7.10	-1.09
	128	156	4.40	1.70	1.63	1.70	0.00	-4.12
	129	140	6.50	1.75	1.70	1.63	-6.86	-2.86
	130	125	5.40	2.17	2.19	2.15	-0.92	0.92
	131	110	5.70	1.84	1.83	1.92	4.35	-0.54
	132	96	5.80	1.77	1.75	1.80	1.69	-1.13
	133	80	5.90	1.25	1.24	1.13	-9.60	-0.80
	134	146	2.00	1.64	1.63	1.66	1.22	-0.61
	135	131	3.10	1.58	1.57	1.62	2.53	-0.63
	136	117	3.70	1.52	1.55	1.63	7.24	1.97
	137	103	4.70	1.34	1.31	1.32	-1.49	-2.24
	138	89	4.80	1.40	1.41	1.45	3.57	0.71

续表 2-30

年份	序号	起点距（m）	水深（m）	五点法垂线平均流速（m/s）	三点法垂线平均流速（m/s）	两点法垂线平均流速（m/s）	两点法相对误差（%）	三点法相对误差（%）
2002	139	316	1. 60	1. 42	1. 35	1. 45	2. 11	-4. 93
	140	294	4. 00	1. 29	1. 24	1. 25	-3. 10	-3. 88
	141	275	3. 10	1. 88	1. 85	1. 92	2. 13	-1. 60
	142	227	3. 00	2. 11	2. 16	2. 08	-1. 42	2. 37
	143	196	3. 00	1. 88	1. 82	1. 83	-2. 66	-3. 19
	144	181	4. 20	1. 60	1. 58	1. 68	5. 00	-1. 25
	145	167	4. 40	1. 87	1. 82	1. 87	0. 00	-2. 67
	146	144	5. 70	1. 62	1. 57	1. 63	0. 62	-3. 09
	147	133	6. 00	1. 87	1. 87	1. 80	-3. 74	0. 00
	148	123	6. 50	1. 88	1. 85	1. 98	5. 32	-1. 60
	149	113	6. 80	1. 85	1. 81	1. 92	3. 78	-2. 16
	150	103	6. 60	1. 79	1. 76	1. 78	-0. 56	-1. 68
	151	182	4. 00	1. 94	1. 90	1. 93	-0. 52	-2. 06
	152	170	4. 40	2. 03	1. 96	2. 04	0. 49	-3. 45
	153	157	5. 40	1. 75	1. 70	1. 78	1. 71	-2. 86
	154	146	5. 40	2. 00	1. 98	2. 06	3. 00	-1. 00
	155	134	6. 10	1. 80	1. 78	1. 69	-6. 11	-1. 11
	156	123	6. 30	1. 95	1. 93	1. 90	-2. 56	-1. 03
	157	111	6. 50	1. 65	1. 65	1. 65	0. 00	0. 00
	158	100	7. 10	1. 56	1. 59	1. 66	6. 41	1. 92
	159	89	7. 10	1. 23	1. 26	1. 33	8. 13	2. 44
	160	78	7. 00	0. 95	0. 94	0. 93	-2. 11	-1. 05
	161	346	3. 70	1. 51	1. 51	1. 52	0. 66	0. 00
	162	211	3. 00	2. 04	2. 05	2. 10	2. 94	0. 49
	163	196	3. 10	1. 62	1. 58	1. 56	-3. 70	-2. 47
	164	181	3. 50	1. 95	1. 98	2. 01	3. 08	1. 54
	165	167	4. 70	1. 77	1. 85	1. 94	9. 60	4. 52
	166	154	5. 70	1. 52	1. 48	1. 57	3. 29	-2. 63
	167	141	7. 00	1. 88	1. 88	1. 91	1. 60	0. 00
	168	129	7. 30	1. 71	1. 68	1. 66	-2. 92	-1. 75
	169	106	7. 80	1. 46	1. 49	1. 34	-8. 22	2. 05
	170	83	7. 10	1. 69	1. 67	1. 71	1. 18	-1. 18

续表 2-30

年份	序号	起点距（m）	水深（m）	五点法垂线平均流速（m/s）	三点法垂线平均流速（m/s）	两点法垂线平均流速（m/s）	两点法相对误差（%）	三点法相对误差（%）
2003	171	71	6. 60	1. 92	1. 92	2. 00	4. 17	0. 00
	172	87	6. 50	1. 95	1. 93	2. 00	2. 56	-1. 03
	173	104	6. 50	2. 17	2. 17	2. 20	1. 38	0. 00
	174	125	6. 50	1. 99	2. 01	1. 97	-1. 01	1. 01
	175	148	5. 70	2. 38	2. 37	2. 35	-1. 26	-0. 42
	176	172	4. 50	2. 43	2. 47	2. 44	0. 41	1. 65
	177	198	2. 90	2. 16	2. 16	2. 20	1. 85	0. 00
	178	227	3. 00	2. 11	2. 10	2. 02	-4. 27	-0. 47
	179	261	3. 40	1. 83	1. 71	1. 72	-6. 01	-6. 56
	180	293	3. 30	1. 50	1. 50	1. 56	4. 00	0. 00
	181	330	3. 40	0. 94	0. 96	0. 91	-3. 19	2. 13
	182	67	6. 00	1. 55	1. 51	1. 40	-9. 68	-2. 58
	183	83	6. 50	2. 00	1. 94	1. 96	-2. 00	-3. 00
	184	100	6. 80	2. 00	1. 93	2. 01	0. 50	-3. 50
	185	121	6. 40	2. 00	1. 94	1. 95	-2. 50	-3. 00
	186	144	6. 50	2. 42	2. 44	2. 44	0. 83	0. 83
	187	167	4. 80	2. 17	2. 14	2. 08	-4. 15	-1. 38
	188	193	4. 00	2. 18	2. 13	2. 16	-0. 92	-2. 29
	189	221	4. 00	2. 01	1. 95	1. 93	-3. 98	-2. 99
	190	252	3. 50	2. 28	2. 25	2. 28	0. 00	-1. 32
	191	287	4. 50	1. 68	1. 66	1. 77	5. 36	-1. 19
	192	326	3. 10	1. 36	1. 41	1. 43	5. 15	3. 68
	193	371	3. 80	1. 20	1. 21	1. 25	4. 17	0. 83
	194	69	5. 10	1. 49	1. 49	1. 51	1. 34	0. 00
	195	78	5. 10	1. 61	1. 59	1. 63	1. 24	-1. 24
	196	88	5. 20	1. 74	1. 70	1. 79	2. 87	-2. 30
	197	108	4. 80	1. 78	1. 77	1. 76	-1. 12	-0. 56
	198	130	3. 60	1. 78	1. 75	1. 74	-2. 25	-1. 69
	199	141	3. 10	2. 04	2. 05	2. 10	2. 94	0. 49
	200	154	2. 70	1. 62	1. 58	1. 56	-3. 70	-2. 47

续表 2-30

年份	序号	起点距（m）	水深（m）	五点法垂线平均流速（m/s）	三点法垂线平均流速（m/s）	两点法垂线平均流速（m/s）	两点法相对误差(%)	三点法相对误差(%)
2004	201	72	10. 50	1. 29	1. 33	1. 25	-3. 10	3. 10
	202	83	10. 30	1. 39	1. 36	1. 41	1. 44	-2. 16
	203	94	9. 35	1. 31	1. 36	1. 33	1. 53	3. 82
	204	117	9. 10	1. 86	1. 84	1. 89	1. 61	-1. 08
	205	129	8. 00	1. 84	1. 80	1. 85	0. 54	-2. 17
	206	141	7. 80	2. 05	2. 05	2. 09	1. 95	0. 00
	207	164	5. 50	2. 01	1. 97	2. 00	-0. 50	-1. 99
	208	177	4. 60	2. 29	2. 28	2. 32	1. 31	-0. 44
	209	190	4. 60	2. 18	2. 21	2. 18	0. 00	1. 38
	210	215	4. 20	2. 23	2. 23	2. 21	-0. 90	0. 00
	211	243	3. 20	2. 22	2. 18	2. 19	-1. 35	-1. 80
	212	274	3. 30	2. 18	2. 18	2. 19	0. 46	0. 00
	213	76	9. 00	1. 33	1. 33	1. 36	2. 26	0. 00
	214	90	9. 20	1. 63	1. 65	1. 59	-2. 45	1. 23
	215	104	9. 00	1. 69	1. 66	1. 71	1. 18	-1. 78
	216	118	8. 30	1. 70	1. 65	1. 62	-4. 71	-2. 94
	217	132	8. 30	1. 83	1. 88	1. 94	6. 01	2. 73
	218	146	7. 30	1. 73	1. 68	1. 76	1. 73	-2. 89
	219	174	5. 70	1. 81	1. 79	1. 82	0. 55	-1. 10
	220	188	5. 50	1. 93	1. 94	1. 96	1. 55	0. 52
	221	202	4. 30	2. 12	2. 10	2. 06	-2. 83	-0. 94
	222	216	4. 60	2. 08	2. 09	2. 06	-0. 96	0. 48
	223	231	3. 70	2. 35	2. 33	2. 32	-1. 28	-0. 85
	224	263	3. 3	2. 14	2. 13	2. 09	-2. 34	-0. 47
平均误差							0. 37	-0. 69

表 2-31　艾山站两点法及三点法测速代表性分析

项目	三点法	两点法	规范允许误差
平均流速系数 $\overline{K}$ 值	1.008	0.996	
系统性误差(%)	-0.94	0.50	规定不超过 ±1.0
累计频率 75% 以上的误差(%)	±2.94	±4.17	规定不超过 ±3.0
累计频率 95% 以上的误差(%)	±4.93	±8.22	规定不超过 ±5.0

六、艾山分析结果

此次在取得外业 20 次(包括精测法及常测法各 10 次)平行比测资料的同时,收集整理了 1991 ~ 2004 年期间积累的精测法流量资料,在此基础上,进行以下几项分析工作:即吊箱与测船平行比测流量成果对比分析,吊箱精测法与测船常测法流量比较分析,吊箱精测法流量与精简测线、测点后的常测法对比分析,1991 ~ 2005 年测船精测法与常测法(精测法精简后)流量对比分析,流速垂线分布情况及垂线上不同测点流速误差分析等。

各项分析的结果如下:

(1)此次吊箱与测船平行比测(精测法与常测法混合比较)分析,测船流量系统误差为 1.14%,即比吊箱实测成果偏大 1.14%,超过了规范规定的 ±1.0%,其原因是吊箱测验断面水流顺直平稳,且偏角小于 10°,而测船测验断面左岸受回流区影响,水流顺逆不定,垂线上流速分布不规则,测船不易定位等。

(2)吊箱精测法与测船常测法流量(平行比测期间测船精测法经过精简分析后求得)分析,因只有 10 次资料,无法按照规定统计相关误差对后者进行评定,其算术平均误差为 2.14%,且偶然误差较大,其变幅为 -2.50% ~7.23%,亦表明测船常测法成果存在系统偏大问题。

(3)吊箱精测法流量(这次比测期间实测成果)与精简后所求常测法流量比较分析,同样因只有 10 次资料,仅求得其算术平均误差(-0.55%)和统计了偶然误差变幅(0 ~ -2.30%),表明吊箱常测法稍系统误差偏小,且偶然误差较小。

(4)1991 ~2005 年测船精测法与常测法流量对比分析,结果是常测法比精测法成果系统偏小 -0.24%,其他两项误差均在规范允许值范围之内,表明测船常测法流量精度是符合规范要求的。

(5)垂线上三点法和两点法垂线平均流速代表性分析,结果是,三点法平均流速系数为 1.008,系统性误差为 -0.94%,表明三点法测速成果存在偏小近 1.0% 的问题;两点法平均流速系数为 0.996,系统性误差为 0.50%,均证明该法所测成果稍偏大,但优于三点法。

综合以上各项分析结果,艾山站常用测船常测法流量存在着系统偏大问题,其原因是吊船断面左岸受下游险工坝头挑水产生回水区,使水流顺逆不定,且随时间及流量变化而变化,测流时该区间测船难以稳定所造成。若以偏大 1.14% 来估算 1990 ~ 2004 年实测水量之误差,即 15 年径流总量为 2 744.2 亿 m^3,共偏大 31.63 亿 m^3,平均每年偏大 2.11

亿 m^3。

存在的问题如下：一是此次吊箱与测船两种不同定位方式平行测流仅有20次，不符合误差分析样本不少于30的最低要求，且吊箱仅有10次精测法，以其为准，所分析结果代表性差，不能据以客观评价测船常测法流量的误差和测验精度。二是比测流量均分布在中低水（最大流量仅1 130 m^3/s），无高水资料。三是测船断面左岸回流区是造成该站流量测验精度差的客观原因，今后应采取相应措施加以解决。

第四节　利津站水文测验精度分析评价

一、测站概况

利津站于1934年6月设立，站址位于山东省利津县刘家夹河村。地理坐标为东经118°18′、北纬37°31′，距河口114 km。该站曾于1960年7月下迁50 km至罗家屋子，1963年1月又迁回原址。该站是黄河干流最下游的一个水文站，控制着黄河入海的水沙量，为防洪、防凌、水资源调度和黄河口三角洲开发测取各项水文资料，对黄河河口地区的治理开发及山东的经济发展发挥着重要作用。

利津站测验河段较顺直，测验断面位于利津险工段，断面上游800 m处有一弯道，建有胜利险工；下游2 500 m处是小李险工，该处河面狭窄，中、高水对测站的水沙运行具有控制作用。基本水尺断面兼作上比降断面，其下游70 m和1 000 m处分别设有测船测流断面和下比降断面；基本水尺断面为浮标中断面，上、下各50 m分别设上、下浮标断面，且基本水尺断面上游50 m处设有吊箱测流断面。基本断面宽度600 m，其中主槽宽约400 m，滩地宽约200 m，滩地农作物对漫滩洪水有一定的阻滞作用。

测验河段水流一般在主槽内运行，含沙量的横向变化程度小于流速，一般洪峰、沙峰分布较为均匀。沙峰运行一般滞后于洪峰，洪水漫滩后沙峰有时超前或与洪峰同时出现。水位—流量关系曲线低水时期由于受假潮、引水、冲淤、冰凌等因素的影响，水位—流量关系点左右摆动、分布散乱；中、高水主要受洪水涨落和断面冲淤等因素的综合影响，一般呈绳套型曲线或单一线。

二、流量测验精度试验分析内容

本次流量测验精度试验有以下几项内容：

（1）开展吊箱与测船平行测流试验20次，其中精测法10次，常测法10次，同时观测流向偏角及测船左右和上下摆动幅度等；

（2）以精测法资料为基础，对吊箱、测船平行测验资料进行比较分析，对测船定位误差、水面流向偏角代表性进行分析；

（3）对以往测船精测法流量进行精简分析，对流速分布、大断面图、水位—流量关系曲线进行分析，分析计算各种导致流量测验误差的来源；

（4）对各单项误差进行合理性分析，综合评价流量测验精度；

（5）通过以上误差分析，统计估算1990～2004年径流量可能产生的系统误差。

三、比测试验及资料分析

(一)比测试验情况

流量比测于2005年5月27日开始,由于利津站在丁字路口的测验任务繁重等,完成比测任务的时间较长,至7月8日,比测任务全部完成,共进行流量比测20次。由于以下原因,没有进行精测法测验:一是在洪水前的对比测验中,由于利津站持续小流量,河槽宽深比达到130。最大水深不到3 m,大于2.5 m的垂线只有一条,其余大多数测线水深不足2 m,不能满足精测测点布置的要求。二是在洪水后的对比测验中,虽然当时流量较大,水深满足进行精测的条件,但由于测船和吊箱使用的是同一条过河缆道,吊箱和测船无法同时使用。若此时段使用冲锋舟进行比测,因流量太大,冲锋舟进行精测法测验存在安全隐患,因而此次比测没有完全达到预期的目的。

在比测过程中,吊箱及测船同时观测流向偏角、测船摆动幅度及上下变化幅度。在测验中,按照断面及流速转折变化布置垂线,根据水面宽的增减,及时调整垂线数目;按照规定重复两次进行水深测验,测验时随时进行分析,发现异常情况及时校对复测,测验结束后,及时进行单次合理性检查和综合合理性检查,比测资料真实可靠。

由于利津站地处黄河最下游,比测期间上游引水较多,导致断面流量一直比较小,在本年调水调沙以前进行的比测中,流量最大为242 m^3/s,基本断面水面宽一般在200 m,吊箱断面宽度一般在210 m。调水调沙以后比测的最大流量为858 m^3/s,基本上是冲锋舟测验的极限。基本断面和吊箱断面水面宽都在330 m左右。吊箱与测船流量比测成果见表2-32。

(二)比测试验资料分析

1. 流向偏角、测船摆动影响分析

按照任务书,在施测垂线流速的同时,进行水面流向偏角的观测。观测方法为:在冲锋舟充分稳定后进行第一次观测,待垂线流速即将结束时观测第二次。通过对流向偏角的资料统计,同一条垂线的流向偏角偏差一般为0°~2°,对垂线流速的影响微乎其微,完全可以忽略不计。由于测站没有流速流向仪,所以对测速垂线上不同测点的流向无法施测,故测点流向测验没有进行,只对水面流向进行了偏角观测。

在水深适宜的大部分河槽内采用抛锚稳船的方式稳定测船,为了稳定测船,采用一船三锚法:即向前抛主锚对冲锋舟进行定位,向左右各抛副锚,控制测船的左右摆动,减小测船摆动幅度,最大限度地控制了测船摆动对流量精度的影响。因此,关于测船摆动方面的影响也没有进行分析。

2. 吊箱与测船流量资料对比分析

由于此次两种不同定位方式的流量比测试验,因受条件限制,均未施测精测法,均用常测法测验。鉴于吊箱定位较准,故分析时以吊箱常测法流量为准,对比分析测船常测法流量的相对误差。

从表2-32计算的船测常测法流量相对误差可以看出,偶然误差为0.49%~9.46%,变幅较大;相对差大于±5.0%的有6次,占20次比测次数的30%,正负误差的分配也不均衡,其中负误差为12次,占总次数的60%,正误差为8次,占总次数的40%,算术平均

表 2-32　利津站吊箱与测船流量比测成果及误差计算

测次	水位(m)	船测施测							吊箱施测							船测误差	
		流量(m^3/s)	断面面积(m^2)	平均流速(m/s)	最大流速(m/s)	水面宽(m)	平均水深(m)	最大水深(m)	流量(m^3/s)	断面面积(m^2)	平均流速(m/s)	最大流速(m/s)	水面宽(m)	平均水深(m)	最大水深(m)	流量差(m^3/s)	相对误差(%)
104	10. 37	145	276	0. 53	0. 85	193	1. 43	2. 40	143	258	0. 55	0. 95	203	1. 27	2. 50	2. 00	1. 40
105	10. 67	152	276	0. 55	0. 88	193	1. 43	2. 40	159	301	0. 53	0. 91	205	1. 47	2. 80	-7. 00	-4. 40
106	10. 83	212	314	0. 68	1. 15	194	1. 62	2. 50	207	319	0. 65	1. 2	205	1. 56	2. 80	5. 00	2. 42
107	10. 72	161	300	0. 54	0. 92	192	1. 56	2. 40	164	302	0. 54	0. 92	205	1. 47	2. 80	-3. 00	-1. 83
108	10. 65	150	282	0. 53	0. 89	193	1. 46	2. 40	148	292	0. 51	0. 88	205	1. 42	2. 70	2. 00	1. 35
109	10. 81	209	288	0. 73	1. 23	193	1. 49	2. 40	220	311	0. 71	1. 28	207	1. 50	2. 70	-11. 0	-5. 00
110	10. 72	167	280	0. 6	0. 90	194	1. 44	2. 40	157	283	0. 55	0. 97	207	1. 37	2. 50	10. 0	6. 37
111	10. 81	232	296	0. 78	1. 49	200	1. 48	2. 50	242	312	0. 78	1. 46	214	1. 46	2. 80	-10. 0	-4. 13
112	10. 69	154	264	0. 58	1. 08	201	1. 31	2. 00	159	285	0. 56	0. 97	214	1. 33	2. 50	-5. 00	-3. 14
113	10. 54	134	251	0. 53	0. 89	200	1. 26	2. 30	148	278	0. 53	0. 88	213	1. 30	2. 40	-14. 00	-9. 46
114	10. 70	209	305	0. 69	1. 36	201	1. 52	2. 50	203	300	0. 68	1. 29	214	1. 40	2. 60	6. 00	2. 96
115	10. 75	224	307	0. 73	1. 30	203	1. 51	2. 50	236	329	0. 72	1. 29	219	1. 50	2. 70	-12. 00	-5. 08
116	10. 68	157	292	0. 54	0. 92	203	1. 44	2. 50	166	312	0. 53	0. 88	220	1. 42	2. 80	-9. 00	-5. 42
117	10. 78	225	311	0. 72	1. 38	202	1. 54	2. 40	237	328	0. 72	1. 46	225	1. 46	2. 80	-12. 00	-5. 06
118	10. 71	165	301	0. 55	0. 92	216	1. 39	2. 40	164	305	0. 54	0. 93	230	1. 33	2. 60	1. 00	0. 61
119	10. 78	225	331	0. 68	1. 23	217	1. 52	2. 50	208	328	0. 63	1. 29	234	1. 40	2. 90	17. 00	8. 17
146	11. 68	834	609	1. 37	1. 91	337	1. 81	4. 20	868	625	1. 39	1. 94	333	1. 87	4. 00	-34. 00	-3. 92
147	11. 66	812	606	1. 34	1. 92	337	1. 80	4. 10	858	625	1. 37	1. 92	333	1. 88	4. 00	-46. 00	-5. 36
148	11. 70	805	629	1. 28	1. 91	337	1. 87	4. 00	797	601	1. 33	1. 94	333	1. 80	4. 00	8. 00	1. 00
149	11. 71	820	622	1. 32	1. 90	337	1. 84	4. 00	824	611	1. 35	1. 91	333	1. 83	4. 00	-4. 00	-0. 49

统计:平均误差为 -1. 45% ,最大误差为 -9. 46% ,最小误差为 -0. 49%

误差为 -1.45%。比测结果大致说明测船比吊箱测存在系统偏小问题,但不能以此客观评价测船流量的实际精度。

3. 比测期间流速横向分布变化情况

利津站测验断面的流速横向分布的变化规律是:流速一般随水深的增加而变大,垂线平均流速起伏变化较大。在本次比测中发现,在比测的第一阶段,最大水深和最大流速均靠近右岸;而在调水调沙后的第二阶段,由于调水调沙的冲刷,靠近左岸成了主槽,最大水深和最大流速均出现在这里。在第一阶段,最大垂线平均流速是最小垂线平均流速的 3 倍左右;而在调水调沙后,最大垂线平均流速是最小垂线平均流速的 6 倍左右。图 2-12 为 2005 年 6 月 3 日(调水调沙之前)第 111 次流量流速横向分布图。

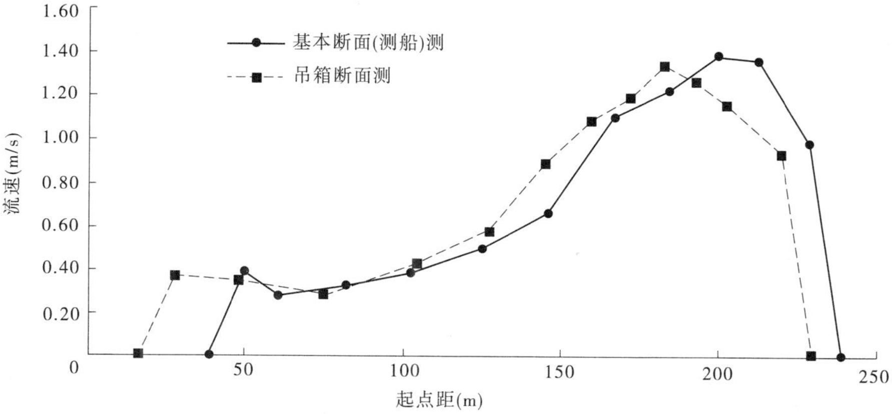

图 2-12　2005 年 6 月 3 日(第 111 测次)流量流速横向分布

四、1993 ~ 2005 年船测五点法测速垂线精简测点分析

由于此次流量比测未施测五点法垂线流速,为了分析该站测船常测法垂线上三点法和两点法计算垂线平均流速的代表性和误差,本次从 1993 ~ 2005 年施测的 13 次精测法流量资料中,选取有代表性的 91 条五点法测速垂线资料进行垂线上测点精简分析。精简为三点法和两点法,重新计算垂线平均流速,以五点法垂线平均流速为真值与其比较,分别求出后两种垂线平均流速的相对误差,详见表 2-33。

从表 2-33 可知,所选 91 条五点法测速垂线分布在起点距 42 ~ 243 m,相应垂线水深为 2.50 ~ 5.7 m,水深等于和大于 4.00 m 的有 66 条垂线,占 72.5%;垂线平均流速为 1.34 ~ 3.00 m/s,相应流量为 1 740 ~ 2 810 m^3/s。

根据表 2-33 计算的相对误差统计,三点法正误差(包括 0 值)有 44 条垂线,占 48.4%,负误差有 47 条垂线,占 51.6%,在分配上基本均衡。两点法相对误差统计,正负误差垂线数目分别为 45 条和 46 条,分配较均衡。为评价该两种垂线上测速的代表性和测速精度,分别计算了其平均流速系数 $\overline{K}$ 值、系统性误差、累计频率 75% 以上和 95% 以上的相对误差与规范允许误差比较分析,详见表 2-34。

表 2-33　利津站垂线上流速测点精简误差计算

序号	施测时间（年-月-日 T时:分）	流量施测号数	流量（m^3/s）	起点距（m）	水深（m）	垂线平均流速（m/s）			三点法相对误差（%）	两点法相对误差（%）
						五点	三点	两点		
1	1993-09-03T09:30	80	1 760	42	4.00	1.75	1.70	1.75	-2.86	0.00
2				69	3.70	2.35	2.33	2.29	-0.85	-2.55
3				97	4.30	2.32	2.32	2.30	0.00	-0.86
4				123	3.60	2.21	2.18	2.17	-1.36	-1.81
5				143	3.60	2.41	2.32	2.42	-3.73	0.41
6	1994-07-16T10:05	48	2 750	45	5.20	1.59	1.58	1.51	-0.63	-5.03
7				65	5.20	1.98	2.01	1.94	1.52	-2.02
8				96	4.60	2.60	2.71	2.60	4.23	0.00
9				126	4.50	2.54	2.53	2.37	-0.39	-6.69
10				157	4.90	2.54	2.53	2.46	-0.39	-3.15
11	1994-08-10T09:35	62	2 430	48	5.00	1.91	1.87	1.84	-2.09	-3.66
12				82	4.70	2.53	2.57	2.46	1.58	-2.77
13				113	5.20	2.56	2.62	2.52	2.34	-1.56
15				143	5.00	2.43	2.47	2.55	1.65	4.94
15				174	2.50	2.14	2.10	2.09	-1.87	-2.34
16				200	3.50	2.18	2.11	2.10	-3.21	-3.67
17	1995-08-11T09:25	47	1 740	52	3.50	2.17	2.21	2.16	1.84	-0.46
18				87	3.60	2.43	2.47	2.40	1.65	-1.23
19				119	4.00	2.36	2.32	2.26	-1.69	-4.24
20				149	4.10	2.56	2.59	2.50	1.17	-2.34

续表 2-33

序号	施测时间（年-月-日 T 时:分）	流量施测号数	流量（m^3/s）	起点距（m）	水深（m）	垂线平均流速（m/s）			三点法相对误差（%）	两点法相对误差（%）
						五点	三点	两点		
21	1995-08-27T09:25	53	1 640	43	3.10	2.06	2.06	2.00	0.00	-2.91
22				59	3.00	2.19	2.27	2.25	3.65	2.74
23				85	3.60	2.16	2.20	2.19	1.85	1.39
24				114	3.80	2.15	2.13	2.10	-0.93	-2.33
25				145	3.10	2.35	2.31	2.33	-1.70	-0.85
26	1995-09-04T09:10	55	1 830	42	4.40	1.68	1.63	1.65	-2.98	-1.79
27				70	3.80	2.27	2.24	2.20	-1.32	-3.08
28				99	4.10	2.46	2.45	2.37	-0.41	-3.66
29				127	4.00	2.34	2.36	2.34	0.85	0.00
30				158	4.00	2.13	2.09	2.14	-1.88	0.47
31	2002-07-14T16:48	163	2 180	72	3.70	2.16	2.15	2.10	-0.46	-2.78
32				99	4.40	2.61	2.58	2.44	-1.15	-6.51
33				127	3.70	2.97	3.04	2.94	2.36	-1.01
34				155	4.40	2.72	2.72	2.68	0.00	-1.47
35				183	4.60	2.36	2.36	2.43	0.00	2.97
36	2002-07-16T17:03	167	2 280	42	3.00	1.34	1.32	1.36	-1.49	1.49
37				72	3.60	2.60	2.62	2.63	0.77	1.15
38				99	3.70	3.00	3.05	3.08	1.67	2.67
39				123	4.50	2.85	2.84	2.76	-0.35	-3.16
40				149	3.80	2.95	2.95	3.02	0.00	2.37
41				178	4.00	2.58	2.57	2.58	-0.39	0.00

续表 2-33

序号	施测时间（年-月-日 T 时:分）	流量施测号数	流量（m^3/s）	起点距（m）	水深（m）	垂线平均流速（m/s）			三点法相对误差（%）	两点法相对误差（%）
						五点	三点	两点		
42				50	4.40	2.34	2.33	2.29	-0.43	-2.14
43				67	4.40	2.53	2.56	2.58	1.19	1.98
44				85	4.30	2.74	2.80	2.78	2.19	1.46
45				104	4.30	2.65	2.70	2.72	1.89	2.64
46	2004-06-26T09:55	158	2 680	123	5.10	2.63	2.67	2.71	1.52	3.04
47				142	5.40	2.56	2.62	2.64	2.34	3.13
48				162	5.70	2.33	2.31	2.36	-0.86	1.29
49				183	4.00	2.54	2.53	2.56	-0.39	0.79
50				205	3.60	2.39	2.33	2.39	-2.51	0.00
51				225	3.10	2.46	2.40	2.39	-2.44	-2.85
52				50	4.70	2.28	2.33	2.32	2.19	1.75
53				70	4.70	2.52	2.54	2.56	0.79	1.59
54				90	4.70	2.62	2.63	2.65	0.38	1.15
55				108	4.60	2.76	2.80	2.82	1.45	2.17
56				127	4.60	2.84	2.88	2.86	1.41	0.70
57	2004-07-12T10:06	181	2 680	147	4.60	2.60	2.59	2.57	-0.38	-1.15
58				167	4.10	2.46	2.46	2.44	0.00	-0.81
59				186	4.40	2.35	2.32	2.40	-1.28	2.13
60				205	4.00	2.33	2.28	2.37	-2.15	1.72
61				225	3.00	2.33	2.30	2.36	-1.29	1.29
62				243	3.50	2.02	1.95	2.06	-3.47	1.98

续表 2-33

序号	施测时间（年-月-日 T 时:分）	流量施测号数	流量（m^3/s）	起点距（m）	水深（m）	垂线平均流速(m/s)			三点法相对误差(%)	两点法相对误差(%)
						五点	三点	两点		
63	2004-09-02T09:41	214	2 350	52	4. 20	2. 57	2. 71	2. 50	5. 45	-2. 72
64				72	4. 50	2. 62	2. 70	2. 60	3. 05	-0. 76
65				92	4. 20	2. 26	2. 31	2. 30	2. 21	1. 77
66				113	4. 50	2. 30	2. 25	2. 24	-2. 17	-2. 61
67				135	4. 00	2. 30	2. 26	2. 27	-1. 74	-1. 30
68				157	4. 00	2. 42	2. 34	2. 36	-3. 31	-2. 48
69				180	4. 20	1. 87	1. 73	1. 75	-7. 49	-6. 42
70				205	4. 00	1. 72	1. 57	1. 69	-8. 72	-1. 74
71	2005-06-28T08:37	137	2 810	45	4. 30	2. 25	2. 25	2. 26	0. 00	0. 44
72				63	4. 50	2. 46	2. 49	2. 48	1. 22	0. 81
73				79	4. 60	2. 60	2. 63	2. 61	1. 15	0. 38
74				95	4. 60	2. 69	2. 70	2. 70	0. 37	0. 37
75				111	4. 70	2. 69	2. 74	2. 74	1. 86	1. 86
76				127	4. 80	2. 62	2. 64	2. 62	0. 76	0. 00
77				145	4. 60	2. 61	2. 65	2. 64	1. 53	1. 15
78				162	4. 20	2. 45	2. 48	2. 54	1. 22	3. 67
79				193	4. 20	2. 33	2. 27	2. 31	-2. 58	-0. 86
80				205	4. 70	2. 27	2. 19	2. 28	-3. 52	0. 44

续表 2-33

序号	施测时间（年-月-日 T 时:分）	流量施测号数	流量（m^3/s）	起点距（m）	水深（m）	垂线平均流速（m/s）			三点法相对误差（%）	两点法相对误差（%）
						五点	三点	两点		
81				49	4. 70	2. 13	2. 11	2. 11	-0. 94	-0. 94
82				64	4. 60	2. 53	2. 52	2. 54	-0. 40	0. 40
83				81	4. 60	2. 56	2. 58	2. 56	0. 78	0. 00
84				99	4. 80	2. 47	2. 46	2. 42	-0. 40	-2. 02
85				118	4. 70	2. 50	2. 49	2. 48	-0. 40	-0. 80
86	2005-06-29T09:31	138	2 710	137	5. 20	2. 29	2. 31	2. 30	0. 87	0. 44
87				157	5. 50	2. 29	2. 31	2. 28	0. 87	-0. 44
88				176	4. 60	2. 04	1. 95	1. 98	-4. 41	-2. 94
89				197	4. 20	2. 12	2. 05	2. 10	-3. 30	-0. 94
90				218	3. 40	2. 24	2. 16	2. 26	-3. 57	0. 89
91				240	3. 50	2. 26	2. 20	2. 24	-2. 65	-0. 88
平均误差									-0. 32	-0. 51

表 2-34　利津站垂线上三点法、两点法流速系数及误差统计

项目	0.2、0.6、0.8 三点法	0.2、0.8 两点法	规范允许误差
平均流速系数 $\bar{K}$ 值	1.002	1.004	
累计频率 75% 以上的误差(%)	±2.24	±2.68	不超过 ±3.0
累计频率 95% 以上的误差(%)	±3.96	±4.56	不超过 ±5.0
系统性误差(%)	-0.38	-0.44	不超过 ±1.0

从表 2-34 可以看出,三点法和两点法的平均流速系数分别为 1.002 和 1.004,流速系数接近 1.000,其系统性误差分别为 -0.38% 和 -0.44%,与其算术平均误差 -0.32% 和 -0.51% 均接近,表明两种方法的测速结果均存在稍偏小问题,但均不超过规范的规定。两种方法的累计频率 75% 以上和 95% 以上的相对误差均小于规范允许的误差。以上分析结果表明,垂线上不论采用三点法还是两点法测速,其代表性较好,且测速精度也符合要求。

五、1993～2005 年船测精测法流量精简分析

鉴于此次吊箱与测船流量比测试验中,未施测到精测法流量。为进一步分析测船常测法流量的测验精度,故从 1993～2005 年资料中选取 13 次测船精测法流量,通过正规的垂线和测点精简分析求得相应的常测法流量,并统计分析其误差。13 次精测法流量资料的相应水位为 12.84～14.08 m,流量级为 1 640～2 810 m^3/s,属中高水资料,详见表 2-35。

表 2-35　利津站精测法流量资料精简分析统计(1993～2005 年)

测次号	序号	施测时间 年-月-日	施测时间 起 时:分	施测时间 讫 时:分	相应水位(m)	精测法流量(m^3/s)	精简后流量(m^3/s)	绝对误差(m^3/s)	相对误差(%)
80	1	1993-09-03	08:30	10:30	13.12	1 760	1 740	-20	-1.1
48	2	1994-07-16	9.00	11:10	14.08	2 750	2 790	40	1.5
62	3	1994-08-10	08:40	10:30	13.72	2 430	2 430	0	0.0
47	4	1995-08-11	08:40	10:10	13.25	1 740	1 750	10	0.6
53	5	1995-08-27	08:30	10:20	13.17	1 640	1 640	0	0.0
55	6	1995-09-04	08:20	10:00	13.42	1 830	1 820	-10	-0.5
163	7	2002-07-14	14:42	18:54	13.63	2 180	2 190	10	0.5
167	8	2002-07-16	15:03	19:00	13.66	2 280	2 170	-110	-4.8
158	9	2004-06-26	08:34	11:15	13.24	2 680	2 720	40	1.5
181	10	2004-07-12	08:42	11:30	13.30	2 680	2 700	20	0.7
214	11	2004-09-02	08:49	10:33	12.84	2 350	2 360	10	0.4
137	12	2005-06-28	08:21	10:22	13.19	2 810	2 810	0	0.0
138	13	2005-06-29	08:37	10:25	13.15	2 710	2 680	-30	-1.1
误差统计(%)	最大偶然误差为 -4.80,最小偶然误差为 0.00,算术平均误差为 -0.18								

由于资料少，无法按规定统计各项误差进行常测法的精度评定，但从表2-35中计算的相对误差看，除分析序号第8次常测法流量的相对误差为-4.80%（其中最大值）外，其他12次均在0~1.50%的范围内。13次的算术平均误差为-0.18%，表明常测法虽系统稍偏小，但远小于规范规定（不超过±1.0%）的允许误差。但应指出的是，上述分析结果是中高水流量，不能代表低水情况。

六、小结

本次流量测验精度比测试验分析工作，是根据黄委治黄专项——《黄河下游河段水量平衡研究》(2003Z03)项目的需要而进行的。

本次主要做了三项分析：一是吊箱与测船常测法流量比测资料分析，因只有20次成果，无法按规范规定统计各项评价误差，仅计算出算术平均相对误差即-1.45%，来大致说明测船常测法比吊箱常测法偏小的情况；二是根据1993~2005年测船13次精测法中的91条五点法垂线测速资料，精简分析三点法和两点法测速的代表性和各项评价误差，结果是其系数分别为1.002和1.004，表明测速结果略有偏小，但均在规范允许误差范围内，其累计频率75%以上和95%以上的误差亦均不超限，说明其测速精度是符合要求的；三是做了1993~2005年测船精测法流量精简分析，结果是精简后的常测法仅偏小0.18%，其测验质量是可靠的。

这次流量比测分析，虽未完全达到预期目的和要求，但该站测验河段较顺直，各级水流较平稳，测验设施设备较齐全先进，能严格按照规范规定进行操作，因而影响测验精度的客观和人为因素较少，一般情况下，流量测验精度是符合规范要求的，不致存在大的问题。

第五节　黄河下游水文测验精度综述

现就黄河下游水文测验精度作总的综合定性或定量的评述。

(1)流量测验满足推算月、年径流量要求。

现将黄河下游各站测验设施、测深工具及年测次情况统计列入表2-36。

表2-36　黄河下游各站测验设施和流量测验情况统计

站名	年份	测验设施	测深工具	年测次
小浪底	1996~2005	吊船、机船	重铅鱼	75~311
花园口	1991~2005	机船、机船组	测深杆	110~300
夹河滩	1991~2005	机船、机船组	测深杆	112~258
高村	1991~2005	吊箱、机船	测深杆、重铅鱼	113~429
孙口	1991~2005	机船	测深杆、重铅鱼	102~426
艾山	1991~2005	吊箱、测船	测深杆、重铅鱼	105~267
泺口	1991~2005	吊箱、测船	测深杆、重铅鱼	103~216
利津	1991~2005	吊箱、测船	测深杆、重铅鱼	106~402

表2-36所列测验设施栏主要反映黄河下游各站测验渡河设施的基本情况。吊箱是指由电动缆道悬挂吊箱运载人和测验仪器渡河测验，测验能力不高（控制流量变幅的40%以下）；测船是指横河缆道测船借水流冲击力与船舵效应操船渡河与定位，测验能力视测验断面和测船大小而定（控制流量变幅的80%以上）；机船是指以机器为动力配合船舵效应操船渡河与定位；高水时以机船组或测船配合其他测验设施测验。测深工具栏主要是测深杆和重铅鱼，重铅鱼质量在200 kg以上，测深精度较高。从测验设施栏可以看出，黄河下游各站测验设施的配置，能够满足高、中、低水的测验。

综上所述，黄河下游各站测验能力强，全部为流速仪施测。20世纪90年以后，除继续重视高水测验，为防汛服务外，进一步加强低水测验，为水资源统一调度服务，每年的测次都在100次以上，从1999年开始，每年的测次都在133次以上，最多达429次，能满足黄河下游河段变动河床不稳定水位—流量关系定线和推流的需要，其测验成果质量是可靠的。

另外，高村、艾山、利津站作了吊箱与测船的比测试验，测船与吊箱相比误差为 -1.45%～1.14%，说明高村以下河段采用这两中测验设施测流，不存在大的系统误差，测验质量可靠。

（2）流速仪常测法流量测验精度符合《河流流量测验规范》（GB 50179—93）要求。

月、年径流量资料的质量在很大程度上取决于流量单次测验质量。黄河下游各站全年流量测验主要采用流速仪常测法，为了检验其精度，小浪底站分析了1996～2004年积累的精测法资料，计算统计了Ⅰ型误差、Ⅱ型误差和Ⅲ型误差。Ⅰ型误差在0.5 m水深、测速历时为100 s时，其相对标准差为±3.3%，符合流量测验规范要求；Ⅱ型误差中三点法和两点法的平均相对误差分别为-0.13%和-0.23%、相对标准差分别为±1.10%和±2.29%、累计频率75%以上的相对误差分别为±1.21%和±2.38%，0.2一点法和0.6一点法的平均相对误差分别为0.80%和0.18%、相对标准差分别为±4.09%和±4.28%、累计频率75%以上的相对误差分别为±1.21%和±2.38%。由此可知：一点法、两点法、三点法等简化测验方法均存在不同程度的系统误差，但是其误差值均较小，均不超过1%，符合规范要求。一点法测验相对标准差较大，一般不宜采用。

高村、艾山、利津站分析了1991～2005年积累的精测法资料，误差统计见表2-37。

表2-37　流速仪常测法测验精度分析结果统计

站名	分析依据资料年份	精测法测次数	相对误差（%）		
			系统误差	累计频率75%以上	累计频率95%以上
高村	1991～2005	35	-0.70	±1.81	±3.26
艾山	1991～2005	35	-0.24	±2.08	±3.0
利津	1993～2005	13	-0.18		

由表2-37可以看出，表中三站的各种误差均小于《河流流量测验规范》（GB 50179—93）规定的误差，其流速仪常测法流量测验精度是比较高的。

通过以上分析说明，黄河下游各站流速仪常测法流量测验精度符合《河流流量测验规范》(GB 50179—93)的要求。

(3)水位—流量关系定线标准差符合《河流流量测验规范》(GB 50179—93)的要求。

水位—流量关系是测验成果的综合反映。定线是否恰当合理和符合测站特性,直接影响径流量的推算质量。

黄河下游各站受断面冲淤变化、洪水涨落、主槽摆动、洪水漫滩、流向倾斜等因素的综合影响,水位—流量关系非常复杂。水位—流量关系系依据实测点的时序分布,结合测站特性分析并综合考虑各项因素的影响,采用临时曲线法和连时序法(含绳套曲线)定线,水位—流量关系曲线形状呈多样性。测次布设能够满足定线推流和水量调度的要求。并对水位—流量关系曲线按《河流流量测验规范》(GB 50179—93)的要求进行标准差计算,各站的标准差在0.4% ~5.5%,定线精度符合《河流流量测验规范》(GB 50179—93)的要求。

综上所述,黄河下游各站实测水文资料的质量,总体评价基本可靠。但是,应加强低水测验渡河设施测验方法的研究,进一步提高低水测验质量,为黄河下游水量调度和维持黄河健康生命提供技术支撑。

第三章　黄河下游引水量测验精度评价

黄河下游先后建有各类引黄涵闸、虹吸92处，大小扬(抽)水站75处，共计167处，设计引黄能力4 000 m^3/s左右。这样的引水能力，其引水量的观测精度将对黄河下游的水量平衡产生较大的影响。另外，黄河下游河道分布有广阔的滩地，总面积3 549 km^2(不包括封丘倒灌区)，占河道面积的84%；滩区内有耕地24.98万hm^2，涉及河南、山东两省15个地(市)43个县(区)，村庄2 052个，居住人口180.96万人。黄河下游引水量测验非水文部门管理和观测，根据黄河下游引水观测和管理的现状，以及治黄专项——《黄河下游河段水量平衡研究》(2003Z03)的要求，进行黄河下游引水量的同步期对比观测试验，评价黄河下游引水量观测精度，分析黄河下游引水量的时空变化特征。

第一节　黄河下游引水量对比观测试验

一、具体内容和要求

(一)引黄涵闸的选择

根据引水量的大小及面上分布情况，选择柳园口、刘庄、苏泗庄、彭楼、邢庙、陈垓、影堂、国那里等具有代表性的引黄涵闸，进行引黄水量对比观测试验。

(二)测验断面选择

在闸后渠道上设置测验断面，基本选择闸门渠道管理部门测流所用断面，尽量利用现有的渠道设施(如桥梁)。

(三)水位观测

在测验断面设立水尺，并连续观测水位一个月以上。测次根据闸门引水情况，以能控制水位变化过程为原则。正常情况下每日观测4次(即每日的0时、8时、14时、20时)；当水位变化急剧时，每0.5～1 h观测一次。

(四)流量测验

流量测验的目的是建立渠道水位—流量关系曲线，利用水位推求流量。根据闸门放水时不同的水位级布置流量测次，并记录测流时相应水位，建立渠道水位—流量关系曲线。比测期间，多数涵闸测流不少于10次，基本上满足水位—流量关系曲线定线的要求，但个别涵闸部分时段测次较少，控制较差，曲线延长幅度较大。

(五)月径流量计算

根据每日观测的水位，利用水位—流量关系曲线推求流量，计算日平均流量，然后再计算出相应的渠道月径流量。

(六)未控闸门、虹吸引水量调查

详细查勘测验河段黄河大堤两岸的未控闸门、虹吸的个数,了解未控闸门或虹吸的引水情况,估算其引水流量,并进行不定期的调查和巡测,确保引黄水量资料全面,质量可靠。

二、技术标准

此次测验工作依据的主要技术规范和标准是:《水位观测标准》(GBJ 138—90)、《河流流量测验规范》(GB 50179—93)、《水文资料整编规范》(SL 247—1999)、《水工建筑物测流规范》(SL 20—92)、《水文测杆》(SL 09—89)、《水文普通测量规范》(SL 58—93)。

三、实施概况

由于黄河下游各引黄涵闸站点分布战线长,需要准备和携带的测验仪器、器具多,人员食宿不便等,再加上受闸门放水时间限制,因此工作难度较大。为了完成此项目要求的工作任务,在实地查勘后,认真制订了实施方案,对所需的仪器设备按要求进行了仔细检查、检验与养护,为测验工作的顺利开展和成果质量提供了组织、技术、人员及物质保障。为了保证成果质量,测验工作完全按照上述技术规范进行,所有资料均严格按照水文行业技术要求进行整理分析。水位、流量等水文原始记载均现场测记,资料校核严格执行“三遍手续”制度,水位—流量关系曲线的绘制依据《水文资料整编规范》(SL 247—1999)进行,确保方法正确、各种数字准确无误。

四、引黄涵闸水量比测情况

(一)柳园口引黄涵闸

1. 涵闸基本情况

柳园口引黄涵闸闸门位于开封市北郊柳园口险工 33 ~ 34 坝间,相应千米桩号 85 + 700 处,始建于 1966 年 8 月,1967 年 3 月竣工。其为 5 孔涵洞式水闸,属一级水工建设物,每孔高 2. 5 m,闸首宽 2. 2 m,洞身宽 2. 7 m,洞身分三节,长 44 m,采用钢筋混凝土结构;闸底板高程 74. 7 m,闸顶 81. 5 m;设计水位 84. 9 m,闸前引水水位 79. 5 m,最高运用水位 81. 64 m;设计引水量 40 m^3/s,加大引水量 64 m^3/s,设计灌溉面积 19. 7 万亩。

2. 断面布设及测验情况

柳园口闸门管理处在测验渠段布设有闸下水尺断面和流速仪测流断面。水位观测采用直立式水尺人工观测,闸下水尺位于闸下涵洞出水口左侧,流速仪测流断面位于闸下涵洞出水口下游 350 m 处。测验渠段顺直,测验断面为梯形断面,当引水量为 5. 6 m^3/s 时,相应水面宽为 18 m;测验渠段左右岸均为土质,沙质渠底,略有冲淤;渠道内水流平稳,流速横向分布较均匀。在测流断面上建有钢结构水文测桥一座。

利用该测流断面,在测桥上用流速仪法施测流量。人工手持悬杆测深、测速,断面起点距在桥上直读。闸下水尺距涵洞出水口过近,且距测流断面较远,流量测验成果见表 3-1。把高程引到测桥上,采用悬锤式水尺观测水位。

表 3-1 黄河柳园口引黄涵闸站实测流量成果

施测号数	施测时间						断面位置	测验方法	基本水尺水位(m)	流量(m^3/s)	断面面积(m^2)	流速(m/s)		水面宽(m)	水深(m)		水面比降($\times10^{-4}$)	糙率	说明
	月	日	起		止							平均	最大		平均	最大			
			时	分	时	分													
1	3	7	13	30	14	16	临时	流速仪 8/13	69.15	4.18	7.36	0.57	0.89	18.0	0.41	0.65			
2		9	14	20	15	10		流速仪 10/17	69.24	5.40	7.90	0.68	1.36	18.0	0.44	0.70			
3		9	15	30	16	06		流速仪 9/14	69.24	4.96	7.39	0.67	1.32	18.0	0.41	0.70			
4		12	16	20	17	20		流速仪 11/19	69.37	5.91	8.63	0.68	1.21	18.3	0.47	0.60			
5		15	15	08	15	40		流速仪 8/14	69.36	5.38	7.58	0.71	1.15	18.0	0.42	0.60			
6		15	16	00	16	24		流速仪 7/11	69.36	5.18	7.20	0.72	1.14	18.0	0.40	0.55			
7		19	9	30	10	02		流速仪 8/16	69.46	6.32	10.2	0.62	0.88	18.6	0.55	0.70			
8		19	10	24	10	58		流速仪 9/17	69.46	6.43	10.3	0.62	0.83	18.6	0.55	0.66			
9		23	15	30	16	06		流速仪 10/20	69.56	10.3	13.3	0.77	1.12	19.0	0.70	0.88			
10		23	16	12	16	48		流速仪 9/18	69.54	9.69	11.2	0.87	1.06	19.0	0.59	0.82			
11		29	10	04	10	46		流速仪 9/18	69.42	7.91	14.1	0.56	0.77	18.5	0.76	0.85			
12	4	6	9	50	10	50		流速仪 9/18	69.37	7.83	14.4	0.54	0.74	18.4	0.78	0.95			

3. 定线与推流

水位—流量关系曲线采用临时曲线法定线，见图 3-1。推流时根据瞬时水位在采用曲线上直接查读流量，按规范要求计算引水量，观测时段内实测引水量为 1 448 万 m^3。

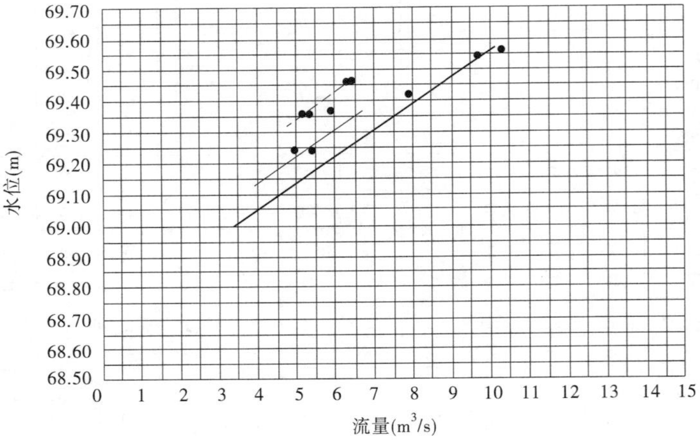

图 3-1 黄河柳园口引黄渠 2005 年 3 月水位—流量关系曲线

(二)刘庄引黄涵闸

1. 涵闸基本情况

刘庄引黄涵闸位于山东省高村站下游，黄河大堤桩号 221 + 080 处，建于 1979 年 10 月。该闸为三孔桩基开放式结构，设计闸室洞身总长 17 m，孔口高 4 m，宽 6 m，闸底板高程 56. 45 m；闸前水位 58. 75 m，闸后水位 58. 45 m；设计引水流量 80 m^3/s，加大引水流量 150 m^3/s，控制灌溉面积 96 万亩。2003 年引水量 7 800 万 m^3，2005 年引水量 1. 1 亿 m^3，引水主要集中在 2 月底至 7 月，每次引水时间 5 ~ 10 d。

2. 断面布设及测验情况

刘庄引黄涵闸闸门管理处在测验渠段布设有闸下水尺断面和流速仪测流断面。水位观测采用直立式水尺人工观读，闸下水尺位于闸下涵洞出水口右侧 100 m 处，相邻有自记水位计一座。流速仪测流断面位于闸下涵洞出水口下游 280 m 处。测验渠段顺直长度约 450 m，梯形断面，当引水量为 30 m^3/s 时，相应水面宽为 30 m；测验渠段左右岸均为土质，沙质渠底，略有冲淤；渠道内水流平稳，流速横向分布较均匀。

采用动船法测流，在测流断面架设钢丝索，起点距在断面索上直接观读。在测流断面设立水尺，人工观读水位。流量测验成果见表 3-2。

3. 定线与推流

水位—流量关系曲线采用临时曲线法定线，见图 3-2。推流根据瞬时水位在采用曲线上直接查读流量，按规范要求计算引水量，观测时段内实测引水量为 4 824 万 m^3。

(三)苏泗庄引黄涵闸

1. 涵闸基本情况

苏泗庄引黄涵闸原位于山东省鄄城苏泗庄险工 27 ~ 29 坝间，大堤桩号 239 + 750 处。工程始建于 1960 年 6 月，1978 年拆除后改建，现位于大堤桩号 240 + 000 处，为六孔钢筋混凝土箱式结构。闸底高程 54. 50 m，设计引水流量 50 m^3/s，加大引水流量 100 m^3/s，设计灌溉面积 50 万亩，实际灌溉面积 80 万亩。

表 3-2　黄河刘庄引黄涵闸站实测流量成果

施测号数	施测时间						断面位置	测验方法	基本水尺水位(m)	流量(m^3/s)	断面面积(m^2)	流速(m/s)		水面宽(m)	水深(m)		水面比降($\times10^{-4}$)	糙率	说明
	月	日	起		止							平均	最大		平均	最大			
			时	分	时	分													
1	3	30	10	10	10	50	临时	流速仪 6/12	60.57	27.8	58.0	0.48	0.66	30.0	1.93	3.20			
2		31	7	00	7	40		流速仪 6/12	60.60	30.0	58.6	0.51	0.67	30.0	1.95	3.10			
3	4	4	10	00	11	00		流速仪 7/14	60.62	32.0	58.6	0.55	0.70	30.0	1.95	3.15			
4		5	7	00	7	40		流速仪 7/14	60.80	22.8	62.0	0.37	0.48	30.8	2.01	3.25			
5		6	7	00	7	40		流速仪 7/14	60.77	19.6	62.4	0.31	0.45	30.8	2.03	3.10			
6		7	15	20	16	20		流速仪 7/14	60.71	17.9	61.4	0.29	0.44	30.9	1.99	3.20			
7		14	8	00	8	50		流速仪 6/12	60.59	12.4	57.0	0.22	0.35	30.7	1.86	3.00			
8		17	10	00	11	00		流速仪 6/12	60.68	17.2	62.7	0.27	0.40	30.9	2.03	3.20			
9		22	14	20	15	00		流速仪 7/14	60.80	19.7	62.7	0.31	0.41	30.8	2.04	3.30			
10		25	8	00	8	50		流速仪 6/12	60.69	16.6	58.1	0.29	0.41	30.7	1.89	3.10			
11		28	8	00	9	00		流速仪 6/12	60.54	9.88	54.6	0.18	0.25	29.0	1.88	3.10			

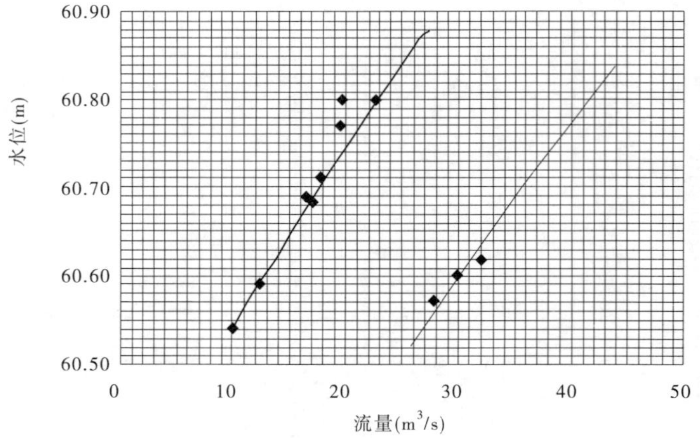

图 3-2　黄河刘庄引黄渠 2005 年 4 月水位—流量关系曲线

2. 断面布设及测验情况

苏泗庄引黄涵闸闸门管理处在测验渠段布设有闸下水尺断面和流速仪测流断面。水位观测采用直立式水尺人工观读，闸下水尺位于闸下涵洞出水口右侧，相邻下游有自记水位计一座。流速仪测流断面位于闸下涵洞出水口下游 140 m 处。测验渠段顺直长度约 200 m，梯形断面，当引水量为 20 m^3/s 时，相应水面宽为 21.6 m；测验渠段左右岸均为土质，沙质渠底，略有冲淤；渠道内水流平稳，流速横向分布较均匀。

采用动船法测流，在测流断面架设钢丝索，起点距在断面索上直接观读。在测流断面设立水尺，人工观读水位。流量测验成果见表 3-3。

3. 定线与推流

水位—流量关系曲线采用临时曲线法定线，见图 3-3。推流时根据瞬时水位在采用曲线上直接查读流量。按规范要求计算引水量，观测时段内实测引水量为 5 471 万 m^3。

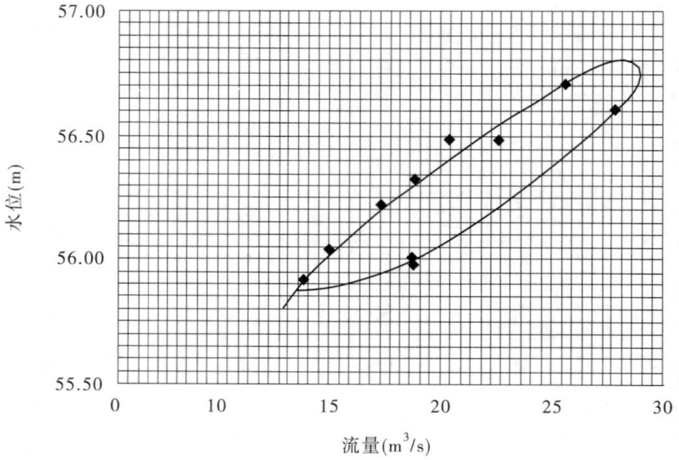

图 3-3　黄河苏泗庄引黄渠 2005 年 4 月水位—流量关系曲线

表 3-3　黄河苏泗庄引黄涵闸站实测流量成果

施测号数	施测时间						断面位置	测验方法	基本水尺水位（m）	流量（m^3/s）	断面面积（m^2）	流速(m/s)		水面宽（m）	水深(m)		水面比降（$\times10^{-4}$）	糙率	说明
	月	日	起		止							平均	最大		平均	最大			
			时	分	时	分													
1	3	25	8	00	8	40	临时	流速仪 6/12	56.04	15.6	20.5	0.76	1.12	21.8	0.94	1.60			
2		31	8	00	8	40		流速仪 6/12	56.32	19.8	25.5	0.78	1.12	21.8	1.17	1.70			
3	4	5	14	10	15	00		流速仪 6/12	56.48	21.5	28.6	0.75	1.07	21.6	1.32	1.90			
4		7	14	30	15	10		流速仪 6/12	56.22	18.1	23.9	0.76	1.13	21.7	1.10	1.65			
5		11	13	30	14	20		流速仪 6/12	55.91	14.3	18.5	0.77	1.05	21.5	0.86	1.35			
6		14	17	00	17	40		流速仪 6/12	56.01	19.6	25.8	0.76	1.06	21.6	1.19	1.70			
7		19	14	00	14	40		流速仪 6/12	55.98	19.7	25.3	0.78	1.17	21.6	1.17	1.60			
8		22	16	10	17	00		流速仪 6/12	56.60	29.7	30.8	0.96	1.27	22.0	1.40	1.90			
9		25	9	00	9	40		流速仪 6/12	56.70	27.2	30.0	0.91	1.17	21.8	1.38	1.85			
10		30	9	40	10	40		流速仪 6/12	56.48	23.9	28.6	0.84	1.16	21.7	1.32	1.85			

(四)彭楼引黄涵闸

1. 涵闸基本情况

彭楼引黄涵闸位于河南省范县境内,黄河北岸大堤桩号 105 + 616 处。该闸始建于1960 年,1984 年改建,1986 年 4 月竣工。工程总长度 154. 14 m,总投资 189 万元。该闸为五孔钢筋混凝土箱式涵洞,洞身净宽 2. 5 m,高 2. 7 m,长 84. 14 m;纵向比降为 1∶200;设计防洪水位 60. 10 m,设计引水流量 50 m^3/s,加大引水流量 75 m^3/s,采用 30 t 手摇、电动两用螺杆式启闭机。该闸设计灌溉面积 100 万亩,主要担负着范县、莘县工农业生产供水任务,对促进该地区的经济发展起着积极作用。

2. 断面布设及测验情况

彭楼引黄涵闸闸门管理处在测验渠段布设有闸下水尺断面和流速仪测流断面。水位观测采用直立式水尺人工观读,闸下水尺位于闸下涵洞出水口左侧,流速仪测流断面位于闸下涵洞出水口下游 200 m 处。测验渠段顺直长度约 180 m;梯形断面,当引水量为 9 m^3/s时,相应水面宽为 22 m;测验渠段左右岸均为土质,沙质渠底,略有冲淤;渠道内水流平稳,流速横向分布较均匀。

采用动船法测流,在测流断面架设钢丝索,起点距在断面索上直接观读。在测流断面设立水尺,人工观读水位。流量测验成果见表 3-4。

3. 定线与推流

水位—流量关系曲线采用临时曲线法定线,见图 3-4。推流时根据瞬时水位在采用曲线上直接查读流量。按规范要求计算引水量,观测时段内实测引水量为 4 692 万 m^3。

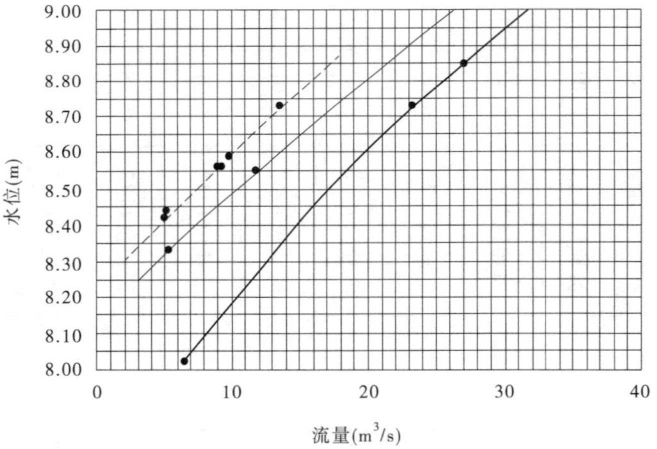

图 3-4　黄河彭楼引黄渠 2005 年 3 ~ 4 月水位—流量关系曲线

(五)邢庙引黄涵闸

1. 涵闸基本情况

邢庙引黄涵闸位于河南省范县境内,黄河北岸大堤桩号 123 + 170 处,于 1988 年由虹吸改建为引黄闸。工程总投资 140 万元,总长度 144 m。该闸为单孔钢筋混凝土箱式涵洞,洞身净宽 3 m,高 2. 8 m,长 80 m;纵向比降为 1∶200;设计防洪水位 58. 20 m,设计引水流量 15 m^3/s,采用 30 t 手摇、电动两用螺杆式启闭机。该闸设计灌溉面积 20 万亩,主要担负着范县境内四乡镇的工农业生产供水任务,对促进该地区的经济发展起着积极作用。

表 3-4　黄河彭楼引黄涵闸站实测流量成果

施测号数	施测时间						断面位置	测验方法	基本水尺水位(m)	流量(m^3/s)	断面面积(m^2)	流速(m/s)		水面宽(m)	水深(m)		水面比降($\times10^{-4}$)	糙率	说明
	月	日	起		止							平均	最大		平均	最大			
			时	分	时	分													
1	3	23	10	10	11	05	临时	流速仪 8/15	8.33	5.34	12.9	0.41	0.55	21.7	0.59	0.80			
2		24	9	30	10	20		流速仪 8/16	8.44	5.23	15.1	0.35	0.41	21.7	0.70	0.90			
3		24	17	25	18	10		流速仪 8/16	8.42	5.06	14.4	0.35	0.42	21.5	0.67	0.90			
4		29	7	10	8	00		流速仪 8/16	8.56	9.00	18.0	0.50	0.59	22.0	0.82	1.05			
5		29	17	50	18	25		流速仪 8/16	8.56	9.25	18.1	0.51	0.60	22.0	0.82	1.05			
6		31	10	30	11	05		流速仪 8/16	8.59	9.79	19.0	0.52	0.61	22.0	0.86	1.10			
7	4	3	10	10	11	00		流速仪 8/16	8.55	11.8	19.5	0.61	0.73	21.9	0.89	1.15			
8		6	10	15	11	00		流速仪 8/16	8.73	13.5	24.4	0.55	0.68	22.3	1.09	1.70			
9		11	14	20	15	12		流速仪 8/13	8.02	6.56	11.4	0.58	0.82	20.1	0.57	1.15			
10		13	6	30	7	20		流速仪 8/16	8.73	23.2	31.2	0.74	0.96	22.2	1.41	2.15			
11		18	16	00	16	50		流速仪 8/16	8.85	27.1	35.7	0.76	0.90	22.6	1.58	2.56			
12		20	10	00	10	55		流速仪 8/16	8.96	27.5	37.9	0.73	0.83	22.7	1.67	2.65			
13		21	10	10	10	55		流速仪 8/16	8.96	25.8	38.4	0.67	0.80	22.7	1.69	2.65			

2. 断面布设及测验情况

邢庙引黄涵闸闸门管理处在测验渠段布设有闸上和闸下水尺断面及流速仪测流断面。闸上水尺位于进水口右侧，闸下水尺位于闸下涵洞出水口下 20 m 处，流速仪测流断面位于闸下涵洞出水口下游 200 m 处。测验渠段顺直长度约 300 m，梯形断面，当引水量为 5.5 m^3/s 时，相应水面宽约为 8.5 m；测验渠段左右岸均为土质，沙质渠底，略有冲淤；渠道内水流平稳，流速横向分布较均匀。在测流断面上建有钢结构水文测桥一座。利用该测流断面，在测桥上用流速仪法施测流量。人工手持悬杆测深、测速，断面起点距在桥上直读。由于测流断面距水尺断面较远，故把高程引到测桥上，采用悬锤式水尺观测水位。流量测验成果见表 3-5。

3. 定线与推流

水位—流量关系曲线采用临时曲线法定线，见图 3-5。推流时根据瞬时水位在采用曲线上直接查读流量。按规范要求计算引水量，观测时段内实测引水量为 538 万 m^3。

（六）陈垓引黄涵闸

1. 涵闸基本情况

陈垓引黄涵闸位于山东省梁山县境内，始建于 1959 年，为钢筋箱式涵闸，一联三孔。设计防洪水位 51.75 m，设计引水量 30 m^3/s，设计灌溉面积 50 万亩。

2. 断面布设及测验情况

陈垓引黄涵闸闸门管理处在测验渠段布设有闸下水尺断面和流速仪测流断面。水位观测采用直立式水尺人工观读，闸下水尺位于闸下涵洞出水口右侧，相邻下游有自记水位计一座。流速仪测流断面位于闸下涵洞出水口下游 150 m 处，架设有铅鱼测流缆道（已无法使用）。测验渠段顺直长度约 1 000 m，梯形断面，当引水量为 10 m^3/s 时，相应水面宽为 24 m；测验渠段左右岸均为土质，沙质渠底，略有冲淤；渠道内水流平稳，流速横向分布较均匀。

采用动船法测流，测流断面设于闸下涵洞出水口下游 300 m 处，在测流断面架设钢丝索，起点距在断面索上直接观读。在测流断面设立水尺，人工观读水位。流量测验成果见表 3-6。

3. 定线与推流

水位—流量关系曲线采用临时曲线法定线，见图 3-6。推流时根据瞬时水位在采用曲线上直接查读流量。按规范要求计算引水量，观测时段内实测水量为 4 026 万 m^3。

（七）影堂引黄涵闸

1. 涵闸基本情况

影堂引黄涵闸位于河南省范县境内，左岸黄河大堤桩号 166 + 340 处，始建于 1989 年，投资 162.46 万元；为一孔涵洞式水闸，孔口宽 2.5 m，高 2.7 m，为钢筋混凝土结构，平板闸门，采用 30 t 螺杆式启闭机；设计闸前引水位 44.83 m，设计闸前防洪水位 53.76 m；堤顶高程 54.80 m，闸底高程 43.00 m，闸顶高程 50.20 m；设计引水流量 10 m^3/s，设计灌溉面积 10 万亩。

2. 断面布设及测验情况

影堂引黄涵闸闸门管理处在测验渠段布设有闸上和闸下水尺断面及流速仪测流断

表 3-5　黄河邢庙引黄涵闸站实测流量成果

施测号数	施测时间						断面位置	测验方法	基本水尺水位（m）	流量（m^3/s）	断面面积（m^2）	流速（m/s）		水面宽（m）	水深（m）		水面比降（$\times10^{-4}$）	糙率	说明
	月	日	起		止							平均	最大		平均	最大			
			时	分	时	分													
1	3	19	16	00	16	46	临时	流速仪 7/14	8.09	4.99	6.98	0.71	0.98	8.5	0.82	1.20			
2		20	11	10	12	10		流速仪 7/14	8.14	5.84	7.48	0.78	1.01	8.5	0.88	1.25			
3		22	10	10	10	45		流速仪 7/14	8.22	5.79	8.26	0.70	0.93	8.5	0.97	1.45			
4		22	16	20	17	00		流速仪 7/14	8.17	5.72	8.01	0.71	0.92	8.5	0.94	1.30			
5		24	15	50	16	20		流速仪 7/14	8.22	5.64	8.40	0.67	0.90	8.6	0.98	1.30			
6		29	16	35	17	05		流速仪 7/14	8.23	5.64	8.04	0.70	0.93	8.5	0.95	1.35			
7	4	1	10	40	11	20		流速仪 7/14	8.17	4.79	6.96	0.69	0.94	8.6	0.81	1.15			
8		5	10	10	10	45		流速仪 7/14	8.32	5.87	8.14	0.72	0.96	9.1	0.89	1.25			
9		10	8	40	9	10		流速仪 7/14	8.37	4.88	11.2	0.44	0.61	10.1	1.11	1.55			

表 3-6　黄河陈垓引黄涵闸站实测流量成果

施测号数	施测时间						断面位置	测验方法	基本水尺水位（m）	流量（m^3/s）	断面面积（m^2）	流速（m/s）		水面宽（m）	水深（m）		水面比降（$\times10^{-4}$）	糙率	说明
	月	日	起		止							平均	最大		平均	最大			
			时	分	时	分													
1	3	31	11	20	11	50	临时	流速仪 4/6	45.75	2.77	6.95	0.40	0.47	21.0	0.33	0.50			
2	4	4	10	00	10	36		流速仪 11/19	45.96	10.6	14.8	0.72	0.92	24.0	0.62	1.00			
3		6	14	00	14	30		流速仪 7/12	46.04	9.76	12.3	0.79	1.09	24.0	0.51	0.80			
4		8	15	18	15	48		流速仪 7/13	46.03	11.1	15.9	0.70	1.00	24.0	0.66	1.10			
5		10	15	20	15	50		流速仪 8/15	46.15	16.6	19.0	0.87	1.18	24.0	0.79	1.20			
6		13	9	00	9	40		流速仪 7/13	46.15	16.8	19.8	0.85	1.20	24.0	0.83	1.40			
7		16	9	00	9	20		流速仪 7/14	46.31	21.3	23.7	0.90	1.15	24.0	0.99	1.60			
8		19	15	30	16	10		流速仪 7/14	46.38	23.7	27.0	0.88	1.12	24.0	1.13	1.80			
9		22	15	30	16	00		流速仪 8/16	46.41	22.3	27.8	0.80	1.10	24.0	1.16	1.50			
10		25	9	15	9	45		流速仪 8/16	46.27	23.6	29.1	0.81	1.03	24.0	1.21	1.50			

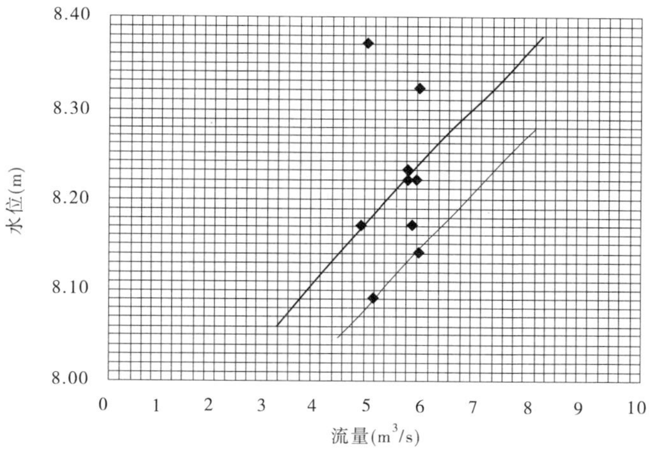

图 3-5 黄河邢庙引黄渠 2005 年 4 月水位—流量关系曲线

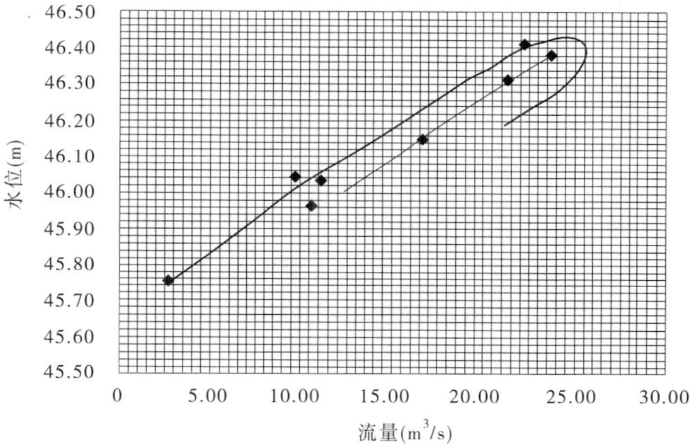

图 3-6 黄河陈垓引黄渠 2005 年 4 月水位—流量关系曲线

面。闸上水尺位于进水口右侧,闸下水尺位于闸下涵洞出水口左侧,流速仪测流断面位于闸下涵洞出水口下游 200 m 处。测验渠段顺直长度约 2 000 m,梯形断面,当引水量为 4 m^3/s时,相应水面宽约为 3 m;测验渠段左右岸均为土质,沙质渠底,略有冲淤;渠道内水流平稳,流速横向分布较均匀。在测流断面上建有钢结构水文测桥一座。

利用该测流断面,在测桥上用流速仪法施测流量。人工手持悬杆测深、测速,断面起点距在桥上直读。由于测流断面距水尺断面较远,故把高程引到测桥上,采用悬锤式水尺观测水位。流量测验成果见表 3-7。

3. 定线与推流

水位—流量关系曲线采用临时曲线法定线,见图 3-7。推流时根据瞬时水位在采用曲线上直接查读流量,按规范要求计算引水量,观测时段内实测引水量为 628 万 m^3。

(八)国那里引黄涵闸

1. 涵闸基本情况

国那里引黄涵闸位于山东省梁山县境内,始建于 1966 年,1975 年加固改建,2000 年第二次改建。该闸为钢筋混凝土结构,总长 31.5 m,为预制平板闸门;设计引水流量

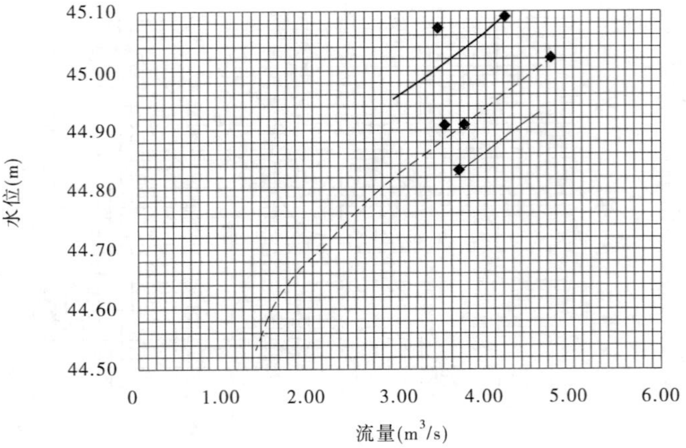

图 3-7　黄河影堂引黄渠 2005 年 4 月水位—流量关系曲线

45 m^3/s,主要担负着梁山县的农业灌溉供水任务。

2. 断面布设及测验情况

国那里引黄涵闸闸门管理处在测验渠段布设有闸下水尺断面和流速仪测流断面。闸下水尺位于闸下涵洞出水口右侧,流速仪测流断面位于闸下涵洞出水口下游 200 m 处。测验渠段顺直长度约 150 m,在顺直段下游为一分水闸门,梯形断面,当引水量为 5 m^3/s 时,相应水面宽约为 10 m;测验渠段左右岸均为土质,沙质渠底,略有冲淤;渠道内水流平稳,流速横向分布较均匀。在测流断面上建有钢结构水文测桥一座。

利用该测流断面,在测桥上用流速仪法施测流量。人工手持悬杆测深、测速,断面起点距在桥上直读。由于测流断面距水尺断面较远,把高程引到测桥上,采用悬锤式水尺观测水位。流量测验成果见表 3-8。

3. 定线与推流

水位—流量关系曲线采用临时曲线法定线,见图 3-8。推流时根据瞬时水位在采用曲线上直接查读流量,按规范要求计算引水量,观测时段内实测水量为 608 万 m^3。

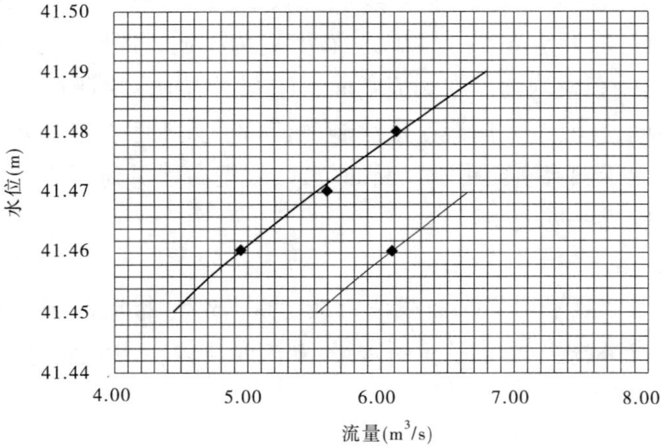

图 3-8　黄河国那里引黄渠 2005 年 4 月水位—流量关系曲线

表 3-7　黄河影堂闸引黄涵闸站实测流量成果

施测号数	施测时间						断面位置	测验方法	基本水尺水位(m)	流量(m^3/s)	断面面积(m^2)	流速(m/s)		水面宽(m)	水深(m)		水面比降($\times10^{-4}$)	糙率	说明
	月	日	起		止							平均	最大		平均	最大			
			时	分	时	分													
1	4	6	15	40	16	00	临时	流速仪 4/8	44.91	3.76	3.57	1.05	1.46	3.0	1.19	1.40			
2		8	10	30	10	50		流速仪 4/8	44.83	3.70	3.36	1.10	1.32	3.0	1.12	1.40			
3		13	11	30	11	50		流速仪 4/8	44.91	3.54	3.42	1.04	1.30	3.0	1.14	1.50			
4		16	11	00	11	20		流速仪 4/8	45.02	4.75	4.26	1.12	1.28	3.0	1.42	1.80			
5		19	10	40	11	00		流速仪 4/8	45.07	3.45	3.84	0.90	1.16	3.0	1.28	1.60			
6		22	9	30	9	50		流速仪 4/8	45.09	4.22	4.50	0.94	1.16	3.0	1.50	1.90			

表 3-8　黄河国那里引黄涵闸站实测流量成果

施测号数	施测时间 月	日	起 时	起 分	止 时	止 分	断面位置	测验方法	基本水尺水位（m）	流量（m^3/s）	断面面积（m^2）	流速（m/s）平均	流速（m/s）最大	水面宽（m）	水深（m）平均	水深（m）最大	水面比降（$\times10^{-4}$）	糙率	说明
1	4	13	10	40	11	00	临时	流速仪 4/7	41.47	5.60	6.75	0.83	1.04	10.0	0.68	1.10			
2		16	10	00	10	20		流速仪 4/8	41.48	6.12	8.90	0.69	0.92	11.0	0.81	1.20			
3		19	17	20	17	40		流速仪 4/8	41.46	4.96	7.00	0.71	0.94	10.0	0.70	1.00			
4		22	17	20	17	40		流速仪 4/8	41.46	6.08	8.20	0.74	1.04	10.0	0.82	1.10			

第二节　实测引黄水量测验精度评价

现将所选柳园口等 8 处涵闸 2005 年 3～4 月同步期比测月（或时段）径流量列入表 3-9，并以此次实测引水量为准，与涵闸管理部门提供的成果进行综合分析，分别求出绝对误差及相对误差。

表 3-9　引黄涵闸同步期比测月（时段）径流量统计

涵闸名称	月份	同步期比测时段径流量（万 m^3）	管理部门时段径流量（万 m^3）	绝对误差（万 m^3）	相对误差（%）
柳园口	3	1 488	1 352	－136	－10.06
刘庄	4	4 824	4 432	－392	－8.84
苏泗庄	4	5 471	5 236	－235	－4.49
彭楼	3～4	4 692	4 007	－685	－17.10
邢庙	4	538	404	－134	－33.17
陈垓	4	4 026	3 447	－579	－16.80
影堂	4	628	570	－58	－10.18
国那里	4	608	480	－128	－26.67
平均					－15.91

注：表列绝对误差是由涵闸管理部门提供的月（时段）径流量减同步期比测成果计算，相对误差是由绝对误差除以同步期比测成果计算。

由表 3-9 可以看出，绝对误差全是负值，数值为－685 万～－58 万 m^3；相对误差为－33.17%～－4.49%，说明涵闸管理部门提供的引水量系统偏小，平均偏小 15.91%。

在与引黄涵闸管理部门进行同步比测引水量过程中发现：涵闸管理部门的流速仪未按规范要求进行检定和养护，测验过程中测验人员操作粗枝大叶，测验人员均未受过正规水文专业培训，业务知识较薄弱，同时还发现，引黄水量观测人员对规范的理解、在操作程序及过程控制上与水文站专业技术人员存在很大的差异。

第四章　黄河下游河道土地利用信息分析

21 世纪是科学与技术一体化的信息时代，随着遥感技术全球定位系统、因特网和地理信息系统等现代信息技术之间的相互渗透，逐渐形成了以地理信息系统为核心的集成化的技术系统。

电磁热辐射和入射电磁波（可见光、红外、毫米波、微波）与遥感对象和环境的相互作用，为我们提供了被动和主动遥感的丰富信息，人们通过对遥感信息的处理、分析、复原和反演，从遥感数据中获取相关的遥感信息，来揭示地表各种现象和过程的规律。

地理信息系统（Geographic Information System，简称 GIS）是在计算机软硬件支持下，对整个或部分地球表面空间中有关地理分布数据进行采集、存储、管理、运算、分析、显示和描述的技术系统。地理信息系统处理和管理的对象是多种地理空间实体及其关系，包括空间定位数据、图形数据、遥感图像数据、属性数据等，主要用于分析处理一定地理区域内分布的各种现象和过程，解决复杂的规划、决策和管理问题，广泛地应用于资源调查、环境评估、区域发展规划、公共设施管理交通安全等领域，成为一个跨学科、多方向的研究领域。

遥感作为空间数据的采集手段，是地理信息系统的主要数据源与更新手段，同时地理信息系统的应用又进一步支持遥感信息的综合开发与利用。黄河下游河道是举世闻名的“地上悬河”，滩区水文下垫面复杂，河道自然耗水量、滩区用水量和河川径流量与滩区水文下垫面（土地利用、植被、水面、新滩、老滩分布）关系密切，而这些参数在时空分布上差异很大，特别是水面、新滩、老滩位置分布及面积大小更是随着年份、季节、枯水、丰水、下游河道整治等的变化而变化，依靠常规方法获取这些信息是十分困难的，尤其是对历史时期连续多年的信息获取更是不可能的，而历史遥感数据却客观地记录了这些信息，收集整理历史遥感影像数据，在专业遥感图像处理系统支持下，对土地利用、水面、新滩、老滩等与自然耗水量、滩区用水量相关信息进行提取，并进行合理性分析。

第一节　遥感技术应用与技术路线

按照治黄专项——《黄河下游河段水量平衡研究》(2003Z03)课题设计，遥感技术应用的研究任务主要包括：土地利用信息，水面信息，新滩、老滩信息等的提取和分析。

一、土地利用信息

在黄河下游，滩区内土地利用比较稳定，项目利用采集的 TM 遥感数据作为土地利用信息的本底数据源，解译提取包括居民地、耕地、林地、草荒地四种土地利用类型。

二、水面信息

水面信息主要指黄河过流的水面信息，包括主河道、低洼区的积水和死水区域。

三、新滩、老滩信息

新滩、老滩分布是随着时间和洪水过程变化而变化的，特别是受到河势变迁、水面变化、河道工程的影响，与水面信息类似，采集多时段存档遥感数据年份表现的内容，这些信息将分时间、河段表达，并赋予面积属性。

本次遥感应用的技术路线：收集整理历史遥感影像数据，在专业遥感图像处理系统支持下，通过对图像的几何校正、彩色合成等深加工处理，生成与下游河道 1∶50 000 比例尺电子地形图相配准的遥感影像地图，结合其他辅助资料、专家知识，在遥感与地理信息系统的支持下，以遥感图像处理软件 ENVI4.0、PCI 和地理信息系统软件 ArcInfo8.3 为工具，对土地利用、水面、新滩、老滩等与自然耗水量、滩区用水量相关信息进行提取，并进行合理性分析。其基本技术流程如图 4-1 所示。

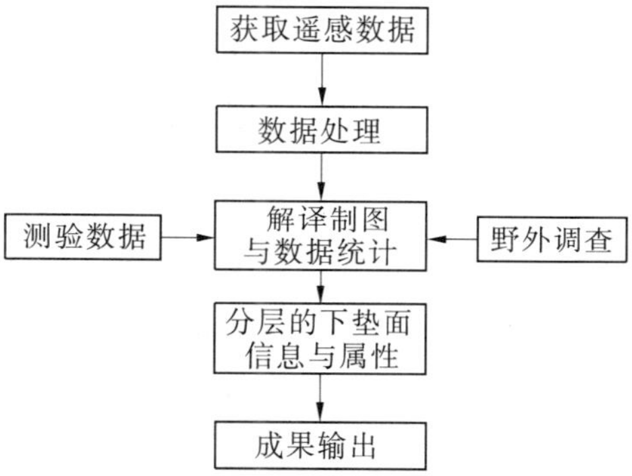

图 4-1　遥感应用基本技术流程

第二节　黄河下游河道土地利用信息采集方法

一、数据收集与处理

（一）遥感数据源选取原则

遥感数据源的选取以现有黄委存档的遥感数据为基础，充分利用现有资源，以降低项目的开发成本。特殊需要时，可考虑适当采集关键河段或者关键时段卫星遥感数据进行补充。

（二）Landsat TM 数据收集

本次遥感资料数据类型主要为美国的 Landsat TM 数据，是从北京卫星遥感地面站购买，黄河下游河道铁谢—利津需要 5 景 3 个运行轨道。对历年的数据共收集了 54 景，数据目录见表 4-1。

表 4-1 遥感影像数据一览

年份	轨道号	地点	时间(月-日)	购买范围	波段
1992	124/36	花园口	06-10	1/2 景	7
			07-28	1/2 景	7
			10-16	1/2 景	7
	123/36	东坝头	04-16	1/4 景	7
			09-07	1/4 景	7
			11-10	1/4 景	7
	123/35	高村	04-16	全景	7
			09-07	全景	7
			11-10	全景	7
	122/35	东平湖	07-30	全景	7
			10-18	全景	7
	122/34	济南	07-30	全景	7
			10-18	全景	7
1994	124/36	花园口	04-29	1/2 景	7
			08-03	1/2 景	7
			11-07	1/2 景	7
	123/36	东坝头	05-08	1/4 景	7
			07-27	1/4 景	7
			09-29	1/4 景	7
	123/35	高村	05-08	全景	7
			07-27	全景	7
			09-29	全景	7
	122/35	东平湖	05-17	全景	7
			08-21	全景	7
			09-06	全景	7
	122/34	济南	05-17	全景	7
			08-21	全景	7
			09-06	全景	7

续表 4-1

年份	轨道号	地点	时间(月-日)	购买范围	波段
1996	124/36	花园口	05-20	1/2 景	7
			08-07	1/2 景	7
			10-27	1/2 景	7
	123/36	东坝头	06-14	1/4 景	7
			08-17	1/4 景	7
			10-04	1/4 景	7
	123/35	高村	06-30	全景	7
			08-17	全景	7
			10-04	全景	7
	122/35	东平湖	06-07	全景	7
			09-27	全景	7
			10-29	全景	7
	122/34	济南	06-07	全景	7
			09-27	全景	7
			10-29	全景	7
2004	124/36	花园口	05-10	1/2 景	7
			06-27	1/2 景	7
			07-13	1/2 景	7
	123/36	东坝头	05-19	1/4 景	7
			06-20	1/4 景	7
			07-22	1/4 景	7
	123/35	高村	05-19	全景	7
			06-20	全景	7
			07-22	全景	7
	122/35	东平湖	05-28	全景	7
	122/34	济南	05-28	全景	7

陆地资源卫星 Landsat TM 是一种多光谱传感器,共 7 个光谱谱段,属于可见光卫星遥感数据范畴。卫星运行在近极地环形太阳同步轨道上,每天上午 10 时穿越赤道上空,扫描带宽度可达 185 km,重访周期 16 d。主要用于陆地资源调查和环境监测等领域,是目前应用最广泛也最成功的对地观测数据之一。TM 各个波段及其应用范围如表 4-2 所示。

表 4-2　TM 各波段及其应用范围

通道	波长范围	分辨率(m)	主要应用
TM1	0.45 ~ 0.52（蓝）	30	对水体穿透力强，易于调查水质、水深、沿海水流和泥沙情况。对于叶绿素和叶绿素浓度反应敏感；对于区分干燥的土壤及茂密的植物效果也较好
TM2	0.52 ~ 0.60（绿）	30	对于健康茂盛的绿色植物反射敏感，对水体的穿透力较强。探测健康植物绿波段的反射率，可评价植物生长活力，区分林型、树种，反映水下地形
TM3	0.63 ~ 0.69（红）	30	为叶绿素的主要吸收波段，根据它对叶绿素吸收的能力可判断植物健康状况，用于区分植物的种类和植物覆盖度；广泛应用于地貌、岩性、土壤、植被、水中泥沙等方面；其信息量大，为可见光的最佳波段
TM4	0.76 ~ 0.90（近红外）	30	植物茂密时在图上呈白色调，为植物通过波段；常用于生物量调查、作物长势测定；可显示水体的细微变化和水域范围
TM5	1.55 ~ 0.75（短红外）	30	处于水的吸收带内（1.4 ~ 1.9 μm），故对含水量反应敏感，用于土壤湿度及植物含水量调查、水分状况研究、作物长势分析等，从而提高了区分不同作物类型的能力；易于区分云与雪；对岩性与土壤类型的判定也有一定的作用
TM6	10.4 ~ 12.6（热红外）	120	对热异常敏感，可根据地表辐射响应的差别，区分农、林覆盖类型；判别地面温度、水体、岩石；监测人类活动有关的热特征；进行水体温度变化制图
TM7	2.08 ~ 2.35（短红外）	30	处于水的强吸收带，水体呈现黑色，可用于区别主要岩石类型、岩石的水热蚀变，探测与交代岩石有关的黏土矿物等

（三）TM 图像预处理

1. 几何校正

针对以前几何校正费时、费力、精度不太高的缺点，本次采用 1∶10 000 的矢量线的校正方法，不仅节省了大量的时间，还提高了校正的精度。水量平衡需要的遥感影像 TM 数据的几何精校正，是以黄河基础地理信息中心提供的“黄河三门峡以下基础地理信息系统 1∶10 000 数字线划图”为基准，选择控制点进行几何校正，精度控制在 1 个像元以内。校正示意见图 4-2。

2. 图像处理

针对校正过的 TM 影像要进行研究，完成必要的镶嵌或分割，以及相关的影像多波段合成、波谱分析、影像增强等，使其能够突出显示所要提取的信息，方便需求信息的提取。本项目的图像处理是在 ENVI 软件的支持下完成的。

（四）辅助资料收集与处理

在利用遥感数据进行信息提取时，只有遥感数据是不够的，往往需要其他一些辅助信息的支持，才能更好地对图像表达的地表信息进行理解和判读。本次遥感应用的其他资

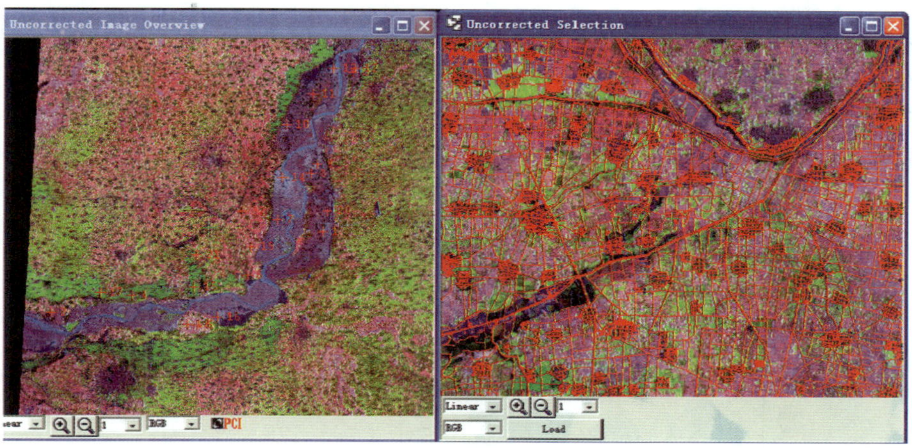

图 4-2　利用 1∶10 000 矢量地形图在 PCI 软件平台下的影像校正

料有如下几个方面。

1. 航空遥感影像

本次应用的航空遥感影像数据是 2003 年 5 月飞行的、地面分辨率达到 100 000 ~ 8 000的黑白航空影像。利用航空影像空间分辨率高的特点，在信息解译、验证方面都起到了相当重要的作用。

2. 黄河下游 1∶10 000 河道矢量地形图

黄河下游 1∶10 000 河道地理信息矢量图由黄委测绘总队提供，是以 2001 年黄河下游航摄资料为基准编制而成的，该矢量地形图是由点、线、面共 57 个专题图层组成。

在黄河下游 1∶10 000 河道矢量地形图上，不仅能直接获取一些变化较小的专题信息，如黄河大堤、水文断面、居民点等，而且能够对一些专题的属性信息进行直接提取。同时，还可为遥感解译成果检验提供支持。

3. 水情信息

对黄河下游主要大断面的水位、流量、含沙量等信息进行收集，并以 Excel 表的格式进行存储。收集每一景遥感数据获取时间前后几天各个大断面的水情信息。水情信息是从黄河水文网站上下载的。

二、专题水情信息提取

黄河下游水情信息提取是针对已有的黄河下游的 TM 影像，对黄河主槽及其滩区的水流信息进行提取，包括黄河水面线、沙洲、积水区。

（一）作业内容与方法

水量平衡遥感技术应用中，水情信息提取的内容有：黄河水面边线、沙洲、死水区等专题信息。每一个专题信息的提取都是在充分理解其概念或含义的基础上，以 Landsat TM 影像为底图，其他辅助数据为参考，结合专家知识、野外调查资料等进行的最终判断。

（二）专题信息提取

1. 主槽水边线、沙洲

主槽水边线是指黄河水面与河岸的交界线，沙洲是指河流中央出露的浅滩，这些浅滩将黄河主流分为两股或者两股以上的岔流。由于黄河含沙量较高，根据水和沙的波谱特性，则水在可见光波段和近红外波段都有较强的吸收，而沙有较高的反射特性。图 4-3 是黄河水与静止水(含沙量低)在 TM 上反映的波谱特性，该图反映出含沙量高的水体，在每一个波段的反射率都有所增强，但整体趋势与静止水几乎一致。

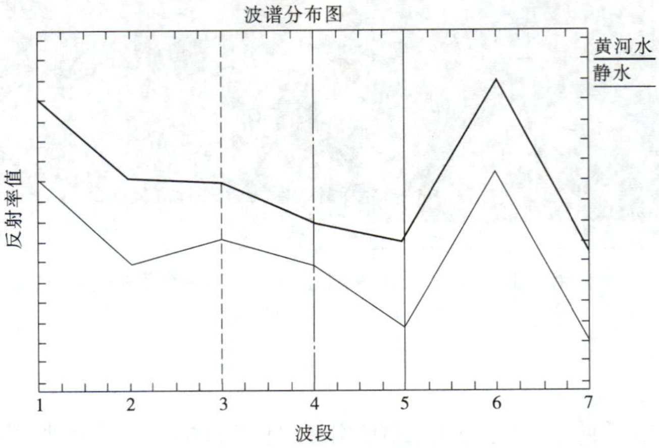

图 4-3　黄河水与静止水波谱

在 TM 影像的 7 个波段中，通过 5、4、3 波段合成技术，形成真彩色影像图。在该影像上河流呈现浅蓝色，死水区和湖泊呈现深蓝色色调。沙洲呈现浅粉色或粉紫色。因此，流动的黄河水面(含沙量较高)与静水区以及沙洲十分容易区分，专题信息较好判断。

图 4-4 是伊洛河附近黄河下游河道影像，从影像中能够分辨出浅蓝色区域为含沙量较高的黄河水面，深蓝色区域为静止的、含沙量较低的死水区域。

图 4-4　伊洛河附近黄河下游河道

2. 死水区

所谓死水区，往往是指一定流量下的积水区域。死水区的判断有两个条件：①在有漫滩的情况下，有低洼区域；②相对一定流量下，在低洼滩地上积水是否具有流动的条件或者流速在一定范围以内的积水区域。根据以上两个条件，可以判定在洪水漫滩过后的遥感影像上，一些显示为深蓝色的积水区域成为死水区的可能性很大。在判读遥感影像的基础上，结合地形图判定该区域是否为低洼地，积水是否有退水的条件等，如果条件都符合，即可判断是该流量下积水区域。

死水区域用多边形表示，多边形要闭合。若死水区的某些区域界线与大堤重合，以大堤线为准。死水区专题信息放在一个单独的层中。图 4-5 是死水区在遥感影像上的示意图。

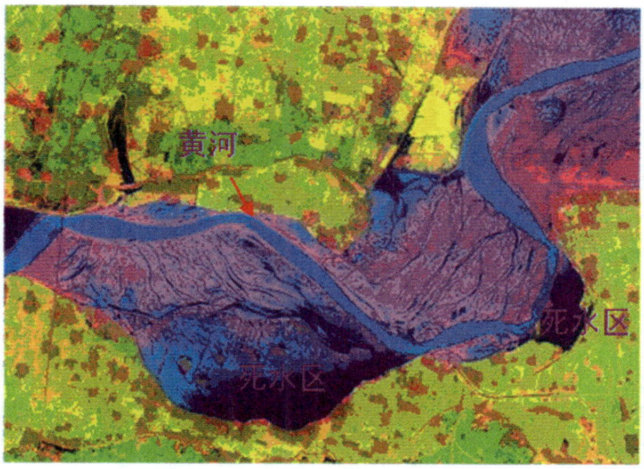

图 4-5　死水区遥感影像示意图

3. 新滩、老滩信息提取

新滩即嫩滩，指形成时间不长的滩地。在游荡性河段内，滩地极不稳定，随着坍塌、串沟夺溜而变成主槽，而其他的水域则淤出新滩。老滩即中滩和高滩，形成历史较久，稳定而不易上水的滩地。根据以上定义，本项目利用遥感影像和地形图确定了新滩的范围，对于老滩，认为其范围没有变化，不予勾画。新老滩地变化认为是嫩滩消长的变化。通常认为新滩和老滩的范围是以控导工程、生产堤、陡坎和滩沿线等的连线来界定的。新滩范围的确定有以下几点：

(1) 以控导工程为边界；

(2) 考虑生产堤的分布；

(3) 考虑陡坎的分布；

(4) 考虑耕地内生产路的分布。

在黄河水面边线和黄河大堤之间，以嫩滩边界线来表示新滩、老滩的范围，通过多年滩地范围线的叠加显示，能够表示出不同年代黄河下游新滩、老滩的变化。

三、土地利用信息解译

根据水量平衡的需求，结合黄河下游实地情况，建立黄河下游土地利用遥感解译标志，并重点对黄河下游的耕地、林地、草地、居民点等信息进行实地调查，编制黄河下游土地利用遥感解译图。

(一) 土地利用分类和编码

土地利用分类是根据土地的性状、地域和用途等方面存在的差异性，按照一定的规则，将土地归并成若干个不同类别的技术方法。根据黄河下游滩区土地的用途、利用方式和覆盖特征等因素，我们将该区土地分为耕地、园地、林地、荒草地、城乡工矿和居民用地、交通用地、水域、未利用土地等 8 大类 24 小类。具体分类情况见表 4-3。

表 4-3　**黄河下游土地利用分类**

一级类型		二级类型		含义	在黄河下游滩区的表现特征
编号	名称	编号	名称		
1	耕地	—	—	指种植农作物的土地	包括以种植农作物为主间有零星果树、桑树或其他树木的农果、农桑、农林用地，耕种三年以上的滩地和滩涂
		11	水田	指有水源保证和灌溉设施，在一般年景能正常灌溉，用以种植水稻的耕地，包括实行水稻和旱地作物轮种的耕地	主要指种植水稻的耕地
		12	旱地	指无灌溉水源及设施，靠天然降水生长作物的耕地；有水源和浇灌设施，在一般年景下能正常灌溉的旱作物耕地；以种菜为主的耕地，正常轮作的休闲地和轮歇地	指除水稻田之外的耕地，包括菜地、旱地等
2	园地	—	—	指种植以采集果、叶、根、茎等为主的多年生木本和草本作物（含其苗圃），覆盖度大于 50% 或每亩有收益的株数达到合理株数 70% 的土地	主要集中分布在村庄附近，且历史上具有此种种植习惯
		21	果园	指种植果树的园地	指苹果园、梨园、桃园等
		22	其他园地	指种植葡萄、花卉、药材等其他多年生作物的园地	主要指药材、花卉等
3	林地	—	—	指生长乔木、灌木、竹类等林业用地	阔叶林、经济林等
		31	有林地	指郁闭度 > 30% 的天然木和人工林	包括用材林、经济林、防护林等成片林地
		32	灌木林地	指郁闭度 > 40%、高度在 2 m 以下的矮林地和灌丛林地	指分布在嫩滩或集水坑周边的沙柳、窄条林等
		33	其他林地	指未成林造林地、迹地、苗圃等	主要指苗圃

续表 4-3

一级类型		二级类型		含义	在黄河下游滩区的表现特征
编号	名称	编号	名称		
4	荒草地	—	—	指以生长草本植物为主,覆盖度在5%以上的各类草地,包括以牧为主的灌丛草地和郁闭度在10%以下的疏林草地	主要指地形低洼的荒草地,分布比较少,多在嫩滩,不再进一步区分
5	城乡、工矿和居民用地	—	—	指城乡居民点及县镇以外的工矿等用地	指乡(镇)所在地、村庄、油田、采石场等
		51	居民用地	指城乡、农村居民用地	乡(镇)、村庄所在地
		52	独立工矿用地	指独立于城镇以外的厂矿、油田、采石场等用地	砖瓦厂、晒麦场地、工厂企业用地
		53	特殊用地	指居民点以外的名胜古迹、风景旅游、墓地、陵园等用地	旅游场所、陵园等
6	交通用地	—	—	指用于运输通行的地面线路、场站等用地,包括民用机场、港口、码头、地面运输管道和居民点道路及其相应附属设施用地	
		61	铁路用地	指铁道线路及场站用地,包括路堤、路堑、道沟及护路林;地铁地上部分及出入口等用地	铁路
		62	公路用地	指国家和地方公路(含乡镇公路),包括路堤、路堑、道沟、护路林及其他附属设施用地	国家级、省级、县级公路
		63	其他交通用地	指人工修建的客运、货运、捕捞船舶停靠的场所及其相应附属建筑物,不包括常水位以下部分,运输煤炭、石油和天然气等管道及其相应附属设施地面用地和城乡居民点内公用道路(含立交桥)、公共停车场等	人渡、车渡渡口

续表 4-3

一级类型		二级类型		含义	在黄河下游滩区的表现特征
编号	名称	编号	名称		
7	水域	—	—	指天然陆地水域和水利设施用地	
		71	黄河水面	指黄河主槽水面	非汛期流量水面
		72	河渠	指天然形成或人工开挖的河流及主干渠常年水位以下的土地，人工渠包括堤岸	天然文岩渠、金堤河、引黄总干渠
		73	湖泊	指天然形成的积水区常年水位以下的土地	东平湖
		74	水库坑塘	指人工修建的蓄水区常年水位以下的土地	滩区平原水库、死水区、堤河、鱼塘
		75	浅滩滩地	指河、湖水域平水期水位与洪水期水位之间的土地	河心滩、边滩
8	未利用土地	—	—	目前还未利用的土地，包括难利用的土地	主要指地势低洼的沼泽地
		81	盐碱地	指地表盐碱聚集，植被稀少，只能生长耐盐碱植物的土地	无
		82	沼泽地	指地势平坦低洼，排水不畅，长期潮湿，季节性积水或常积水，表层生长湿生植物的土地	沿堤低洼地，包括规划的湿地
		83	裸土地	指地表土质覆盖，植被覆盖度在5%以下的土地	无
		84	裸岩石砾地	指地表为岩石或石砾，其覆盖度 >5% 以下的土地	无

(二)土地利用外业查勘

野外调查是遥感应用的必要步骤,为了使工作人员熟悉黄河下游的基本情况、认识黄河下游滩区的土地利用现状、针对 TM 遥感影像建立起解译标志,在项目开展的初期进行了一次外业查勘。主要任务是调查各种土地利用类型的分布情况和分布特征,以及在遥感影像上的表现特征。

在进行调查之前,特邀请专家进行技术培训,以使调查队员熟悉技术规范,明确调查方法。同时围绕调查路线,预先明确观察对象,制定观察任务。每一项任务要落实到人,做好每一项记录,尽量收集全相关资料。

(三)土地利用内业解译

人机交互解译目前仍是遥感图像解译中一种不可缺少的方法,其基本方法是:利用 TM 影像,结合 1∶10 000 土地利用图、航空影像等辅助资料信息,按照《黄河下游土地利用分类》的分类标准,解译判读土地利用类型,并最后编制黄河下游的土地利用现状图。土地利用人机交互解译的流程如图 4-6 所示。

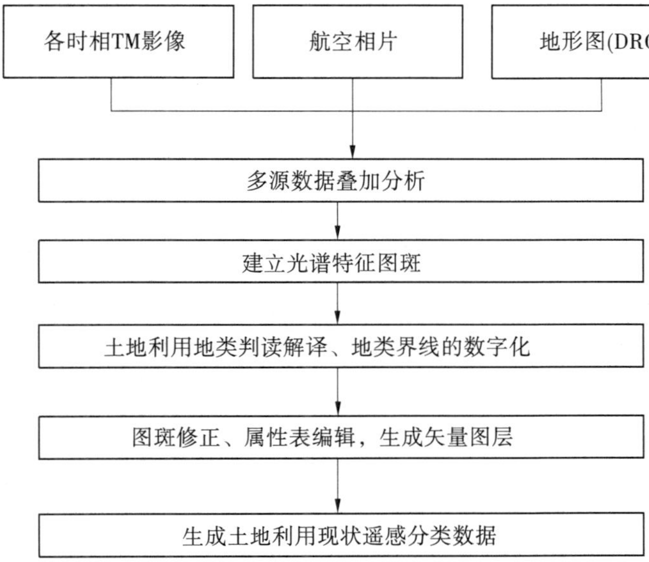

图 4-6　土地利用人机交互解译流程

1. 多源数据叠加

将黄河下游地形图与 TM 遥感影像精确配准,建立统一的地理坐标系统。将航空相片、1∶10 000 地形图与 2004 年的多个时期 TM 遥感影像进行叠加、分层管理。在 ArcMap 中通过透明显示将栅格的 1∶10 000 地形图叠加在影像图上进行多源数据的对比分析。同时,分别建立境界、地类解译图层、线状地物等层,存放解译和提取的各种地类信息。

2. 建立光谱特征图斑

以景为单位,依据研究区的地形地貌特征,综合参考地形图资料,建立该研究区各种地物类型的光谱特征图斑。特征图斑涵盖研究区所有土地利用类型以及生态环境建设区域,不同的地貌类型分别建立特征图斑。最后对所建立的特征图斑进行汇总,形成光谱特征图斑列表,辅助进行影像的判读。

3. 地类判读解译与矢量勾绘

根据建立的光谱特征图斑,以人机交互方式手工勾绘图斑边界,数据格式保留为GEODATABASE格式。图斑边界的定位误差少于3个像元,线条平滑,不出现尖锐棱角。

4. 建立属性表

建立属性表,并为每一图斑赋予相应的地类属性码。

5. 生成土地利用现状遥感分类图

将境界、道路、单线河流和面状地类、图廓整饰等图层按一定的顺序叠加,并用相应的符号和颜色来表示,最终形成土地利用现状遥感分类图。

(四)典型土地利用类型的遥感特征

为了保证整个地区的影像解译精度,我们着重对典型的土地利用类型进行了研究,分别从它的基本定义、影像特征、分布特征及其特征图谱几个方面做了详细描述,并作为影像解译的标准参考。

1. 耕地的遥感特征

耕地是指种植农作物的土地。包括新开荒地、休闲地、轮歇地、草田轮作地,以种植农作物为主间有零星果树、桑树或其他树木的土地,耕种三年以上的滩地和滩涂,耕地中包括南方宽小于1.0 m、北方宽小于2.0 m的沟、渠、路和田埂。

在本研究区内只有概括为水田(11)、旱地(12)这两种类型。

(1)水田。

基本定义:指有水源保证和灌溉设施,在一般年景能正常灌溉,用以种植水稻、莲藕等水生农作物的耕地,包括实行水稻和旱地作物轮种的耕地。

影像特征:田埂和排灌渠系(干、支、斗、垄)清晰可见,包括能灌溉的水旱轮作地;几何形状规则,呈方块状,田块不大;图像纹理结构细腻,呈平绒状;颜色随是否灌溉和耕种而定,未耕种的裸露灌溉水田为深棕或淡青色,耕种的灌溉水田呈暗青色或暗红色(见图4-7)。由于处于华北地区的水稻用地,往往也种植小麦等其他作物。所以遥感影像上并不像在南方那样容易识别,因此在黄河下游滩区,水田实际是那些多数年份种植水稻、有较有利的地势、有较固定的水源的耕地。解译影像上看来是水田的,1∶10 000电子地图上又有标示可勾绘出其范围。在多期遥感影像上表现为水稻,而某期影像上表现为其他作物的也可划为水田。

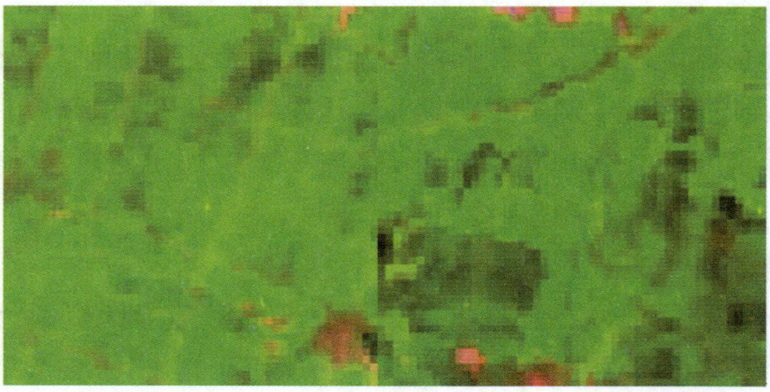

图4-7 水田在影像上的反映

分布特征：通常分布在地势较低洼、平坦的地区，为便于耕作，一般离居民点较近。

(2)旱地。

基本定义：指无灌溉水源及设施，靠天然降水生长作物的耕地；有水源和浇灌设施，在一般年景下能正常灌溉的旱作物耕地；以种菜为主的耕地，正常轮作的休闲地和轮歇地。

影像特征：几何形状有一定规则形态，耕作粗放，田块较大；一般的田埂不明朗。颜色各异，随是否耕种而定，未耕种的裸露旱地为淡色调（浅棕或淡黄、白），耕种的旱地随农作物种类呈不同深浅的绿色（见图4-8）。图像纹理结构较粗糙，呈粗绒状。

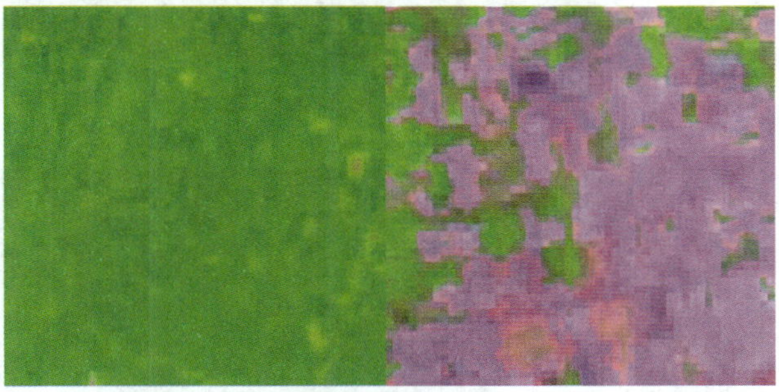

图4-8　耕地在影像上的反映

2. 林地的遥感特征

本区域的林地(13)分为有林地(131)、灌木林地(132)、其他林地(133)3子类。

林地是指生长乔木、灌木、竹类等林业用地。但有林地不包括居民点绿地，以及铁路、公路、河流、沟渠的护路、护岸林。

(1)有林地(131)。

基本定义：指郁闭度>30%的天然林和人工林。包括用材林、经济林、防护林等成片林地。在解译中参照地形图、TM影像、航空相片，逐一对林地图斑进行勾绘。

影像特征：呈面状分布，通常树冠连片，周边规则，色差明显。

(2)灌木林地(132)。

基本定义：指生长灌木，郁闭度≥40%、高度在2 m以下的矮林地和灌丛林地的林地。包括各种天然、人工等灌木林地。

影像特征：呈面状分布，通常树冠连片，周边不规则，色差明显，图像纹理结构细腻，呈平绒状。在TM影像上，灌林地不易区别，主要以1∶10 000电子地图相应图层为基础。野外调查中实际观察到的灌木林，要根据影像特征划出范围，如荆条林和丛状柳林等。

(3)其他林地(133)。

基本定义：未成林造林地、迹地、苗圃等。

影像特征：通常呈面状分布，周边不规则，树冠形态和背景色调的色差不很明显，图像色调多为淡红色（见图4-9）。图像纹理结构粗糙，呈斑点状。

3. 荒草地的遥感特征

本区域的草地(14)分为高覆盖度草地和低覆盖度草地。

草地是指以生长草本植物为主，覆盖度在5%以上的各类草地，包括以牧为主的灌丛草地和郁闭度在10%以下的疏林草地(见图4-10)。

图4-9　林地在影像上的反映

图4-10　牧草地在影像上的反映

在靠近大堤、控导工程前后和村庄附近的低洼地带,由于每年部分时间或常年有积水存在,无法开垦种植作物,多生长有蒲草、芦草和芦苇等湿生植物,判读为荒草地。

由于荒草地缺乏明确的解译指标,解译时首先将1∶10 000图上标有草地、芦苇符号的地方作为索引,然后根据地理位置、周围环境,判断其是否存在并勾画其范围。牧草地在影像上与耕地容易混淆,但通过季相变化可以将其区分开来。一般来说,耕地的季相变化非常明显,但牧草地季相变化较小,通过比较季相变化,可以将牧草地从耕地中区分开来。

4. 土地利用专题图的制作

黄河下游土地利用遥感调查是以2004年TM影像为基础,在小比例尺的土地利用调查规范的指导下,通过人机交互解译,提取黄河下游的土地利用现状,并以地理信息系统为基础,实现统计分析的。根据水量平衡项目的任务、要求和实际情况,本项目对耕地、林地、荒草地、居民地、水体五类信息进行解译,并赋予1、3、4、5、7五种代码。黄河下游土地利用分类见表4-3,各河段下垫面类型提取分析见图4-11～图4-17。

5. 土地利用遥感调查

由于黄河下游是“地上悬河”,滩区水文下垫面复杂,自然耗水量有自己的特点,如下渗、蒸发等与下垫面的土地利用、植被、水面面积、新老滩分布关系十分密切,而且这些参数在时空分布上差异还很大,特别是水面、新老滩位置分布及面积大小更是随着年份、季节、枯水、丰水、下游河道整治等的变化而变化,依靠常规方法获取这些信息是十分困难的，尤其是对历史时期连续多年的信息获取更是不可能的，而历史遥感数据却客观地记录了这些信息，通过收集这些资料，对其进行加工处理、分析，准确提取这些与自然耗水量相关的信息。

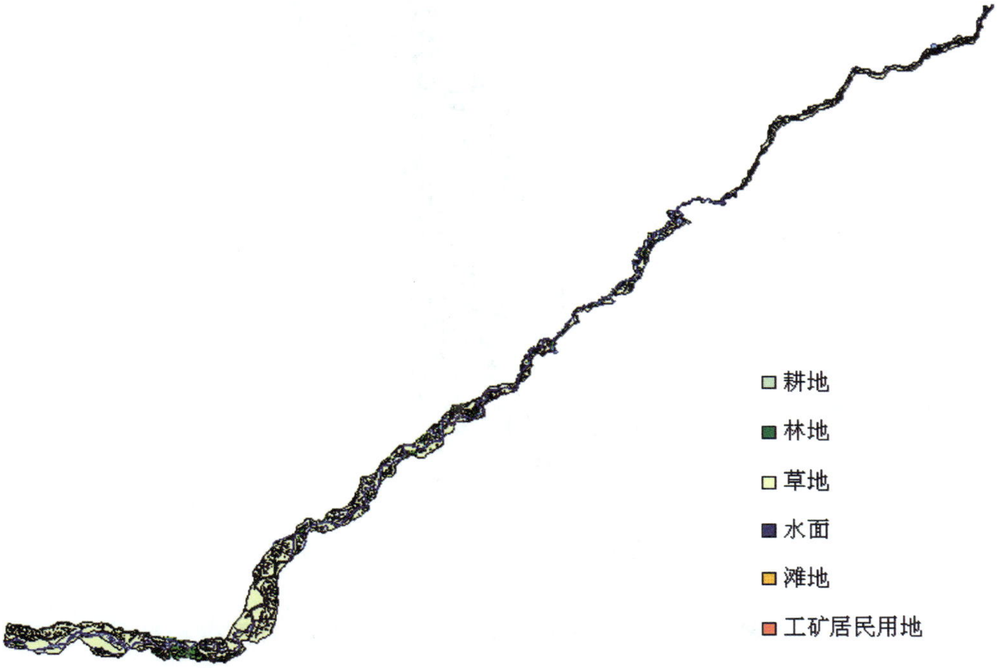

图 4-11 黄河下游河道下垫面类型提取分析图（整体）

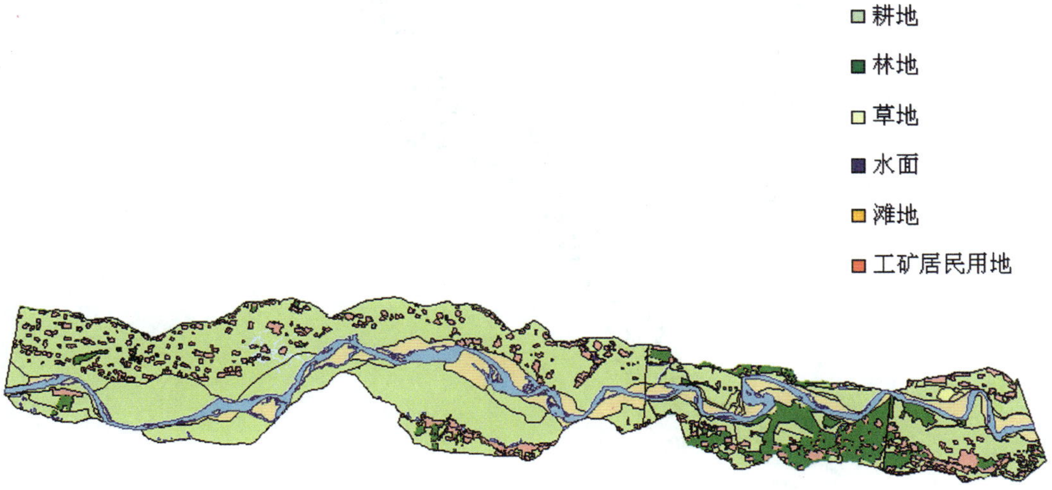

图 4-12 花园口—夹河滩河段下垫面类型提取分析图

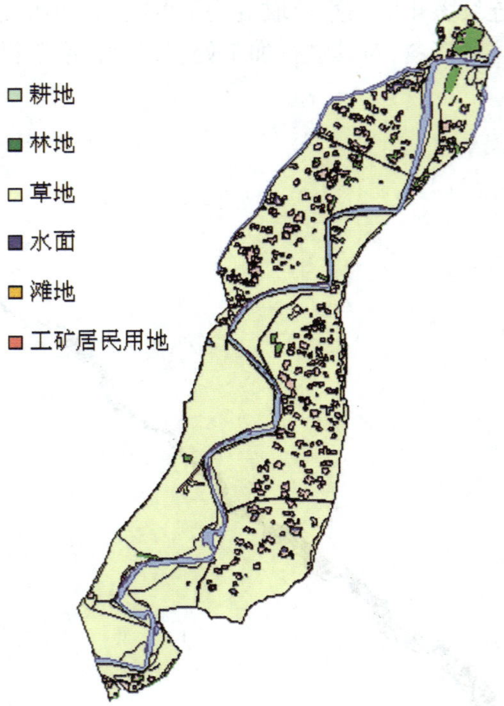

图 4-13　夹河滩—高村河段下垫面类型提取分析图

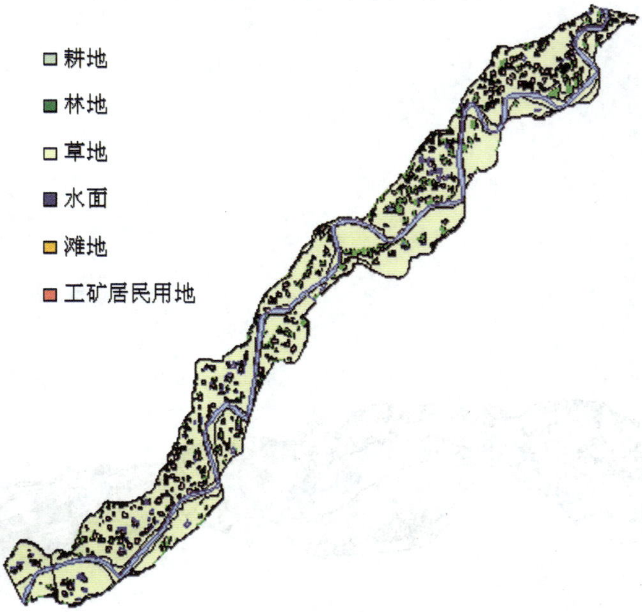

图 4-14　高村—孙口河段下垫面类型提取分析图

图 4-15　孙口—艾山河段下垫面类型提取分析图

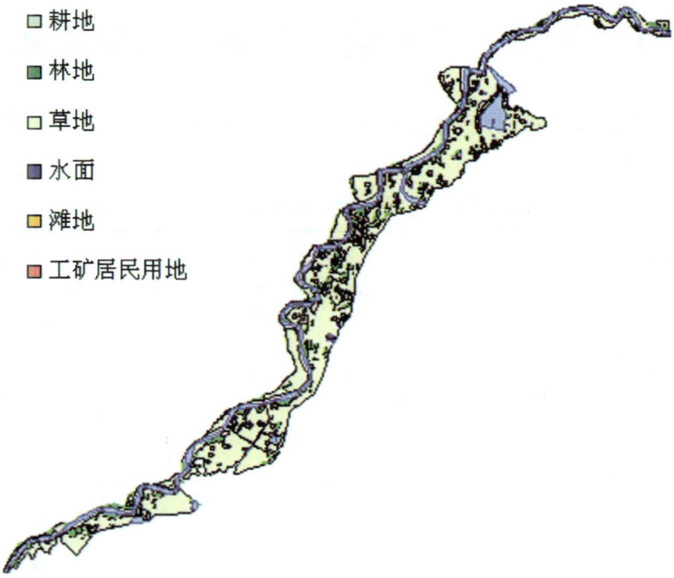

图 4-16　艾山—泺口河段下垫面类型提取分析图

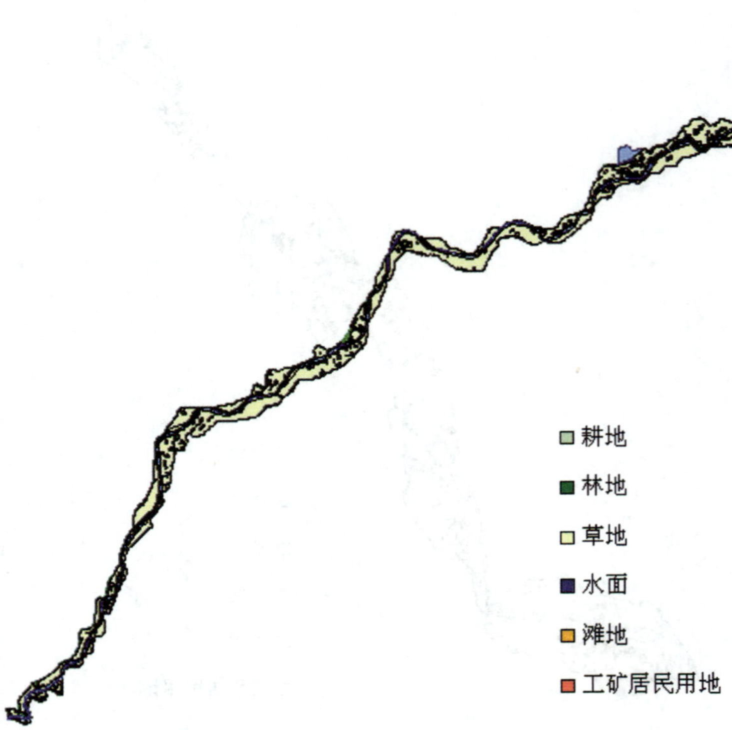

图 4-17　泺口—利津河段下垫面类型提取分析图

第三节　黄河下游河道土地利用信息采集结果

土地利用遥感调查结果分为耕地、林地、荒草地、浅滩滩地等，黄河下游分河段土地利用遥感调查结果统计见表 4-4。

表 4-4　黄河下游分河段土地利用遥感调查结果统计　　（单位：km^2）

土地类型	代码	小浪底—花园口 lu1	花园口—夹河滩 lu2	夹河滩—高村 lu3	高村—孙口 lu4	孙口—艾山 lu5	艾山—泺口 lu6	泺口—利津 lu7	小浪底—利津	花园口—利津
耕地	1	423.0	432.4	546.8	501.6	120.8	189.4	278.6	2 492.6	2 069.6
园地	2	0	16.9						16.9	16.9
林地	3	16.4	62.4	18.7	42.3	17.4	22.5	14.5	194.2	177.8
荒草地	4	1.0	4.4	2.9	1.7	1.8	2.8	3.7	18.3	17.3
工矿用地	5	19.6	91.3	42.4	43.5	13.8	13.3	10.4	234.3	214.7
交通用地	6	0.1	0.2	1.0	0.4	0.1	0.4	0.1	2.3	2.2
黄河水面	71	77.3	78	37.6	47.3	20.2	27.1	51.1	338.6	261.3

续表 4-4

土地类型	代码	小浪底—花园口 lu1	花园口—夹河滩 lu2	夹河滩—高村 lu3	高村—孙口 lu4	孙口—艾山 lu5	艾山—泺口 lu6	泺口—利津 lu7	小浪底—利津	花园口—利津
河渠	72	3.2	0.3	6.5	0.1	3.2	1.8	0.1	15.2	12
浅滩滩地	75	327.4	272.1	27.1	21.3	15.1	12.8	5.0	680.8	353.4
沼泽地	82	0.1	3.8	10.6	10.3	2.1	1.2	2.8	30.9	30.8
裸土地	83							0.4	0.4	0.4
合计		868	961.8	693.6	668.5	194.5	271.3	366.7	4 024.4	3 156.4

由表 4-4 可知，黄河小浪底—利津河段河道面积为 4 024.4 km^2，花园口—利津河道面积为3 156.4 km^2。小浪底—利津河段耕地面积为 2 492.6 km^2，占相应河段河道面积的 62%，花园口—利津河段耕地面积为 2 069.6 km^2，占相应河段河道面积的 66%；小浪底—利津河段水面面积为 338.6 km^2，占相应河段河道面积的 8.4%；花园口—利津河段水面面积为 261.3 km^2，占相应河段河道面积的 8.3%。在表 4-4 中，耕地面积用于滩区用水量计算，林地、荒草地、浅滩滩地、沼泽地、裸土地、黄河水面等面积用于河道蒸散发量计算。

相对应地计算出各河段各类土地面积占其下游相应土地面积的百分数见表 4-5。从表 4-5 可以看出，孙口以上各区间耕地面积较大，其中，夹河滩—高村、高村—孙口河段的耕地面积均超过整个研究河段耕地面积总和的 20%，耕地遥感调查结果百分比过程线见图 4-18。

表 4-5　黄河下游土地利用遥感调查结果百分比统计　（%）

土地类型	代码	小浪底—花园口	花园口—夹河滩	夹河滩—高村	高村—孙口	孙口—艾山	艾山—泺口	泺口—利津	小浪底—利津
耕地	1	16.97	17.35	21.94	20.12	4.85	7.60	11.18	100.0
园地	2	0	100.0	0	0	0	0	0	100.0
林地	3	8.44	32.13	9.63	21.78	8.96	11.59	7.47	100.0
荒草地	4	5.46	24.04	15.85	9.29	9.84	15.30	20.22	100.0
工矿用地	5	8.37	38.97	18.10	18.57	5.89	5.68	4.44	100.0
交通用地	6	4.35	8.70	43.48	17.39	4.35	17.39	4.35	100.0
黄河水面	71	22.83	23.04	11.10	13.97	5.97	8.00	15.09	100.0
河渠	72	21.15	1.97	42.76	0.66	21.05	11.84	0.73	100.0
浅滩滩地	75	48.09	39.97	3.98	3.13	2.22	1.88	0.73	100.0
沼泽地	82	0.32	12.30	34.30	33.33	6.80	3.88	9.06	100.0
裸土地	83	0	0	0	0	0	0	100.0	100.0

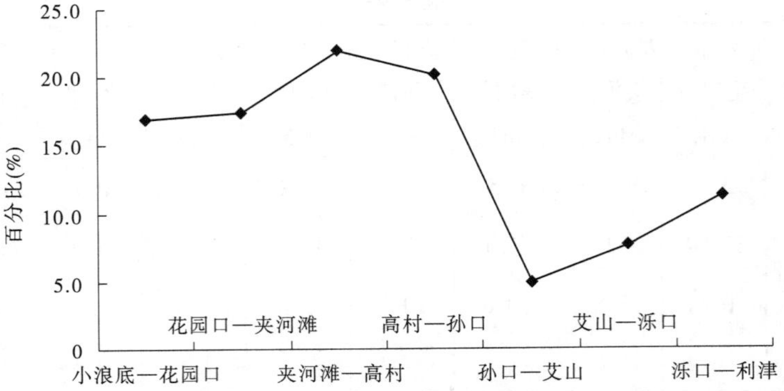

图 4-18　耕地遥感调查结果百分比过程线

经汇总后黄河下游分河段主要土地利用遥感调查结果统计见表 4-6。

表 4-6　黄河下游分河段主要土地利用遥感调查结果统计

土地类型	单位	小浪底—花园口	花园口—夹河滩	夹河滩—高村	高村—孙口	孙口—艾山	艾山—泺口	泺口—利津	合计
耕地(及园地)	km^2	423.0	449.3	546.8	501.6	120.8	189.4	278.6	2 509.5
林地		16.4	62.4	18.7	42.3	17.4	22.5	14.5	194.2
荒草地(及沼泽、裸土地)		1.1	8.2	13.5	12.0	3.9	4.0	6.9	49.6
居民地		19.7	91.5	43.4	43.9	13.9	13.7	10.5	236.6
水体		80.5	78.3	44.1	47.4	23.4	28.9	51.2	353.8
浅滩滩地		327.4	272.1	27.1	21.3	15.1	12.8	5.0	680.8
耕地(及园地)	%	16.86	17.90	21.79	19.99	4.81	7.55	11.10	100.0
林地		8.44	32.13	9.63	21.78	8.96	11.59	7.47	100.0
荒草地(及沼泽、裸土地)		2.22	16.53	27.22	24.19	7.86	8.06	13.91	100.0
居民地		8.33	38.67	18.34	18.55	5.87	5.79	4.44	100.0
水体		22.75	22.13	12.46	13.40	6.61	8.17	14.47	100.0
浅滩滩地		48.09	39.97	3.98	3.13	2.22	1.88	0.73	100.0

第五章　黄河下游滩区用水分析

黄河下游滩区引水一直处于无序状态，是黄河下游引水管理的薄弱环节。本次黄河下游滩区用水量分析采用高科技的遥感技术，以 2004 年 TM 影像为基础，提取黄河下游河道的各种地类信息，进而统计出黄河下游滩区耕地面积，见表 4-4 的数据。结合滩区的社会经济环境、滩区水利设施发展情况、黄河来水的实际情况及滩区的降水等因素，并与以往的成果进行综合分析，计算出黄河下游滩区用水量。

第一节　黄河下游滩区用水现状

黄河下游河道分布有广阔的滩地，滩区内有耕地 24.98 万 hm^2，涉及河南、山东两省 15 个地（市）43 个县（区），村庄 2 052 个，居住人口 180.96 万人，即使黄河大堤不决口，洪水漫滩造成的淹没损失也非常巨大。

黄河下游滩区面积 3 506 km^2，占河道面积的 84%，共由 120 多个自然滩组成，滩面宽 0.5 ~ 8 km 不等，其中面积大于 100 km^2 的有 7 个，50 ~ 100 km^2 的有 9 个，30 ~ 50 km^2 的有 12 个，30 km^2 以下的有 90 多个。黄河下游滩区大致可分为三段：①河南省孟津县至京广铁桥河段，长 93 km，滩区面积约 519 km^2，左岸滩面宽 3 ~ 6 km，右岸滩面宽 0.5 ~ 5 km。②京广铁桥至河南省兰考县东坝头河段，长 124 km，滩区面积 983 km^2，两岸滩地系 1855 年铜瓦厢决口溯源冲刷、河道下切形成的高滩，左岸滩面宽 2 ~ 6 km，右岸滩面宽 0.5 ~ 5 km。③东坝头至入海口河段长 625 km，滩区面积约 2 004 km^2，系 1855 年铜瓦厢决口形成的河道，两岸滩面高程低，属低滩区，其中东坝头至陶城铺河段长 227 km，滩区面积约 1 230 km^2，宽滩低滩区；陶城铺至入海口河段长 410 多 km，滩地面积 774 km^2。

黄河下游滩区 1997 年统计耕地 334 万亩。1988 年以前，由于自然生产条件较差和特殊的地理位置，国家和各级地方政府对滩区农业的投入仅为滩外农业的 1/3。水利工程因年久失修或水毁等原因，工程效益较差，至 1987 年，滩区有效灌溉面积仅 286 万亩。

1988 年国家建立农业综合开发专项基金，为尽快改变黄河下游滩区群众的贫困落后面貌，贯彻落实"一水一麦"、一麦留足群众全年口粮的政策，巩固和扩大河道清障成果，经国家农业综合开发审核批准，由黄委组织实施了 1988 ~ 1997 年共三期滩区水利建设，主要建设项目为灌溉、排水、淤滩和生产道路四项，重点建设区为河南兰考县东坝头至山东省东阿县陶城铺河段的宽滩低滩区。

第一期滩区水利建设于 1991 年底竣工，新增灌溉面积 70.16 万亩，排水面积 14.97 万亩，淤滩面积 45 万亩，生产道路 191 km。第二期滩区水利建设于 1994 底竣工，新增灌溉面积 61.67 万亩，排水面积 7.08 万亩，淤滩面积 2.38 万亩，生产道路 1 505 km。第三期滩区水利建设于 1995 年 3 月开始，1998 年竣工，新增灌溉面积 158.37 万亩，增加排水面积 32 万亩，增加淤滩面积 10.65 万亩。黄河下游（含花园口以上）现有灌溉面积

324.29 万亩。滩区灌溉面积主要依据《河南山东两省黄河滩区水利建设第一期工程投资完成情况表》、《黄河下游第一期滩区水利建设竣工》、《黄河下游第三期滩区水利建设竣工》等报告统计而得。

第二节　滩区用水量计算方法

有实灌面积、灌溉毛定额及灌区回归水系数时,按下式计算灌溉耗水量:

$$W_{耗水} = (1 - \beta) mF$$

式中　β——灌区回归水系数;

m——灌溉毛定额,m^3/亩;

F——实灌面积,亩。

$$m = \frac{m_{净}}{\eta}$$

式中　$m_{净}$——净灌溉定额,m^3/亩;

η——灌溉水利用系数。

$$\eta = \eta_{渠} \eta_{田}$$

式中　$\eta_{渠}$——渠系水利用系数;

$\eta_{田}$——田间水利用系数。

有灌区年引水总量及回归系数资料时,按下式计算:

$$W_{耗水} = (1 - \beta) W_{总引}$$

式中　β——灌区回归水系数;

$W_{总引}$——渠道引水总量,亿 m^3。

面积定额法主要用于引、退水资料缺乏的灌区,或者用于检验引、退水资料的准确性。该方法的关键在于落实实灌面积和灌溉耗水定额,其精度取决于实灌面积和灌溉耗水定额的准确性。对于有引、退水资料的灌区,该方法成果用来对引、退水法控制不完整部分进行补充及在灌区用水过程变化上作对比分析。

对于有井水灌溉与地表水灌溉的混合地区,如何扣除井水灌溉面积较为复杂。如该灌区一部分是井水灌溉,一部分是地表水灌溉,则井水灌溉可能多于地表水灌溉,也可能少于地表水灌溉;在年内灌溉中,可能既进行过地表水灌溉也进行过井水灌溉,同时存在有灌溉亩次比例等。总之,对于混合灌溉地区应通过灌溉制度分割其实灌面积,分出地表水灌溉的面积,在面积定额法中采用地表水灌溉的面积和灌溉耗水定额。同样,引、退水中其水量均指河川径流地表水部分。

通过以上分析,滩区农业灌溉用水量采用面积定额法计算。滩区农业用水量的变化过程是与滩区的社会经济环境、滩区水利建设的发展情况、降水量变化及黄河来水变化等情况密切相关,滩区农业用水量计算时应综合考虑这些因素。

第三节　黄河滩区用水计算

黄河下游土地利用信息遥感技术调查，是以 2004 年 TM 影像为基础，在小比例尺的土地利用调查规范的指导下，通过人机交互解译，提取黄河下游的土地利用现状，并以地理信息系统为基础，实现统计分析，黄河下游滩区耕地面积为 376.23 万亩。根据实际调查及各河段滩区灌溉设施、灌溉习惯等情况综合分析，结合“一水一麦”，一麦留足群众全年口粮的政策，滩区农业灌溉用水量采用面积定额法计算。利用不同灌溉定额，计算各河段滩区用水量见表 5-1。

表 5-1　黄河下游分河段耗水量统计

定额（m^3/亩）	项目	河段							
		小浪底—花园口	花园口—夹河滩	夹河滩—高村	高村—孙口	孙口—艾山	艾山—泺口	泺口—利津	合计
	耕地（万亩）	63.45	67.40	82.02	75.24	18.12	28.41	41.79	376.43
200	用水量（亿 m^3）	1.27	1.35	1.64	1.50	0.36	0.57	0.84	7.53
150		0.95	1.01	1.23	1.13	0.27	0.43	0.63	5.65
100		0.63	0.67	0.82	0.75	0.18	0.28	0.42	3.75

由表 5-1 可以看出，采用不同灌溉定额计算的黄河下游滩区用水量为 3.75 亿～7.53 亿 m^3。但是，每年的根据来水情况、干旱程度和引取水条件等不同，有些耕地由于属于高滩和水源较远、有些河段滩区没有水利工程可能无法利用黄河水，这就存在着有效灌溉面积问题。如果按照统计面积的 60%～70% 作为黄河下游河川径流的有效灌溉面积 226 万～263 万亩，结合“一水一麦”、一麦留足群众全年口粮的政策，灌溉定额按 200 m^3/亩计算，黄河下游滩区用水量为 4.51 亿～5.27 亿 m^3。

第四节　黄河下游滩区用水量计算成果合理性分析

一、历审成果

黄委水文局于 2000 年完成了“1991～1997 年黄河流域河川径流耗水量及天然径流量计算”成果（简称历审成果），由于滩区用水量较黄河下游引水量小得多，故采用面积定额进行计算。灌溉面积主要依据《河南、山东两省黄河滩区水利建设第一期工程投资完成情况表》、《黄河下游第一期滩区水利建设竣工》、《黄河下游第二期滩区水利建设竣工》、《黄河下游第三期滩区水利建设竣工》等报告，统计计算出相应年份的滩区灌溉面积。根据实际调查及各河段滩区灌溉设施、灌溉习惯等情况综合分析，结合“一水一麦”、一麦留足群众全年口粮的政策，滩区农业用水量根据滩区灌溉面积和滩区各河段灌溉定额计算而得，每年的用水结合具体情况有不同变化，年平均用水量为 4.47 亿 m^3。

二、黄河水资源公报成果

黄委水文局黄河水文水资源科学研究院相继编发了“1998 年、1999 年、2000 年、2001 年、2002 年、2003 年、2004 年、2005 年黄河水资源公报”。

将历审成果与黄河水资源公报进行综合分析，结合黄河下游滩区的气象条件、来水情况、干旱程度、取水条件和行政监督、检测手段等因素，综合分析计算出黄河下游滩区 1991 ~ 2005 年系列用水量成果，见表 5-2。

表 5-2　黄河下游滩区用水量统计　　（单位：亿 m^3）

年份	三门峡—花园口	花园口—高村	高村—孙口	孙口—艾山	艾山—泺口	泺口—利津	花园口—利津	三门峡—利津
1991	2.0	1.8	0.5	0.3	0.3	0.1	3.0	5.0
1992	2.2	1.8	0.5	0.3	0.3	0.1	3.0	5.2
1993	2.3	1.9	0.5	0.3	0.3	0.1	3.1	5.4
1994	2.5	1.9	0.5	0.3	0.3	0.1	3.1	5.6
1995	2.7	1.9	0.6	0.3	0.3	0.0	3.1	5.8
1996	1.5	0.6	0.4	0.2	0.3	0.0	1.5	3.0
1997	0.6	0.4	0.1	0.1	0.1	0.0	0.7	1.3
1998	2.0	1.8	0.6	0.3	0.4	0.1	3.2	5.2
1999	2.5	1.9	0.6	0.3	0.3	0.1	3.2	5.7
2000	1.8	1.8	0.5	0.3	0.3	0.1	3.0	4.8
2001	1.6	1.9	0.6	0.3	0.4	0.6	3.8	5.4
2002	1.0	2.0	0.6	0.3	0.4	0.4	3.7	4.7
2003	0.9	1.2	0.3	0.3	0.2	0.1	2.1	3.0
2004	0.8	1.1	0.4	0.4	0.3	0.1	2.3	3.1
2005	1.0	1.6	0.6	0.4	0.4	0.1	3.1	4.1
合计	25.4	23.6	7.2	4.4	4.5	2.0	41.7	67.1
平均	1.7	1.6	0.5	0.3	0.3	0.1	2.8	4.5

由表 5-2 可以看出，1991 ~ 2005 年黄河下游滩区引黄水量为 1.2 亿 ~ 5.8 亿 m^3，多年平均为 4.5 亿 m^3。

表 5-2 中，三门峡—花园口区间主要集中流域内和流域外引水，包括小浪底库区下有洛阳吉利区石化厂用水、王庄渠、共产主义渠、人民胜利渠和黄河南岸的邙山提灌站等引用水量。其中，人民胜利渠引水量中有一部分用于新乡市的城市用水，邙山提灌站引水量用于郑州市的城市用水，除王庄渠属于本流域外，共产主义渠和人民胜利渠的用水区域部分属于海河流域，邙山提灌站引用水量用于淮河流域。

花园口—高村区间，白庙水厂用于郑州市用水，柳园口引水和黑岗口闸引水的一部分用于开封市用水，渠村渠引水的一部分用于濮阳市，彭楼引水用于濮阳市。

高村—利津区间:主要是山东省的引黄工程,如位山闸、潘庄、李家岸、刘庄闸等。

黄河下游(包括花园口以上)引黄水量的统计是在河南、山东黄河河务局统计的基础上,由水文局河南水文水资源局整编后成果的基础上和水调局用水许可申报月年资料结合,最后成果分河段分省区实际引黄水量。在此基础上依据"1950 ~ 1990 年黄河水文基本资料审查评价及天然径流量计算"下游滩区成果进行统计计算。

由于 20 世纪 90 年代属于水资源紧张和断流频发时期,引水与断流并存,特别是断流最严重的 1997 年,黄河流域降雨和径流量较常年明显偏少,水资源供需矛盾十分突出,黄河下游出现了有资料记录以来断流最为严重的一年,创下了断流频次(利津站断流 13 次)、天数(226 d)、月份最多(有 11 个月发生断流)、断流河段最长(约 704 km)、汛期多次断流等历史记录。当年滩区用水最少缩减为 1.2 亿 m^3。2003 年上半年水资源达到了又一个最枯期,小浪底水利枢纽建成后经调水调沙蓄水量不足,当年最典型的"汛期不是防汛,而是防断流",进入 8、9 月份"华西秋汛",降水量较大,滩区用水量较小。黄河下游滩区历年引黄水量的统计见图 5-1。黄河下游滩区多年分河段平均引黄水量的统计见图 5-2。

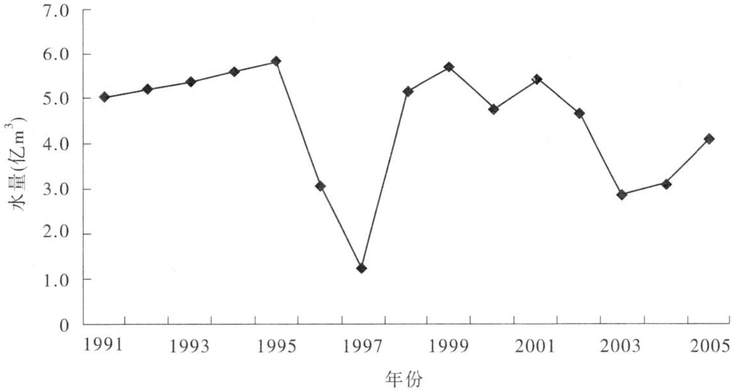

图 5-1　黄河下游滩区历年引黄水量的统计

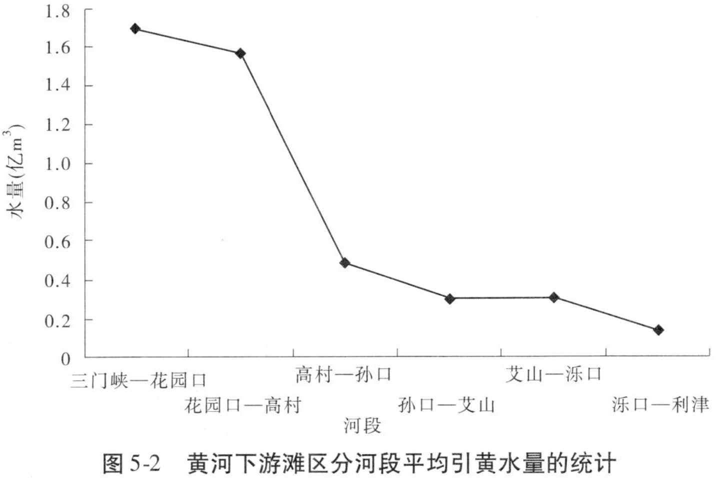

图 5-2　黄河下游滩区分河段平均引黄水量的统计

三、未控引水量调查计算

对于未控引水情况，专门组织研究人员携带测流仪器，对花园口以下黄河两岸进行了详细调查，并现场测量其引水量。未控引水调查情况如下：

花园口站至孙口站间，由于河床摆动较大，两岸大堤之间的滩地有很多农田，引水条件不好，灌溉引水季节，当地农民把手扶拖拉机开到河边，临时安装水泵抽水，灌溉引水量较大，这种引水具有明显的季节性，流动性强，且分布不均匀，缺乏管理。其中高村站至孙口站间，滩地最长可达 20 余 km，除有临时的泵站引水外，还有固定的引水口门，灌溉引水量也相当可观，但没有观测资料。其他河段没有发现大的未控引水。

花园口—孙口河段，每年的 3、4 月正值小麦灌溉季节，灌溉集中时段每千米引水泵数可达三四十台，最多时可达 80 余台。每台水泵的吸水流量约为 0.03 m^3/s（按 $\Phi = 0.20$ m、$v = 1.0$ m/s，$Q = 0.25\ \pi\Phi^2 v$ 估算），每天引水时间为 10 ~ 15 h。预计年引水量为 69 000 万 m^3（按 300 km、平均 35 台/km、每台每天工作 10 h、吸水流量 0.03 m^3/s 计算）。按花园口—夹河滩、夹河滩—高村、高村—孙口三个计算河段，根据各河段的实际情况，花园口—夹河滩河段按 100 km 平均 35 台/km、每台每天工作 10 h、吸水流量 0.03 m^3/s 计算，累计引水量为 23 000 万 m^3；夹河滩—高村河段按 100 km 平均 35 台/km、每台每天工作 10 h、吸水流量 0.03 m^3/s 计算，累计引水量为 23 000 万 m^3；高村—孙口河段按 100 km 平均 35 台/km、每台每天工作 10 h、吸水流量 0.03 m^3/s 计算，累计引水量为 23 000 万 m^3。

四、成果综合分析

结合黄河下游各河段滩区的气象条件、来水情况、干旱程度、取水条件和行政监督、检测手段及引黄水量等因素，把运用遥感技术采集滩区耕地面积计算黄河下游滩区用水量、1991 ~ 2005 年系列用水量、典型滩区用水量以及水量调查等多种成果进行综合分析。各河段滩区用水量会有很大不同，差异会很大。多种用水量成果比较统计见表 5-3。

表 5-3　多种用水量成果比较统计　　（单位：亿 m^3）

项目	最低值	最高值	平均值
遥感土地利用	3.75	7.53	5.64
有效灌溉	4.51	5.27	4.89
1991 ~ 2005 年系列	1.2	5.9	4.50
未控引水调查			6.80
采用成果			5.00

由表 5-3 可以看出，根据遥感技术提供的耕地面积，采用不同灌溉定额计算的滩区用水量为 3.75 亿 ~ 7.53 亿 m^3；把滩区耕地面积的 60% ~ 70% 作为黄河河川径流的灌溉面积，选择灌溉定额 200 m^3/亩，计算的滩区用水量为 4.51 亿 ~ 5.27 亿 m^3；1991 ~ 2005 年系列的滩区用水量为 1.2 亿 ~ 5.8 亿 m^3，平均为 4.50 亿 m^3；未控引水调查的滩区用水量为 6.80 亿 m^3。综合各方面的因素，黄河下游滩区年平均用水量为 5.00 亿 m^3。

第六章　黄河下游河道蒸散发耗水量研究

黄河两岸是我国水资源比较贫乏的地区，为满足沿黄地区经济社会的快速发展对水资源的需要，经国务院授权，自 1999 年黄河开始实施全河水量统一调度，对现有水资源量进行优化配置和合理利用，保证沿黄各省（区）的用水安全。蒸散发是流域水资源量自然损耗的重要部分，对蒸散发耗水量的研究将为水量调度、水资源评价等工作提供必要的支撑，尤其是在气候变化趋势下，更具有积极的意义。本次研究以黄河下游河道为研究区域，通过区分研究区域内下垫面的不同类型，建立完整的蒸发模型，进行黄河下游河道蒸散发耗水量的计算和趋势变化分析。

黄河下游的下垫面状况非常复杂，有水面、滩区、农田、草地、林地等多种下垫面类型，它们分别适用水面蒸发、土壤蒸发、潜水蒸发、作物蒸散发等多种蒸散发模式。本次研究采用理论计算和物理模型试验相结合的形式，在黄河下游河道开展蒸散发模型观测试验，观测逐日水面蒸发和滩区蒸散发。根据试验观测结果，建立适应各种下垫面条件的蒸散发数学模型；利用遥感技术确定不同类型下垫面的分布并计算其面积，采用 1991 ~ 2005 年气象资料，计算黄河下游河道蒸散发耗水量。本次观测试验和研究填补了黄河下游河道蒸散发观测试验的空白。

第一节　研究方法概述

一、基本概念

（一）水面蒸发[1]

水面蒸发是指自由水面水分子汽化逸出水面（指净量）的过程。水面蒸发可分为汽化和扩散两个过程。①水体内部的水分子总处于不停运动的状态中，其运动方向、速度各不相同，处在水面的某些分子在得到超过分子间内聚力的运动能量时，就突破水面而跃入紧靠水面的空气层中，称为汽化过程。②蒸发逸出的水分子开始聚集在紧靠蒸发面上空，以扩散的形式从水汽压高的地方向水汽压低的地方移动，它空出的位置再由水面跃出的新水分子来填充，使蒸发不断进行，称为扩散现象。当接近蒸发面的气温高于上层气温时，下层暖湿空气上升，上层干冷空气下沉，称为对流扩散现象。当刮风时，空气中的水汽、热量发生移动，把水体活动层表面将要饱和的空气冲淡，促进蒸发，称为紊动扩散现象，这是主要的扩散过程。但是也有一些逸出的水分子与空气中的水分子碰撞，或因蒸发面水分子的吸引等，又从空气中返回水体内，发生凝结现象。因此，实际观测到的蒸发量是从水面跃出的水分子数量与返回水体的水分子数量的差值（通常也把冰面蒸发计算在内）。水面蒸发量的单位为 mm。

(二)潜水蒸发[1]

潜水蒸发是指潜水沿土壤孔隙或植物枝叶以水汽的形式逸入大气的过程。潜水蒸发量的大小反映在地下水位下降的幅度上。潜水蒸发与土壤蒸发既有区别,又有联系。非饱和土壤的蒸发强度取决于土壤含水量,而潜水是非饱和土壤水分的重要补给来源,当地下水位很浅且岩土孔隙很大时,潜水就可以直接蒸发。

(三)土壤蒸发[2]

土壤蒸发是指土壤中的水分沿着土壤孔隙以水汽的形式逸入大气的过程。土壤在太阳辐射、风、湿度等因素的作用下,表层土壤的水分得到超过分子间内聚力和土壤对水分子吸力的能量时,水分子开始进入大气。土壤表面水分逸出后,下层水分必须通过土壤输送到蒸发面,蒸发才能继续进行。蒸发出去的水分子向外扩散的过程与水面蒸发相同,在蒸发的过程中也有一部分水分子又凝结而回归土壤表面,因此土壤蒸发量亦指净逸出量。当土壤饱和或接近饱和时,土壤水分通过毛管作用,输向地表,蒸发所耗水分得到充分补给。土壤蒸发强度决定于质量交换系数和土壤表层水汽压力与土壤表面大气中水汽压力差,蒸发强度稳定少变,土壤蒸发量接近相同气象条件下的水面蒸发量。当蒸发不断耗水,得不到及时补充时,土壤含水量逐渐下降,液态水的运移减弱,而汽态水的运移增强,蒸发强度受土壤含水量的制约。若土壤表面相当干燥,土壤中液态水已不能输送到干化的土壤表面,液态水的蒸发移到干化层以下的界面。此时土壤中水分汽化,由分子扩散的方式通过干化的表层逸入大气,蒸发强度很小,也较稳定,随着干化层逐渐加深,蒸发强度也就更为微弱。

(四)植物散发[2]

植物散发是指土壤水分通过植物向大气逸散的过程,又称蒸腾。植物一方面通过根系从土壤中吸收水分,另一方面,通过叶片的气孔以及叶、干等角质层把吸收的水分以水汽的形态散逸至大气中。其中气孔的散发量占主要地位。植物叶内组织细胞失水以后,细胞液浓度相对增加,水势降低,这就引起水从邻近水势高的细胞向水势低的细胞移动,依次类推,形成由根、茎、叶组成的水分吸收、输导系统。所以,植物散发是一种物理－生理过程。

(五)流域总蒸发[3]

流域总蒸发是指流域内不同类型的下垫面,包括水(冰雪)面、土壤、植物蒸散发的综合现象和统称,也称陆面蒸发。在流域内,除河流、湖泊纯属水面蒸发外,一般山岭、耕地和森林往往是冰雪蒸发、土壤蒸发和植物散发的综合。流域总蒸发的机制因地形、地物所占的比重不同而异,同时受植物种类、生长季节、发育阶段和降水量及其年内分配,土壤含水量的变化以及气象因素的差异等影响,因时因地而异。

流域总蒸发是陆相排水的主要过程,是降水形成径流的支出项,是反映流域水、热平衡条件的综合指标,也是水文循环的重要环节。研究流域总蒸发对水利工程的规划设计和水资源的合理开发利用有重要意义。

二、研究方法选择

蒸散发包括水面蒸发和狭义的陆面蒸发两种。水面蒸发指一定面积的水域在某种气象条件下的蒸发。目前所提到的水面蒸发多指蒸发皿的观测值,而蒸发皿观测值需要乘以一个蒸发皿折算系数 K(K 为小于 1 的系数)才能等同于水面蒸发;狭义的陆面蒸发包括土壤蒸发和作物蒸腾两个部分。广义的陆面蒸发是指一个区域内各种下垫面条件下的总蒸发,它包括水面蒸发和狭义的陆面蒸发,可称之为区域蒸散发。

水文上通常采取建立蒸发测站的方法来观测一个地区的水面蒸发量。全国蒸发站网上使用的观测仪器主要有 E601 型蒸发器、80 cm 蒸发器和 20 cm 蒸发皿三种。实践证明,E601 型蒸发器具有较好的代表性(与自然水体蒸发量接近,相关系数高)和较高的稳定性(折算系数在时间上和地区上变化稳定,变幅小)。但是,由于一个流域的下垫面情况复杂多变,故除水面蒸发可用蒸发皿测量外,其他蒸发形式很难直接测量,常通过各种各样的经验公式或半理论半经验公式来估算。几种普遍的计算方法是:水汽输送法、辐射方法、混合方法等。

(一)水汽输送法

水汽输送法假定一个稳定的、均匀的且紊动的气流越过无限的自由水面,可以认为气流的流态仅沿垂直方向变化,又假定水体表面的水汽压饱和,那么,水汽输送量就与水面垂直方向上水汽压梯度和水面上空风速有关[4]。代表方法有以下两种。

1. 道尔顿(Dalton)法

水汽输送法以道尔顿法为代表,根据空气动力学原理建立蒸发计算公式,蒸发量与水面气压和空气气压差成正比,采用统计方法推导出空气动力项的经验系数。道尔顿法首次为蒸发计算赋予物理基础,具有一定的代表性,但经验系数因地域和气温的差异而变化,在应用中具有局限性。

2. 豪德(Haude)法

豪德法是道尔顿法的改进形式,它同样是主要考虑不饱和水汽压差对蒸发的影响,而计算时只需要得到每日 14 时的气温和相对湿度即可。豪德法以月为计算单位,可以求得蒸发能力的逐月平均值。但是道尔顿法所存在的局限性豪德法依然存在。

(二)辐射方法

辐射方法是基于能量守恒原理和蒸发需要消耗热能的概念而建立起来的,使用太阳辐射和气温来预报蒸发量。代表方法有以下 3 种。

1. 斯拉伯公式、奥里杰科普公式和布德科公式[5]

斯拉伯和奥里杰科普首次从水热平衡角度确定蒸发量,分别建立了蒸发计算公式;布德科在实际应用中发现,奥里杰科普公式计算的结果偏小,斯拉伯公式计算的结果偏大,于是提出用这两个公式的几何平均值作为计算陆面蒸发量的结果。

2. 布兰尼(Blaney)和科瑞德(Criddle)方法[6]

布兰尼和科瑞德方法通过田间蒸发与平均月气温和日照时间百分比的关系来估算蒸发能力。在计算中还可以采用平均气温和白天的时间占全年的百分数替代太阳辐射,用来确定蒸散发量。

3. 哈格里福斯(Hargreaves)方法[7]

哈格里福斯方法是利用有限的天气数据,来计算逐日参照蒸发量。有时净辐射数据无法得到,可以通过日最高和最低气温以及外空辐射来估算。

然而，辐射方法虽然考虑了太阳辐射对蒸发的作用，但无法反映下垫面变化对蒸发的影响，在不同的地面环境中计算结果的差异较大。

(三)混合方法

混合方法是综合了水汽输送和热量平衡两种途径所提出的方法，后来经过不断修正和发展，现在已经成为具有一定物理基础又较为实用的方法。

1. 彭曼－蒙特斯(Penman－Monteith)公式[8]

1948年，彭曼首次综合了蒸发计算中的热量平衡过程和水汽输送过程，提出彭曼公式。彭曼公式经多次改进，逐渐完善。蒙特斯(Monteith)在彭曼方程中引入"表面阻抗力"的概念，同时引入风速的经验公式。

目前，联合国粮农组织(以下简称为FAO)推荐利用改进的Penman－Monteith公式来计算参照蒸发量ET_0，并配有一套完整的相关处理方法，目的是使作物需水量的计算有统一的基础，使计算结果在不同时刻和地区具有可比性。此法为本书所采用，将在下文中详细介绍。

2. 巴格罗夫法[9]

巴格罗夫根据辐射热量平衡理论和空气动力学理论联立，求解蒸发能力。巴格罗夫法用于计算月、年陆地蒸散发量，其最大特点是同时考虑了热量、水分和地理因素，属于半理论半经验公式，根据所应用地区的实际状况进行参数率定。巴格罗夫法在应用时，通常需要该地区较长系列的观测资料进行参数的率定，且计算的时间尺度仅能达到月、年尺度。

(四)其他方法

1. 桑斯维特(Thornthwatie)法[10]

桑斯维特估算参照蒸发量的方法仅需要气温资料，是根据日平均气温和月平均蒸发能力之间的相关资料建立的计算月蒸发能力的经验公式。桑斯维特公式只需气温和所处的地理纬度就能推求蒸发能力，资料简单，缺点是对辐射和空气湿度的影响研究不够，在不同季节存在系统偏差。

2. 傅抱璞方法[11]

傅抱璞方法针对的是山区蒸散发。该方法是在已知蒸发能力的条件下，计算山区流域蒸发。傅抱璞认为，在山区，地形和海拔等因素既会影响供应蒸发热量的地面辐射和决定蒸发强度的气象条件，又会影响供应蒸发水分的地面降水。傅抱璞提出利用反映地形起伏程度的新参数——地形起伏度，并用来确定下垫面参数。

三、研究区域概化

本研究范围选择为黄河下游花园口—利津河段。黄河下游由于大量泥沙的淤积，河床床面高出大堤外侧地面3～5 m，部分河段可达10 m，形成了著名的"地上河"。在此情况下，黄河两岸大堤即为流域分水岭，基本没有地下水补给河道，所有蒸散发所消耗的水量都是由河川径流所提供的；滩地潜水蒸发所消耗的水分由河水侧向补给，地下水对其没有影响，潜水水面就是河流水面向两岸地下水面渗透的渗润面，潜水埋深即为该面以上覆盖层的厚度。黄河下游河道的这些特点，使蒸散发过程很容易地从其他水文过程中独立出来，为研究提供了有利条件。

在黄河下游河道的蒸散发量计算中，存在着两个难点：一是河道既有水面，同时又分布有大量滩地，滩地面积可占河道总面积的80%以上，下垫面的状况复杂；二是河道中裸露滩地的蒸发量如何计算，之前尚未有人尝试，如果直接将蒸发测站实测的蒸发资料乘以相应的折算系数，代入整个河道蒸发量计算中，或者利用经验公式进行推求，都忽视了下垫面的差异，而且缺少必要的理论依据。

针对黄河下游的特殊状况，将实际蒸发形式分为水面蒸发和陆面蒸发，其中陆面蒸发损失包括滩地土壤水损失和潜水损失两部分。经过概化，认为黄河下游河道的蒸散发可分为以下几部分：河流水面蒸发、滩地裸土蒸发、滩地上作物或植被蒸散发，整个区域的蒸散发耗水量就是这几种形式的蒸散发强度与其分布面积的加权。

四、研究流程

蒸散发研究首先由各种蒸发类型的点蒸发展开，根据不同的下垫面状况，采用与之适应的蒸发计算模型；然后将点蒸发的成果与由遥感提取的各种类型下垫面的面积成果相结合，计算黄河下游河道的蒸散发耗水量。具体步骤如下：

（1）水面蒸发以蒸发能力代表，由彭曼－蒙特斯方程计算，同时设立E601蒸发皿观测仪器，进行逐日观测，与计算结果相互验证。

（2）裸土滩地蒸发的计算应用一维非饱和土壤水运动基本方程，即Richards方程，根据土壤水分在蒸发过程中的运动和消退，进行数值求解。考虑到土壤水蒸发受到潜水埋深的影响，故建立物理模型，取适当大小的原状土样，制作土柱5个，分别取不同的潜水埋深，并维持水位不变，测定不同潜水埋深条件下的土壤水和潜水蒸发规律。

（3）应用FAO提供的作物系数，由蒸发能力折算作物蒸发量。

（4）通过遥感资料量算的黄河下游水面、裸土、作物、林地等下垫面分布和面积，将点蒸发研究的成果扩展至整个研究区域。充分考虑黄河水位变化所引起的水面面积、滩区面积和潜水埋深的变化，研究因此而引起的各种模式的蒸散发耗水量的变化和区域总蒸散发耗水量。

（5）结合过去较长系列的逐日气象资料，对其进行长期的蒸散发量计算，分析黄河下游河道蒸散发耗水量的变化趋势。

第二节　蒸散发物理模型试验研究

一、模型设计

（一）模型地点选择

本次研究范围是黄河下游花园口—利津河段，考虑到气候因素是影响蒸散发的主要因素，故将试验地点选择在地处黄河右岸大堤的花园口站，可认为试验地点的气候条件与河段气候条件相同。获得的蒸发观测资料和试验数据以及气象资料对于整个研究区域来说具有代表性。试验制作的土柱高出地面，以混凝土厚壁隔热，周围无遮阳物，太阳可直射，试验场地周围植被高度都在 20 cm 以内，对土柱的热环境影响可以忽略。

（二）土柱设计

滩区裸土主要由黄河挟带的泥沙沉积形成，土质成分比较单一，取原型土壤制作土柱，观测在自然蒸发条件下，各土层的土壤含水量随时间的变化规律以及潜水损失。土柱设计方案如下。

（1）试验中制作的土柱采用混凝土制土槽，内装填黄河下游滩地的原型土壤制成。在土柱尺寸选取时，考虑到蒸发引起的局部热效应可能带来的误差，故设计为较大体积，以减小局部热效应的影响，采用内部尺寸为长 1.0 m × 宽 1.0 m × 高 1.25 m。

（2）考虑土柱安装后可能引起的不均匀沉降，故采用钢筋混凝土浇筑 30 cm 厚度的底座，底座埋于地下，保证水平基准面。

（3）土柱位于地上，为隔绝周围热环境，土槽采用厚度为 30 cm 的混凝土浇筑外壁；为防止太阳辐射的影响，外壁粉刷为白色隔热涂料。

（4）土槽上边缘制作防雨斜边，防止超出土壤表面积范围内的雨水汇入土柱，同时在土柱上边缘开设导流槽，导流超渗水量，防止降雨时由土面积水引起的渗透压力增大。

（5）土柱内壁及底部采用 2 mm 厚度的沥青涂料进行防水处理。

（6）土柱蒸发可划分为两个部分：土壤水蒸发和潜水蒸发。由于滩地内地下水埋深不同将引起土壤蒸发情况的不同，故制作了潜水埋深不同的 5 个土柱，用来代表不同潜水位的滩地。5 个土柱的潜水埋深分别设置为 30 cm、40 cm、60 cm、80 cm、100 cm。

本次试验模拟滩地蒸发时，采用了“维持单个土柱潜水面不变”的假设前提，然而，在实际的操作过程中，由于条件限制，无法维持潜水面在蒸发条件下始终在原定的水平。解决这一问题的方法是：定时段对土柱的地下水进行补充，并记录上一时段的地下水损失量。这样，因潜水蒸发而引起的水面下降对试验带来的误差就被限制在较小的范围内，可视为潜水位“不变”，同时把记录地下水损失数据应用于潜水蒸发计算。经过以上处理，土壤蒸发就通过含水量变化以及潜水补充的水量代表。

（7）观测管设计：每个土柱外壁设有 1 根带有刻度的水位观测管（透明质有机玻璃管），它从底部与土柱连通，反映土柱的潜水位变化情况；土柱内设 1 根中央补水管（ϕ10 cm PVC 管），用于补给潜水，以及 5 根埋深递减的土壤含水量观测管（中空的 ϕ5 cm PVC 管），用于观测不同深度土壤的含水量，土壤体积含水量采用 MOISTUREP ROBE METER（土壤水分仪）插入中空的观测管中来直接测量；土柱最底部设有排水管，用于排放多余的水。

试验采用逐日定时观测，测量并计算每个土柱两日内的土壤水分损失与潜水损失，利用水量平衡原理，推求上一日的土柱蒸发量。物理模型的成果将作为数学模型的校准与验证，同时为数学模型提供必要的参数。土槽及土柱设计示意图见图 6-1。

（三）土柱安装

土柱安装前首先对土壤的基本物理性质进行测定。黄河滩区土壤是由黄河挟带泥沙的淤积而形成的，组成成分单一，基本为沙性细颗粒。在实验室内对提取的原型土样的物理性质进行测量，结果得出：土壤为粉砂土质，饱和体积含水量为 42%，田间持水量为 36%，干容重为 $1.486\,3 \times 10^3$ kg/m^3。装填前土壤在室外铺开风干，装填时采用干容重计

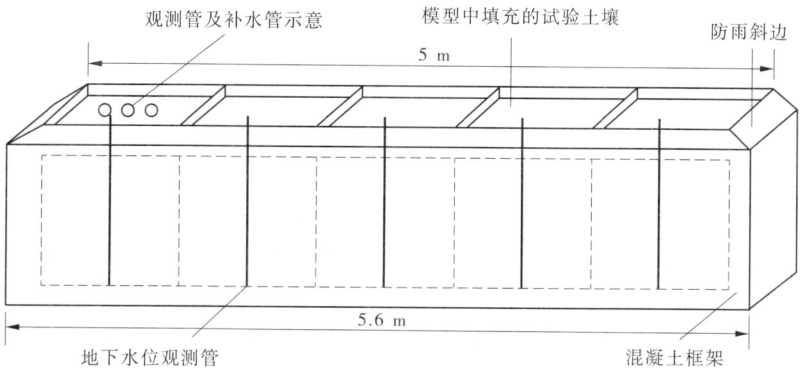

图 6-1　土槽与土柱设计示意图

算其质量，每次装填 10 cm 高度，等于 148.63 kg，称重后填入，逐层夯实后再继续装填下一层。土壤含水量观测管在填土时埋入。

二、观测方法

(一)连续试验

开始试验时，各土柱注水，直至土壤完全饱和，再将放水管打开，调整土柱潜水位到达预定值，即开始测量，初始状态土壤含水量为田间持水量。

定时段对土柱的地下水进行补充，维持潜水水面保持不变，并记录上一时段的地下水损失量，同时把记录的地下水损失数据应用于潜水蒸发计算。由于所补充水分在土壤中的扩散需要较长时间，故补充水量不能通过测管水位直接控制，而必须由计算得出，计算方法为：

补充水量 = (饱和体积含水量 - 最下层土壤体积含水量) ×
潜水位下降高度 × 土柱截面面积

同时，记录上一时段的地下水损失量，应用于潜水蒸发计算。

经过以上处理，土壤含水量与潜水变化之和即为土壤水蒸发，而潜水蒸发可通过潜水水位的变化来代表。试验采用逐日定时观测，每日早 8 时观测，观测项目包括土柱各层土壤含水量、土柱表面含水量、潜水位高度变化量。测量并计算每个土柱两日内的土壤水分损失与潜水损失，利用水量平衡原理，推求当日的土柱蒸发量。土壤蒸发量和潜水蒸发量在实验中的计算方法为：

$$E_s = \sum_{n}^{i} [(\theta_i' - \theta_i) l_i] + \Delta h(\theta_s - \theta_n) \tag{6-1}$$

$$E_g = \Delta h(\theta_s - \theta_n) \tag{6-2}$$

式中　E_s——土柱蒸发量，mm；

E_g——潜水蒸发量，mm；

θ_i'、θ_i、θ_s、θ_n——上一日各层土壤体积含水量，当日各层土壤体积含水量，饱和土壤体积含水量，最下层土壤体积含水量，均以%计；

l_i——各土层厚度，mm；

Δh——潜水位变化量,cm。

(二)专项试验

1. 土壤水分下行过程观测

为了研究黄河下游滩地内土壤的水分特性,获得土壤蒸发数值计算中所需要的参数,拟合滩地土壤的水分特性曲线,对原有用于蒸发试验的土柱加以改造,进行了这次水分下行特征的专项试验。在这次试验中,观测了薄层积水下渗过程、饱和土壤退水过程,并测量了饱和水力传导度。下渗过程和退水过程主要通过土壤含水量和下边界通量随时间的变化来描述。通过试验观测到的数据,结合理论计算的结果,可以大致拟合滩地土壤的水分特性曲线,为滩地土壤水蒸发数值计算提供必要的参数。试验步骤如下:

(1)在试验的前 3 天内将土柱内的水量放空,试验前先测定土壤的含水量初始值,作为薄层积水下渗试验的初始条件。

(2)土柱表面持续补水,并保持溢流,土柱下方排水管打开,开始进行下渗试验。每间隔一定的时间测量各层土壤含水量,记录含水量变化过程;同时测量单位时间排水管的出流量,作为水分下通量过程。当土壤各层含水量达到饱和且水分下通量稳定时,表示整个过程结束。

(3)在土柱饱和后,量取单位时间的下通量,除以土壤断面面积,计算土壤饱和渗透系数。

(4)对已饱和的土柱停止补水,开始进行土壤退水过程试验。间隔一定的时间测量各层土壤含水量和下通量,直至土柱内自由重力水完全排完,即排水管不再有水流流出,记录整个退水过程。

2. 实际水面与蒸发皿水面温度对比观测

将实测水面蒸发资料应用于实际自然水体时,需要引入蒸发皿折算系数 K,影响 K 值的重要因素之一就是蒸发皿和实际水面的温差效应。由于蒸发皿水面小于实际自然水面,热容量较小,升、降温变化较快,而大水体热容量大,升、降温变化较慢,于是就产生了蒸发皿水面与实际自然水面温度的差值。本次试验测量了一组实际自然水体水面温度和同时刻蒸发皿水面温度数据,观测时间分别在夏季的 6 月和冬季的 11 月,用以研究全年的温度差值分布趋势。应用水面间温度对比数据推求蒸发皿折算系数的研究将在本章第三节中阐述。

(三)同期观测内容

试验同时开展了利用蒸发皿观测水面蒸发,为蒸发能力计算参数的率定和校核做准备;同步开展相应气象要素的观测,利用气象传感器观测气温、湿度等数据,为数学模型的计算提供必要的气象资料。

水面蒸发选择为 E601 型蒸发皿,根据全国蒸发站的应用实践,该蒸发皿具有较好的代表性,与自然水体蒸发量接近,相关系数高;具有较高的稳定性,折算系数在时间上和地区上变化稳定,变幅小。

气象传感器选用 data loggers 自记式传感器,设置于试验场地内,每间隔 1 h 自动测量气温与空气湿度等气象要素数据。

三、实测数据初步分析

(一)各项土壤参数的测定

通过试验,测定了土壤的各项物理参数:①土壤为粉砂土质,干容重为 1.4863×10^3 kg/m^3;②饱和体积含水量 $\theta_s = 42\%$,田间持水量为 36%;③饱和渗透系数 $K_s = 0.00216$ cm/s。

(二)连续观测数据分析

试验观测时间为 2005 年 5 ~ 10 月,由实测资料统计,各月平均水面蒸发和土壤蒸发强度如表 6-1 所示。

表 6-1 实测月平均蒸发强度

月份		5	6	7	8	9	10
水面蒸发(mm)		2.6	3.4	2.0	2.6	2.9	2.6
土壤蒸发(mm)(不同潜水埋深)	30 cm	2.9	3.4	2.1	2.5	2.7	2.3
	40 cm	2.6	3.1	2.0	2.3	2.6	2.1
	60 cm	2.3	2.9	1.7	1.8	2.4	1.7
	80 cm	1.6	1.8	1.4	1.5	1.6	1.5
	100 cm	1.1	1.4	1.1	1.2	1.2	1.2

由表 6-1 中水面蒸发数据分析可以看出,5 月、6 月蒸发量较大,主要受气候干燥、风速大的影响;7 月、8 月虽然气温较高,但蒸发量不大,主要原因是该时段内降水日数多,降水量较大;9 月、10 月随着气温逐渐降低,蒸发量逐渐减小。

由表 6-1 中土壤蒸发数据分析还可以看出,潜水埋深在 30 cm 和 40 cm 时土壤的蒸发强度相差不大,均接近或略小于水面蒸发;潜水埋深在 80 cm 和 100 cm 时,土壤的蒸发强度远远小于水面蒸发;潜水埋深在 60 cm 时的土壤蒸发强度则介于两者之间。由此可见,当潜水埋深较浅,土壤供水充分时,土壤蒸发强度受蒸发能力的影响较大;当潜水埋深较深时,蒸发能力对土壤蒸发强度的影响明显减小。

由表 6-1 的分析得出的规律结合理论分析,土壤水蒸发强度受蒸发能力和潜水埋深两方面因素的影响:①当潜水埋深较小时,下层潜水可以充分供应土壤,使土壤蒸发强度随着蒸发能力的增大而增大,直到土壤输水能力的上限,此时若蒸发能力继续增大,土壤输水能力已满足不了上层土壤蒸发所耗水分,那么上层土壤水也被消耗掉,反而降低了水分传导率,减小了蒸发强度。②随着潜水埋深的增加,水分向上提升的阻力渐大,土壤蒸发强度不断减小,此时的土壤蒸发强度受到潜水埋深和蒸发能力的双重影响。③当潜水面的深度达到一定的限度时,土壤的毛管上升力已经不能达到表层土壤,土体表面形成干土层,此时蒸发能力对土壤水蒸发和潜水蒸发的影响很小。

潜水蒸发规律与土壤水蒸发规律相同,且在本次试验中得到了部分体现。如图 6-2 所示为不同潜水埋深的实测潜水蒸散发与水面蒸发的变化过程,包括潜水埋深为 40 cm 和 100 cm 的两个土柱。对于潜水埋深为 40 cm 的土柱,由于向土壤供水充分,蒸发强度的变化趋势与水面蒸发量(代表蒸发能力)的变化趋势基本相同,即随之增大而增大(减小而减小);对于潜水埋深为 100 cm 的土柱,趋势上大致相似,但蒸发能力对蒸发强度的影响已明显减弱,而土壤持水的状况对蒸发强度影响增强;若潜水埋深继续增加,土壤的逐日蒸发量都将维持在很小的值,基本不受蒸发能力的影响,本试验未能描述潜水埋深更深情况下的蒸散发规律。

(三)专项试验数据分析

专项试验得到积水下渗过程和退水过程的下边界水分通量过程线,如图 6-3、图 6-4 所示。由图可见,整个试验记录的下通量过程线形状均较合理,第一个土柱从开始补水到饱和,时间大概为 3 h,土柱断面面积为 1 m^2,饱和时稳定下通量为 1 240 ~ 1 350 mL/min,计算得到土壤的饱和渗透系数 $K_s = 0.002\ 16$ cm/s。

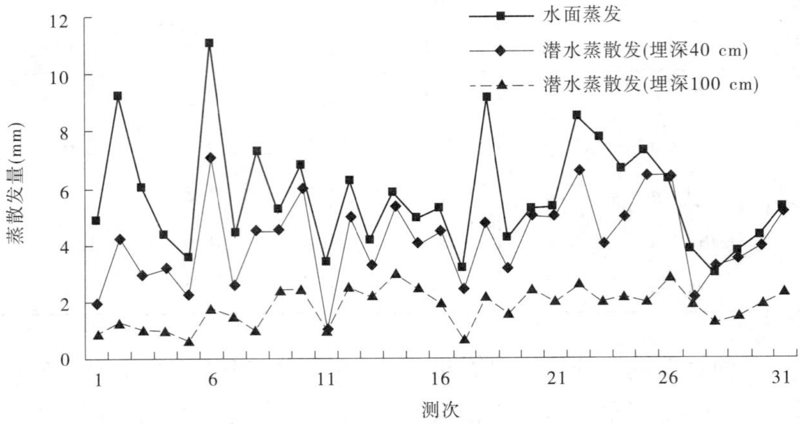

图 6-2 潜水蒸散发与蒸发能力变化过程

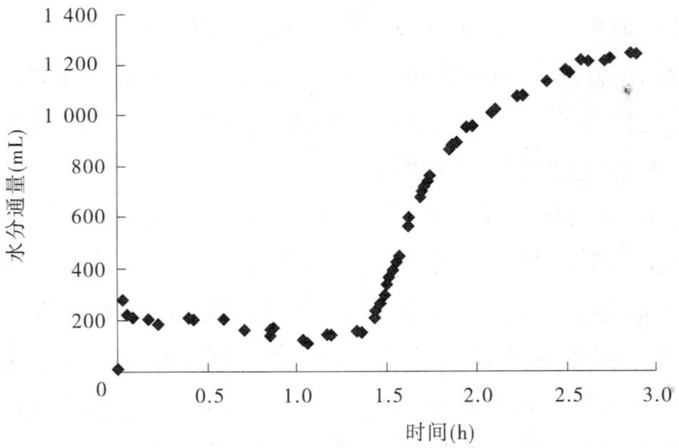

图 6-3 土柱积水下渗下边界通量过程

通过以上试验观测到的数据,结合数学模型的理论计算,可拟合土壤的水分特性曲线,同时为土壤水蒸发数值计算提供了必要的参数。理论分析及验证结果将在数学模型中作详细论述。

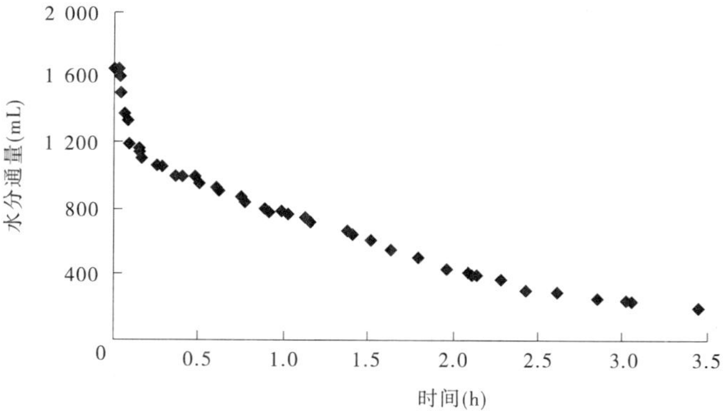

图 6-4 土柱退水下边界通量过程

第三节 蒸散发数学模型分析计算

一、蒸发能力(水面蒸发)

对于一个区域的蒸散发而言,经常使用蒸发能力的概念,即在一定气象条件下,充分供水时的区域蒸散发。蒸散发能力不等同于实际的蒸散发状况,它表示了区域蒸散发的极大值。所谓供水充分,可以理解为土壤湿度大于或接近于田间持水量。一般认为,区域蒸发能力的大小与同等气象条件下的水面蒸发值相近,故本研究中,采用蒸发能力代替水面蒸发。而水面与陆面的蒸发差别,主要受到土壤水、热条件差异和植被不同的共同影响。蒸发能力反映了影响区域蒸散发的一切气象因素,同时也反映了区域条件中除土壤湿度外对陆面蒸发的影响。

(一)彭曼 - 蒙特斯公式

蒸发能力的计算理论比较成熟,在本研究中,选用 FAO 推荐使用的彭曼 - 蒙特斯公式[12]。该方法采用气象资料计算作物的参照蒸散发量,对影响蒸发的各项气象因素考虑比较全面。公式如下:

$$ET_0 = \frac{0.408(R_n - G) + \gamma \frac{900}{T_{mean} + 273} u_2 (e_s - e_a)}{\Delta + \gamma(1 + 0.34u_2)} \tag{6-3}$$

式中 ET_0——参照作物蒸发蒸腾量,mm/d;

R_n——净辐射,MJ/(m^3 · d);

G——土壤热通量,MJ/(m^3 · d);

T_{mean}——日平均温度,℃;

u_2——2 m 高度的风速度,m/s;

e_s——平均饱和水汽压,kPa;

e_a——实际水汽压,kPa;

Δ——气压曲线斜率,kPa/℃;

γ——气象学常数,kPa/℃。

彭曼－蒙特斯公式综合了能量平衡理论和水汽输送理论两个方面,公式(6-3)中 $0.408(R_n - G)$ 为能量项,$\frac{900}{T_{mean}+273}u_2(e_s - e_a)$ 为水汽输送项,并应用参数分别赋予两项权重,得到较为全面的蒸散发计算方法。

(二)资料缺测时的计算简化

由式(6-3)所示,计算时需要最高、最低及平均气温,最大、最小相对湿度,风速和日照等多项资料。在实际应用中,获取所有的气象资料是比较困难的。气温是蒸发量的主要影响因素,在其他各项气象数据缺测时,都可以通过气温进行推求或简化计算,具体方法如下[13,14]。

1. 相对湿度资料的推求

最高、最低相对湿度资料缺测时,可以用平均相对湿度资料计算:

$$e_a = \frac{RH_{mean}}{100}\left[\frac{e^0(T_{min}) + e^0(T_{max})}{2}\right] \tag{6-4}$$

当没有任何相对湿度资料时,水汽压可以用最低温度来估算:

$$e_a = 0.611\exp\left(\frac{17.27T_{min}}{T_{min}+273.3}\right) \tag{6-5}$$

式(6-5)的前提是假定每日的最低温度近似于露点温度,但只有在充分灌溉的农田才完全相等,所以在应用此式之前,需要对照当地数据进行露点验证,并根据该地区已有的实测 e_a 资料推求露点差 $\mathrm{d}T$,公式为:

$$\mathrm{d}T = T_{min} - \frac{273.3[\ln(e_a) + 0.493]}{17.27 - [\ln(e_a) + 0.493]} \tag{6-6}$$

因此,相对湿度的推求公式演化为:

$$e_a = 0.611\exp\left[\frac{17.27(T_{min} + \mathrm{d}T)}{(T_{min} + \mathrm{d}T) + 273.3}\right] \tag{6-7}$$

2. 辐射资料推求

外空辐射 R_a 可由试验地所在的经纬度进行计算,由 R_a 推求净辐射 R_n 的重要因素是天空云量,而天空云量又与日最高气温和最低气温之差相关,于是得到:

$$R_s = K_{rs}\cdot\sqrt{T_{max} - T_{min}}\cdot R_a \tag{6-8}$$

等式左边 R_s 为短波辐射,即为达到地面的辐射量;K_{rs} 为系数,对内陆地区通常取 0.17,而对沿海地区为 0.19。根据试验当地的不同天气状况,对 R_s 进行折减后即可得到 R_n。

3. 土壤热通量简化

土壤热通量 G 在 Δt 为 1～10 d 时影响很小,故在逐日计算中可以忽略。

4. 风速简化

风速可以采用当地多年平均风速。蒸发计算时需要标准高度 2 m 的风速。不同高度的风速换算公式:

$$u_2 = u_h\frac{4.87}{\ln(67.8h - 5.42)} \tag{6-9}$$

5. 大气压资料推求

缺少实测大气压时，可由海拔来计算：

$$P = 101.3\left(\frac{293 - 0.0065z}{293}\right)^{5.26} \tag{6-10}$$

通过以上步骤，就建立了蒸发能力与气温的直接关系，故可由实测逐日气温资料计算逐日蒸发能力。本次研究获得了逐日的温度和湿度资料，计算中将通过以上方法对其他气象要素进行简化计算。

（三）参数计算

1. 露点差 dT

露点温度是空气中饱和水汽开始凝结的温度，也就是结露的温度。在100%的相对湿度时，气温就等于露点温度。但是，空气越干燥，就意味着结露可能越小，那么露点温度就越小于气温。在湿润地区，每日的露点等于最低温度；但在干旱地区露点温度将比最低温度低2～3 ℃。相对湿度资料缺测时，可通过日最低温度估算水汽压，在此之前，需要参照式(6-6)计算露点差 dT，对露点温度进行校正。将研究中实测的温度和湿度进行反推，求得平均露点差 $dT = -0.92$。因此，相对湿度的公式为：

$$e_a = 0.611\exp\left[\frac{17.27(T_{min} - 0.92)}{(T_{min} - 0.92) + 273.3}\right] \tag{6-11}$$

2. 辐射修正系数 K_{rs}

当日照资料缺测时，可参照式(6-8)计算短波辐射，该公式引入辐射修正系数 K_{rs}。FAO推荐在内陆地区取0.16，沿海地区取0.19。为了准确计算，本次研究通过郑州站以往的辐射和温度资料反推了 K_{rs}，并将其应用于整个研究区域。郑州站与黄河下游河道的纬度接近，其数据具有代表性。反推方法：

$$K_{rs} = \frac{R_s}{(T_{max} - T_{min})^{0.5} \cdot R_a} \tag{6-12}$$

由1993～2000年的逐年平均辐射和温度资料推求 K_{rs} 的结果如图6-5所示，历年的 K_{rs} 值均大于0.16，且小于0.175，本次研究中，取各年的 K_{rs} 平均值，$K_{rs}=0.166$。

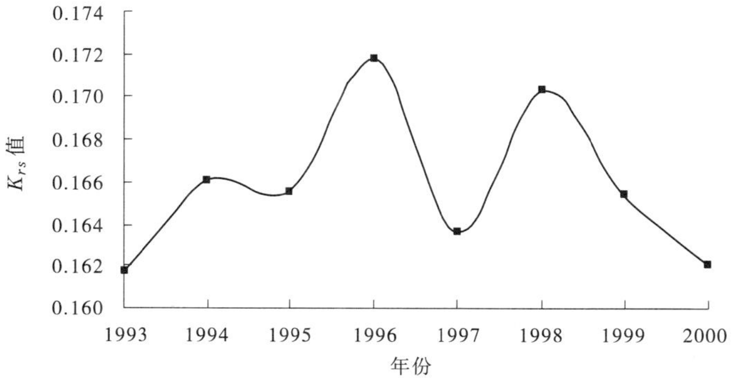

图6-5　历年 K_{rs} 值分布图

（四）蒸发皿折算系数推求

将器皿法的水面蒸发实测资料应用于实际自然水体时，需要引入蒸发皿折算系数 K，其计算公式为：$K=\frac{E_{计算}}{E_{蒸发皿}}$。蒸发皿蒸发和实际自然水体蒸发产生差别的物理机制为蒸发皿的蒸发水汽压增值效应和水面温度差值效应。

1. 水汽压增值效应

蒸发皿是一个口径较小的水面，水体表面的潮湿空气很容易被乱流空气带走，填补以干燥空气，引起蒸发加大；自然水体的水面宽阔，潮湿空气较长时间停留于水面。增值效应主要影响了蒸散发公式中的饱和水汽压 e_s 项，可令 e_s' 为蒸发皿水面实际饱和水汽压，则可建立公式：

$$\alpha = \frac{e_s - e_a}{e_s' - e_a} \tag{6-13}$$

其中，α 为增值效应系数。引用王文明、王金铮等在黑龙江省二龙山蒸发试验站的研究成果[15]，见表6-2。由表6-2 可以看出，α 值基本稳定，平均值取 0.79。结合福建省古田蒸发试验站的研究成果（$\alpha=0.80$），可说明 α 随纬度变化甚微。本次研究中，E601 蒸发皿的 α 值取为 0.79。

表 6-2　E601 蒸发皿逐月 α 值（引自文献[15]）

年份	5 月	6 月	7 月	8 月	9 月	平均
1990	0.81	0.82	0.73	0.82	0.80	0.79
1991	0.77	0.73	0.69	0.82	0.83	0.77
1992	0.76	0.83	0.83	0.82	0.80	0.81
平均	0.78	0.79	0.75	0.82	0.81	0.79

注：引用王文明、王金铮等在黑龙江省二龙山蒸发试验站的研究成果。

2. 温差效应

水面蒸发过程是水分子运动和扩散的过程。水面温度高时，水分子运动快，蒸发量就大，反之则小。当太阳辐射变化引起水体的水面温度变化时，蒸发皿与实际水体并不同步，大水体热容量大，变化较慢，小水体热容量小，变化较快。本次试验中实测了一组实际水体水面温度和同时刻的蒸发皿水面温度数据，数据包括一年中的冬、夏两个季节，从中选择代表点，分析日平均温度的差异，如图 6-6 所示。

分析结果如下：实际水面日平均温度比蒸发皿水面日平均温度低约 2.1 ℃。将实际水面温度视为与气温相同，则蒸发皿水面温度可表示为：$T' = T + \Delta t$，$\Delta t = 2.1$。

若以本次研究中采用的由 FAO 推荐的彭曼公式计算 E601 蒸发皿的蒸发量，可代入水汽压增值效应和温差效应的研究结果，将公式演化为：

$$E_{皿} = \frac{0.408(R_n - G) + \gamma \frac{900}{T'_{mean} + 273} u_2 (e_s' - e_a)}{\Delta + \gamma(1 + 0.34u_2)} \tag{6-14}$$

具体计算方法是：公式中的能量平衡项，如太阳辐射 R_n 仍通过逐日气温折算；水汽输送项采用增值效应系数 α 和温差 Δt 计算。

因此，得到 E601 蒸发皿折算系数的计算公式：

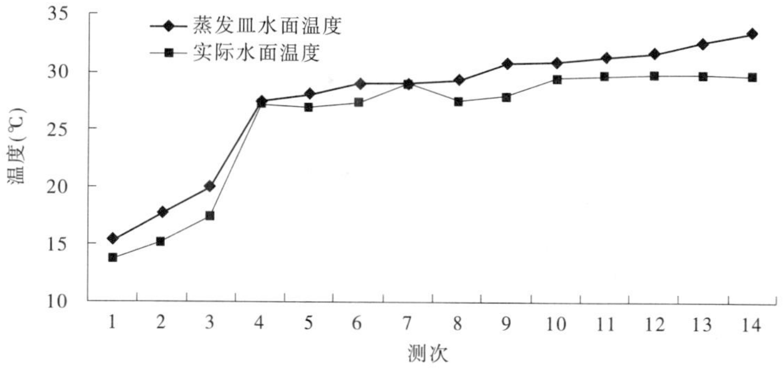

图 6-6　蒸发皿水面温度与实际水面温度比较

$$K = \frac{ET_0}{E_{皿}} = \frac{0.408(R_n - G) + \gamma \frac{900}{T_{\text{mean}} - 273} u_2 (e_s - e_a)}{0.408(R_n - G) + \gamma \frac{900}{T_{\text{mean}} + \Delta t + 273} u_2 \frac{(e_s - e_a)}{\alpha}} \tag{6-15}$$

根据式(6-15),将实测气象资料代入计算得一组 ET_0 和 $E_{皿}$,其相关关系如图 6-7 所示。计算结果为 $ET_0 = 0.742\ 7E_{皿}$,可取 $K = 0.74$。

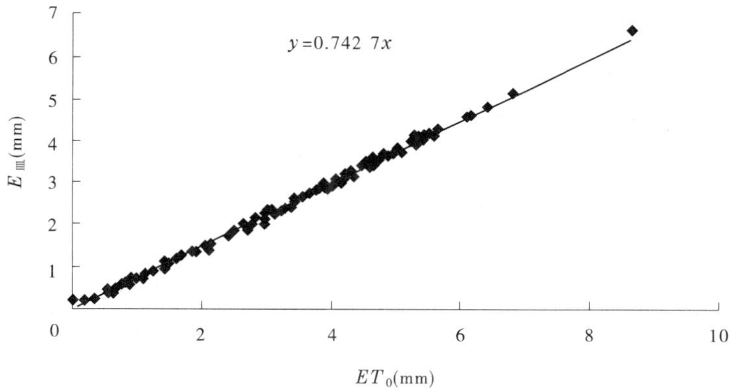

图 6-7　蒸发皿系数计算结果

但是,为确定蒸发皿系数而应用水汽压增值效应时,还必须考虑湿度的因素。本次研究的区域气候属于半干旱半湿润气候,不同于黑龙江省二龙山蒸发试验站和福建省古田蒸发试验站所处的湿润气候,实际蒸发皿系数应较计算所得的系数偏大。由于无法获得黑龙江和福建两蒸发试验站的多年平均湿度,故需要利用部分实测水面蒸发数据与计算所得蒸发能力值建立相关关系,对以上求得的蒸发皿系数进行修正。

两个数据系列的相关关系如图 6-8 所示。计算结果基本稳定,相关性较好,相关趋势线公式为 $ET_0 = 0.772\ 3E_{皿}$,即蒸发皿系数为 0.772 3。实测值比计算值略微偏大,与理论分析的结论一致。经过以上计算和修正,可确定本研究中的蒸发皿系数,取 $K = 0.77$。

二、滩区裸土蒸发

黄河下游滩区的裸露土壤蒸发是整个蒸发耗水量计算中的难点,它与土壤的类型、土壤水的分布规律及潜水埋深等因素都密切相关,在计算中采用一维土壤水运动的基本方

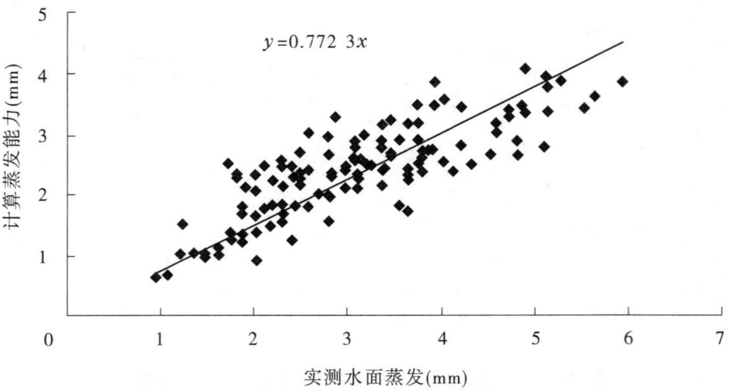

图 6-8 计算蒸发能力与实测水面蒸发相关关系

程——Richards 方程进行推求。Richards 方程具有较强的物理机制,理论比较完善。在应用中需要进行偏微分方程的求解和迭代运算,同时参数选取较为复杂,滩区土壤蒸散发研究将偏微分方程的求解和迭代运算作为研究重点。

(一)土壤水运动

1. 土壤水的形态

土壤水和地下水均存在于多孔介质的空隙中,并在其中运动。多孔介质内空隙的大小、形状与连通性各不相同,极大地影响着其中流体的性质和运动特征[16]。土壤中所含水分按其所承受的作用力可分为 4 种形态。

(1)吸湿水:因土壤颗粒的吸附力而将水汽分子束缚于土壤颗粒表面。

(2)薄膜水:当吸湿水达到最大数量后,土壤颗粒吸持周围环境中处于液态的水分子,形成的连续水膜。

(3)将土壤颗粒间的细小空隙视为毛管,毛管中的液态水因表面张力作用而承受吸持力,该力就称为毛管力。薄膜水达到最大值后,由毛管力将多余水分吸持在土壤的空隙中,即为毛管水,毛管水达到最大值时的土壤含水量称为田间持水量。

(4)土壤含水量超过了田间持水量时,多余的水在重力作用下沿非毛管空隙下渗,这部分水称为重力水。当重力水达到饱和,土壤中的空隙将全部被水所充满,此时即为土壤饱和含水量。

2. 土壤水的能态

由于土壤结构的复杂性,一般不在土壤水的动力学研究中应用"力"的概念,而从土壤水能量的角度来研究其运动规律。物体的运动与其动能和势能有关,土壤水分在土壤空隙中运动很慢,故动能可忽略,土壤水的能态就以土水势 Ψ——土壤水分所具有的势能来表示,它是水分在土壤中运动的驱动力。土壤水的总土水势(也称总水势或总水头)是由各分势组成的,分别为重力势 Ψ_g、基质势 Ψ_m、静水压力势 Ψ_p[17]。

1)重力势

重力势是由于重力场的存在所引起的,其大小取决于所讨论的土壤水在重力场中的位置。将单位数量的土壤水分从某一位置移动到标准参考状态平面处,其他各项保持不变时,土壤水所做的功即为该位置土壤水的重力势。在实际研究工作中,一般将参考平面选在地表(或地下水面)处,垂直坐标 z 的原点设在参考平面上,并根据需要取向上为正(或向下为正)。

2)基质势

土壤水基质势表征土壤基质对土壤水分的吸持能力,它是由土壤的毛管作用和吸附作用所引起的。由于自由水不会有土壤基质的作用,因而以自由水为标准参考状态。单位数量的土壤水分从非饱和土壤中某一点移动到标准参考状态,除土壤基质作用外,当其他各项保持不变时,则土壤水所做的功为该点土壤水分的基质势。由于在实现上述土壤水的移动时,为了反抗土壤基质的吸持作用,必须对土壤水做功,所以土壤水所做的功实际上是负值。显然,非饱和土壤水的基质势永远是负值,而在饱和水情况下土壤水基质势为零。可见,土壤水基质势的大小与土壤含水量的关系很密切,它是土壤含水量 θ 的函数。土壤水的基质势可以通过负压计等仪器测定。土壤水基质势是土水势的一个非常重要的分势,它对非饱和土壤水分运动的研究起着重要的作用。

3)静水压力势

静水压力势是由压力场中压力差的存在所引起的。标准参考状态下的压力定义为标准大气压或当地大气压,若土壤中任一点的土壤水所受压力与标准参考状态下的压力之间存在一个压力差,那么单位数量的土壤水由该点移至标准参考状态下,当其他各项不变时,该压力差对土壤水分所做的功称为该点的压力势。但是,对于非饱和土壤水,在一般情况下,考虑到通气孔隙的连通性,各点承受的压力均为大气压,各点之间的压力差为零。

在研究土壤水分运动的实际过程中,基质势是指由分子力和毛管力引起的土水势之和;静水压力势是指某处水滴受到来自其上面水的压力而具有的势能;重力势是由重力产生,由水滴相对参照面的位置来表示。静水压力势仅存在于饱和土壤之中,在蒸发所研究的非饱和土壤中可不予考虑。

(二)非饱和土壤水运动基本方程

自然蒸发条件下,水分在土壤中由下而上的运动是一个连续过程,符合非饱和水流的动力学原理[18,19]。

非饱和水流的达西定律为:

$$v = -K(\theta)\frac{\partial \psi}{\partial z} \tag{6-16}$$

式中 v——非饱和土壤水的渗流速度;

ψ——非饱和土壤的总水土势;

$K(\theta)$——非饱和土壤的渗透系数;

θ——土壤含水量。

假设水流不可压缩,非饱和水流的连续性方程为:

$$\frac{\partial(\theta\rho_w)}{\partial t} = -\frac{\partial(v_z\rho_w)}{\partial z} \tag{6-17}$$

式中 ρ_w——水的密度;

t——时间变量;

v_z——z 方向上的流速。

联立达西定律和连续方程即得非饱和水流运动的基本方程——Richards 方程：

$$\frac{\partial\theta}{\partial t}=\frac{\partial}{\partial z}\left[K(\theta)\frac{\partial\psi}{\partial z}\right] \tag{6-18}$$

对于非饱和土壤水，总水势由基质势 ψ_m 和重力势 ψ_g 组成。确定地表为坐标原点，以向下为正，则 $\psi_g=z$，于是方程化为：

$$\frac{\partial\theta}{\partial t}=\frac{\partial}{\partial z}\left[K(\theta)\frac{\partial\psi_m}{\partial z}+K(\theta)\right] \tag{6-19}$$

由于试验中测定了蒸发条件下各层土壤的含水量 θ 变化情况，为配合试验数据的形式，采用比水容量 $C=\frac{\mathrm{d}\theta}{\mathrm{d}\psi_m}$ 和扩散率 $D=K\frac{\mathrm{d}\psi_m}{\mathrm{d}\theta}$。

由 $K\frac{\partial\psi_m}{\partial z}=K\frac{\mathrm{d}\psi_m}{\mathrm{d}\theta}\frac{\partial\theta}{\partial z}=D(\theta)\frac{\partial\theta}{\partial z}$，可将 Richards 方程的形式转化为以 θ 为变量的形式：

$$\frac{\partial\theta}{\partial t}=\frac{\partial}{\partial z}\left[D(\theta)\frac{\partial\theta}{\partial z}\right]+\frac{\partial K(\theta)}{\partial z} \tag{6-20}$$

（三）差分方法

对土壤水运动基本方程进行差分计算，时段上采用隐式差分，在左边进行向后差分，在右边进行中央差分：

$$\frac{\partial\theta}{\partial t}=\frac{\theta_i^{j+1}-\theta_i^j}{\Delta t} \tag{6-21}$$

$$\frac{\partial\theta}{\partial z}=\frac{\theta_{i+0.5}^{j+1}-\theta_{i-0.5}^{j+1}}{\Delta z} \tag{6-22}$$

$$\frac{\partial}{\partial z}\left[D(\theta)\frac{\partial\theta}{\partial z}\right]=\frac{\left[D(\theta_{i+0.5}^{j+1}-\theta_{i-0.5}^{j+1})\right]_{i+0.5}^{j+1}-\left[D(\theta_{i+0.5}^{j+1}-\theta_{i-0.5}^{j+1})\right]_{i-0.5}^{j+1}}{\Delta z^2} \tag{6-23}$$

$$\frac{\partial K(\theta)}{\partial z}=\frac{K_{i+0.5}^{j+1}-K_{i-0.5}^{j+1}}{\Delta z}=\frac{(K_{i+1}^{j+1}+K_i^{j+1})-(K_i^{j+1}+K_{i-1}^{j+1})}{2\Delta z} \tag{6-24}$$

代入整理：

$$\left[-\frac{\Delta t}{\Delta z^2}D_{i-0.5}^{j+1}\right]\theta_{i-1}^{j+1}+\left[1+\frac{\Delta t}{\Delta z^2}(D_{i-0.5}^{j+1}+D_{i+0.5}^{j+1})\right]\theta_i^{j+1}+\left[-\frac{\Delta t}{\Delta z^2}D_{i+0.5}^{j+1}\right]\theta_{i+1}^{j+1}=$$
$$\theta_i^j+\frac{\Delta t}{2\Delta z}(K_{i+1}^{j+1}-K_{i-1}^{j+1}) \tag{6-25}$$

令：

$$r_1=\frac{\Delta t}{\Delta z^2},r_3=\frac{\Delta t}{2\Delta z}$$

$$a_i=-r_1D_{i-0.5}^{j+1},b_i=1+r_3(D_{i-0.5}^{j+1}+D_{i+0.5}^{j+1})$$

$$c_i=-r_1D_{i+0.5}^{j+1},e_i=\theta_i^j+r_3(K_{i+1}^{j+1}-K_{i-1}^{j+1})$$

可将式(6-25)整理为：

$$a_i\theta_{i-1}^{j+1}+b_i\theta_i^{j+1}+c_i\theta_{i+1}^{j+1}=e_i \tag{6-26}$$

其中，$i=2,3,\cdots,n-2$。

在两个土层的边界上，水力传导度为：

$$K_{i\pm0.5}=\frac{K_i+K_{i\pm1}}{2}$$

将差分后的结果以下面的形式表示：

$$\begin{bmatrix} b_1 & c_1 & & & \\ a_2 & b_2 & c_2 & & \\ & & \vdots & & \\ & & a_{n-1} & b_{n-1} & c_{n-1} \\ & & & a_n & b_n \end{bmatrix}\begin{bmatrix} \theta_1 \\ \theta_2 \\ \vdots \\ \theta_{n-1} \\ \theta_n \end{bmatrix}=\begin{bmatrix} e_1 \\ e_2 \\ \vdots \\ e_{n-1} \\ e_n \end{bmatrix} \tag{6-27}$$

需要求解三对角矩阵,可采用高斯消元法将其转化为上三角矩阵进行求解。高斯消元法的具体步骤为：

(1) $b'_i = b_i b_{i-1} - c_{i-1} a_i$;

(2) $c'_i = c_i b_{i-1}$;

(3) $e'_i = e_i b_{i-1} - e_{i-1} a_i$;

(4) $a_i = 0$。

其中,$i = 2,3,\cdots,n-1$。如消去第2行第1列的算法：

$$\begin{bmatrix} b_1 & c_1 & & & \\ 0 & b_2 b_1 - c_1 a_2 & c_2 b_1 & & \\ & a_3 & b_3 & c_3 & \\ & & \vdots & & \\ & & & a_n & b_n \end{bmatrix}\begin{bmatrix} \theta_1 \\ \theta_2 \\ \theta_3 \\ \vdots \\ \theta_n \end{bmatrix}=\begin{bmatrix} e_1 \\ e_2 b_1 - e_1 a_2 \\ e_3 \\ \vdots \\ e_n \end{bmatrix} \tag{6-28}$$

原方程组的系数矩阵就变为严格上三角行列式：

$$\begin{bmatrix} b_1 & c_1 & & & \\ 0 & b'_2 & c'_2 & & \\ & & \vdots & & \\ & & 0 & b'_{n-1} & c'_{n-1} \\ & & & 0 & b'_n \end{bmatrix}\begin{bmatrix} \theta_1 \\ \theta_2 \\ \vdots \\ \theta_{n-1} \\ \theta_n \end{bmatrix}=\begin{bmatrix} e'_1 \\ e'_2 \\ \vdots \\ e'_{n-1} \\ e'_n \end{bmatrix} \tag{6-29}$$

由式(6-29)可解方程组为：

$$\theta_n = \frac{e'_n}{b'_n},\theta_i = \frac{e'_i - c'_i \theta_{i+1}}{b'_i} \quad (i = 1,2,\cdots,n-1)$$

(四)水动力学参数

迭代方程中需要由土壤含水量推求水力传导度,但在现有的知识条件下,还无法建立起两者的理论关系。前人致力于土壤水力传导度的研究很多,得出了许多经验公式,考虑到所研究的土壤类型各有差异,本书中选取了与黄河下游土壤类型一致的两套经验公式进行试算检验。

1. 第一组参数

选取了在农田水利学中广泛应用的经验公式：Van Genuchten(1980)幂函数和 Gardner(1958)指数函数作为第一组参数。

1)水分特征曲线

采用 Van Genuchten(1980)推荐的幂函数形式表达[20]：

$$\theta = \begin{cases} \dfrac{P_1 P_2}{P_2 + |\psi_m|^{P_3}} + P_4 & (\psi_m < 0) \\ \theta_s & (\psi_m \geq 0) \end{cases} \tag{6-30}$$

式中　P_1、P_2、P_3、P_4——拟合参数，其中 P_4 为残留含水量，$P_1 + P_4 = \theta_s$。

2）水力传导度

基于负压势计算的水力传导度 K 采用 Gardner（1958）推荐的指数函数形式表示[21]：

$$K(\psi_m) = \begin{cases} K_s \exp(\alpha\psi_m) & (\psi_m < 0) \\ K_s & (\psi_m \geq 0) \end{cases} \tag{6-31}$$

式中　α——拟合参数。

也可以采用基于土壤体积含水量的指数函数表示为：

$$K(\theta) = K_s \exp\left(-b\frac{\theta_s - \theta}{\theta_s - \theta_d}\right) \tag{6-32}$$

式中　b——经验参数，对于均匀性土壤取 13，对于非均匀土壤取 16；

θ_d——干旱时的体积含水量，约等于 P_4。

3）扩散率与容水度

若基于负压势计算，则需要用到容水度：

$$C(\psi_m) = \begin{cases} \dfrac{P_1 P_2 P_3 |\psi_m|^{P_3 - 1}}{(P_2 + |\psi_m|^{P_3})^2} & (\psi_m < 0) \\ 0 & (\psi_m \geq 0) \end{cases} \tag{6-33}$$

若基于土壤含水量计算，则需要用到扩散率：

$$D(\theta) = \frac{K_s \psi_s b}{\theta_s}\left(\frac{\theta}{\theta_s}\right)^{b+2} \tag{6-34}$$

两者关系为：$D = \dfrac{K}{C}$。

以上公式中所需的各项拟合参数均与土壤的类型有关，各种土壤的参数概化如表 6-3 所示。

表 6-3　土壤水分运移参数概化[22]

项目	P_1(mm)	P_2(cm)	P_3(mm)	P_4(mm)	K_s(cm/min)	a(1/cm)	θ_{min}	θ_{max}
重黏土	0.28	70.030	0.66	0.27	0.000 006	0.002	0.30	0.45
轻黏土	0.28	50.159	0.63	0.16	0.000 06	0.005	0.20	0.35
粉黏土	0.31	175.995	0.80	0.11	0.000 6	0.01	0.14	0.33
壤土	0.32	186.441	0.86	0.09	0.006	0.02	0.096	0.27
轻沙壤	0.28	247.682	0.92	0.09	0.06	0.03	0.103	0.27
沙土	0.35	1 617.929	1.68	0.04	0.6	0.05	0.05	0.19

注：引自文献：张喜英. 非饱和土壤作物根系吸水的模拟[M]. 北京：气象出版社，1997。

2. 第二组参数

应用张喜英(1997)在华北平原的研究成果[23]，该成果所研究土壤类型与黄河下游土壤类型相近，得到土壤水动力参数计算的公式如下：

$$K(\theta) = K_s\left(\frac{\theta - \theta_r}{\theta_s - \theta_r}\right)^3 \tag{6-35}$$

$$D(\theta) = 0.048\ 255\exp(56.6\theta) \tag{6-36}$$

$$\psi_m(\theta) = a\theta^{-b} \tag{6-37}$$

式中 $K(\theta)$——土壤水力传导度；

θ_s——土壤的饱和体积含水量，约为0.441，与本书土壤类型接近；

θ_r——土壤干旱时的体积含水量，约为0.132；

K_s——土壤饱和导水率；

a，b——参数，a 取0.112 2 kPa，b 取2.6。

3. 参数选取

分别采用两组参数拟合土柱试验的土壤水分曲线，比较其拟合结果，以确定本研究的模型参数。

1)拟合方法

初始各土层土壤含水量均设为20%；上边界开放，不考虑降雨和蒸发，水分通量为0；下边界取至地下水位处，土壤含水量饱和。以此为初始和边界条件，拟合土壤含水量分布曲线。计算结果如图6-9、图6-10所示。图6-9、图6-10为两套参数分别对于潜水埋深为40 cm和100 cm的土壤含水量分布曲线的拟合结果。

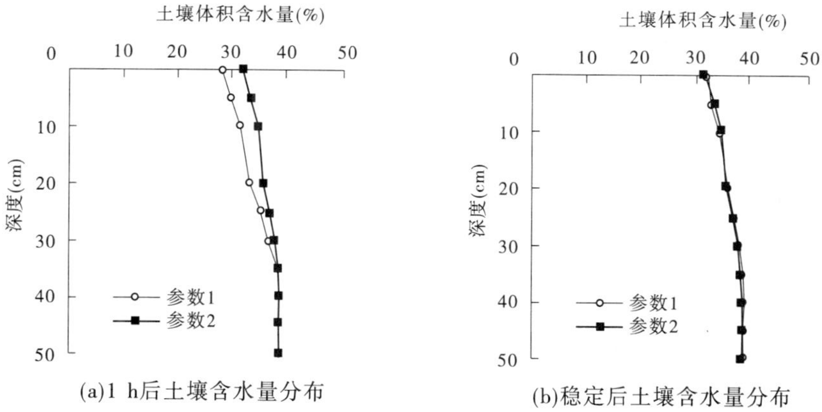

图6-9 两组参数土壤含水量的拟合结果(潜水埋深40 cm土柱)

2)拟合结果分析

如图6-9所示，当潜水埋深在40 cm时，两组参数对于稳定后的土壤含水量分布曲线的拟合一致(几乎重合)，但在开始阶段，第二组参数的土壤含水量变化趋势明显快于第一组；如图6-10所示，当潜水埋深在100 cm时，稳定后的土壤含水量基本一致，第二组含水量值略大于第一组的，在开始阶段，同样表现为第二组的变化趋势快；单从线性上分析，第一组的线性明显较为合理。分析原因，第二组参数在迭代中的累积误差较大，导致计算

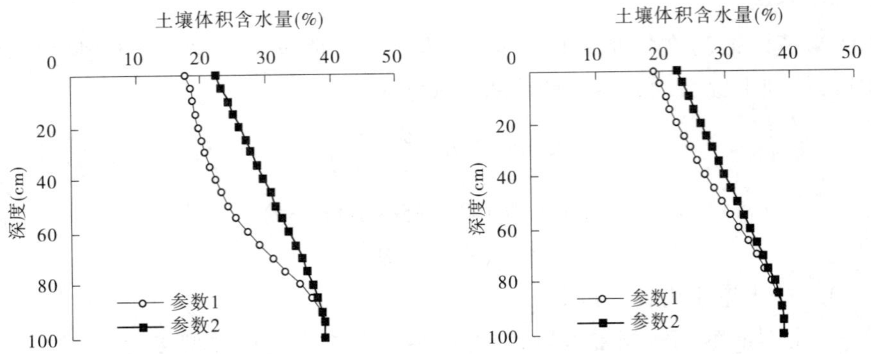

(a)1 h后土壤含水量分布　　(b)稳定后土壤含水量分布

图 6-10　两组参数土壤含水量的拟合结果(潜水埋深 100 cm 土柱)

的 $k(\theta)$ 值偏大。因此,在模型的计算中选取第一组参数。

(五)边界条件确定

1. 上边界

上边界在自然蒸发条件下,满足第三类边界条件,边界上的通量值随因变量变化:

$$\left[-D(\theta)\frac{\partial\theta}{\partial z}+K(\theta)\right]_{z=z_0}=-E(\theta) \tag{6-38}$$

由于已知蒸发能力,那么与土面蒸发强度 E_a 的关系满足[19]:

$$\frac{E_a}{ET_0}=\begin{cases}0 & \theta(0,t)\leqslant\theta_{\min}\\ a\theta(0,t)-b & \theta_{\min}<\theta(0,t)<\theta_{\max}\\ 1 & \theta(0,t)\geqslant\theta_{\max}\end{cases} \tag{6-39}$$

应用前人对多种土壤的 $\theta_{\min}$、$\theta_{\max}$ 研究,取值参照表 6-3,可以通过线性插值得到 a、b 的值:

$$a=\frac{1}{\theta_{\max}-\theta_{\min}},\quad b=\frac{\theta_{\min}}{\theta_{\max}-\theta_{\min}}$$

应用上式在表层土壤建立水量平衡方程:

(1)表层土壤的上边界取 $i=1$,时间上取$(j,j+1)$时段,空间上取$(1,1-0.5)$区间,其水分通量为:$I_{1-0.5}^{j+1}=-E_a(\theta_1^{j+1})$。当 Δt 取值较小时,θ_1^{j+1} 与 θ_1^j 相差不大,为了迭代计算的简化,在计算 $j+1$ 时段的土面蒸发 E_a 时,应用 j 时段的土壤含水量,于是得到:$I_{1-0.5}^{j+1}=-E_a(\theta_1^j)$。

(2)表层土壤下边界取 $i=1$,时间上取$(j,j+1)$时段,空间上在$(1,1+0.5)$区间内采用向前差分,表示为:

$$I_{1+0.5}^{j+1}=D_{1+0.5}^{j+1}\frac{\theta_2^{j+1}-\theta_1^{j+1}}{\Delta z}-K_{1+0.5}^{j+1} \tag{6-40}$$

(3)表层土壤含水量变化表示为:

$$\Delta W_1=(\theta_1^{j+1}-\theta_1^j)\Delta z \tag{6-41}$$

(4)将以上分量代入表层土壤水量平衡方程为:

$$I_{1+0.5}^{j+1}\Delta t-I_{1-0.5}^{j+1}\Delta t+\Delta W=0 \tag{6-42}$$

整理得：

$$\left(D_{1+0.5}^{j+1}\frac{\theta_2^{j+1}-\theta_1^{j+1}}{\Delta z}-K_{1+0.5}^{j+1}\right)\Delta t+(\theta_1^{j+1}-\theta_1^j)\Delta z=-E_a(\theta_1^j) \tag{6-43}$$

按照三对角方程组的形式化简：

$$a_1\theta_0^{j+1}+b_1\theta_1^{j+1}+c_1\theta_2^{j+1}=e_1 \tag{6-44}$$

其中：

$$a_1=0,\quad b_1=D_{1+0.5}^{j+1}\frac{\Delta t}{\Delta z}$$

$$c_1=-D_{1+0.5}^{j+1}\frac{\Delta t}{\Delta z}+\Delta z$$

$$e_1=\theta_1^j\Delta z+K_{1+0.5}^{j+1}\Delta t-E_a(\theta_1^j)$$

由此即可建立起蒸发能力与土壤水运动的联系。迭代计算时，初始可先假定 $\theta_1{}^{j+1}=\theta_1{}^{j}$。

若上边界条件为降雨，则属于第二类边界条件，边界上的通量值随因变量变化关系为：

$$\left[-D(\theta)\frac{\partial\theta}{\partial z}+K(\theta)\right]_{z=z_0}=\varepsilon(t) \tag{6-45}$$

其中，$\varepsilon(t)$为降水入渗强度，其他参数与蒸发情况时相同。

$\varepsilon(t)$的值与雨强 R 和入渗强度 $K(\theta,t)$有关。当表层积水时，表层入渗强度为 K_s；当表层没有积水时，将比较 $K(\theta,t)$和 R 的大小，并取两者的较小值。因此，可同样在表层建立水量平衡方程。

2. 下边界

下边界为潜水面或淹没在潜水面以下，土壤的含水量恒定，均为饱和土壤含水量，于是得 $\theta=\theta_s$，即 $a_n=0$，$b_n=1$，$c_n=0$，$e_n=\theta_s$。

根据矩阵形式及上边界条件，可通过计算机程序进行迭代运算求解每日土柱的上下水分通量及各土层含水量的变化量，并计算土壤蒸散发量。

（六）Richards 方程的计算机求解

Richards 方程化为式(6-27)的三对角形式之后，高斯消元法的步骤可由程序模拟实现。在程序中建立数组 $n\times5$ 的 A，将 $n\times n$ 的系数矩阵存储在数组 A 的前 3 列中，令：

$$A(i,1)=a_i,A(i,2)=b_i,A(i,3)=c_i\quad(1\leqslant i\leqslant n)$$

同时，将方程组的右边 e_i 存储在 A 的第 4 列，令：

$$A(i,4)=e_i$$

计算的结果储存在 A 的第 5 列。从三对角方程的第 2 行开始，至第 n 行，即 $2\leqslant i\leqslant n$，逐层执行高斯消元法，操作步骤为：

(1) $A(i,2)=A(i,2)A(i-1,1)-A(i-1,2)A(i,1)$；

(2) $A(i,3)=A(i,3)A(i-1,1)-A(i-1,3)A(i,1)$；

(3) $A(i,4)=A(i,4)A(i-1,1)-A(i-1,4)A(i,1)$；

(4) $A(i,1)=0$。

执行过高斯消元后，化为了严格上三角方程组，求解计算从第 n 行开始，至第 1 行，执行的操作为：

（1）第 n 行，$A(n,5)=A(n,4)/A(n,2)$；

（2）其他各行，$A(i,5)=[A(i,4)-A(i,3)A(i-1,5)]/A(i,2)$。

将以上步骤的结果作为输入项进行循环迭代计算，直至两次计算结果的最大差值小于 Δa_{max}（Δa_{max}为最大误差控制值，可取 0.01），本时段的计算结束。

将本时段的输出作为下一时段的输入，继续下一时段的计算。

（七）方法验证

首先，根据 Richards 方程拟合出自然蒸发条件下的土壤水分曲线，并以土柱实测数据作对比。用于验证的数据采用实测系列中 7 月 4～7 日的土壤含水量数据，因 7 月 4 日发生了较大的降水，故其初始条件和边界条件满足：

（1）初始条件为前一日发生过较大降水，土壤中水分分布稳定后，土壤含水量达到或接近田间持水量。

（2）边界条件为上边界自然蒸散发，下边界地下水面。

模型迭代计算 24 h 后，即 7 月 5 日的土壤水分分布曲线，如图 6-11 所示；迭代计算 72 h 后，即 7 月 7 日的土壤水分曲线分布，如图 6-12 所示。图中表现了潜水埋深为 100 cm 和 40 cm 的拟合情况，实线为计算的土壤水分布曲线，点为实测土壤含水量数据，拟合的线形较好，并与实测数据的结果符合。

由于所研究的土壤为沙性土，渗透系数较大，故土壤中水分分布达到稳定较快，故在一次较大的降水的 72 h 后，土壤中水分分布基本稳定，含水量变化仅与蒸散发能力有关。

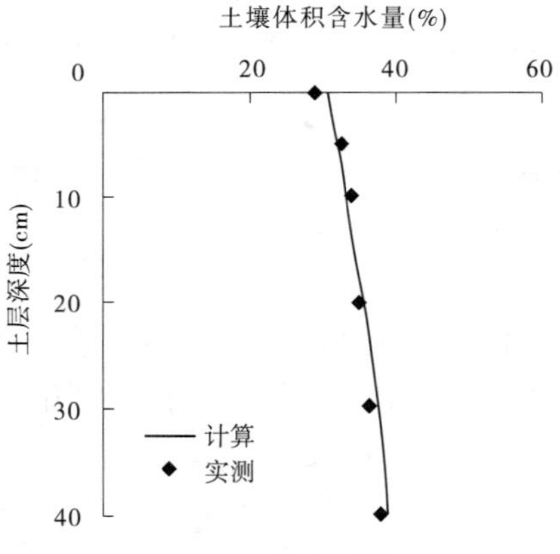

(a)潜水埋深40 cm

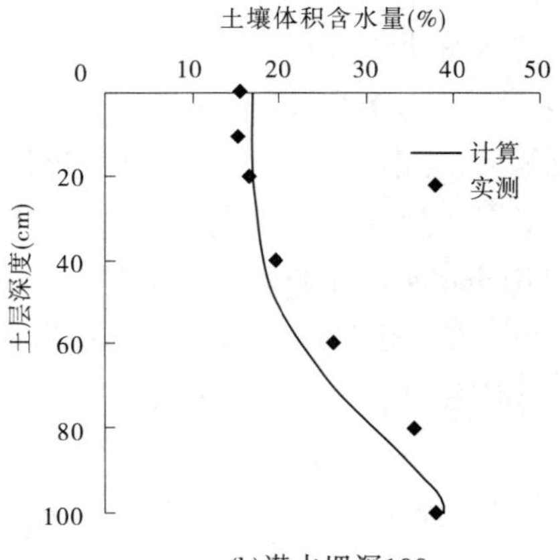

(b)潜水埋深100 cm

图 6-11　迭代 24 h 土壤水分曲线拟合

同时，Richards 方程拟合了饱和土壤退水曲线的下边界通量过程，与专项试验的数据对比如图 6-13 所示。

经以上分析证明，土壤水蒸发模型可以描述不同边界条件下的土壤水分布和运动情况，其应用结果可以满足项目研究要求。

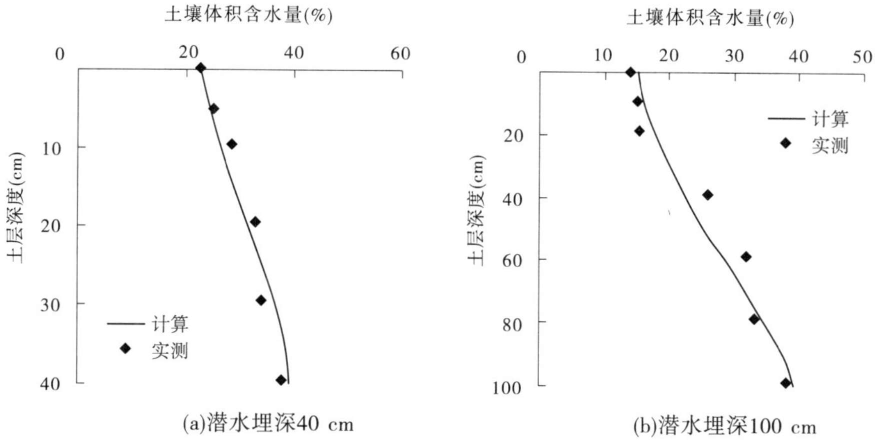

图 6-12　迭代 72 h 土壤水分曲线拟合

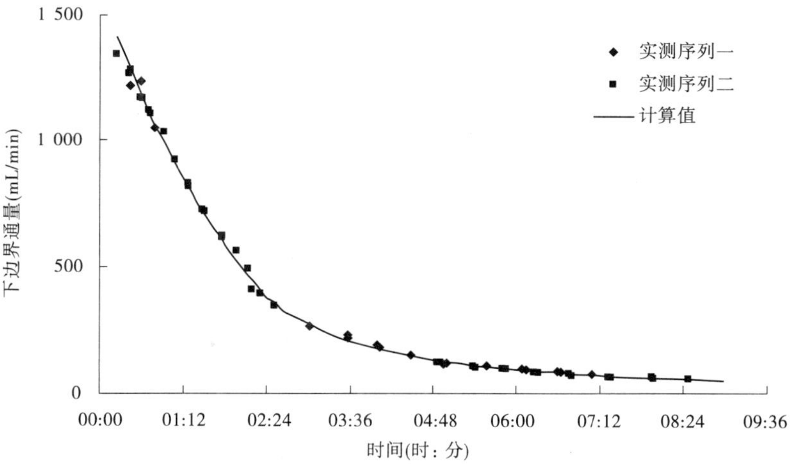

图 6-13　饱和土壤退水试验下通量过程拟合

三、作物蒸散发

有作物的蒸散发量计算，可参照作物的蒸发蒸腾量即蒸发能力通过作物系数 K_c 折算：

$$E_c = ET_0 K_c \tag{6-46}$$

作物系数 K_c 与作物的种类、生育期、群体叶面积指数等因素有关，可以利用实测蒸发蒸腾量与同步的计算参考蒸散发量的比值进行推求。FAO 推荐采用阶段法确定作物系数，即通过试验确定植物生长期的 4 个阶段，分别为初始生长期、快速发育期、发育中期和成熟期。4 个阶段的作物系数分布如图 6-14 所示。

由 K_c 随生长期的分布图可见，植物生长初期的作物系数基本稳定为 K_{cini}，发育中期为 K_{cmid}，成熟期的最末为 K_{cend}。以此 3 点为控制点，快速发育期和成熟期的系数则介于 $K_{cini} \sim K_{cmid}$ 和 $K_{cmid} \sim K_{cend}$ 之间，且基本呈线性变化，其计算公式为[12]：

$$K_{ci} = K_{cprev} + \left[\frac{i - \sum L_{prev}}{L_{stage}}\right](K_{cnext} - K_{cprev}) \tag{6-47}$$

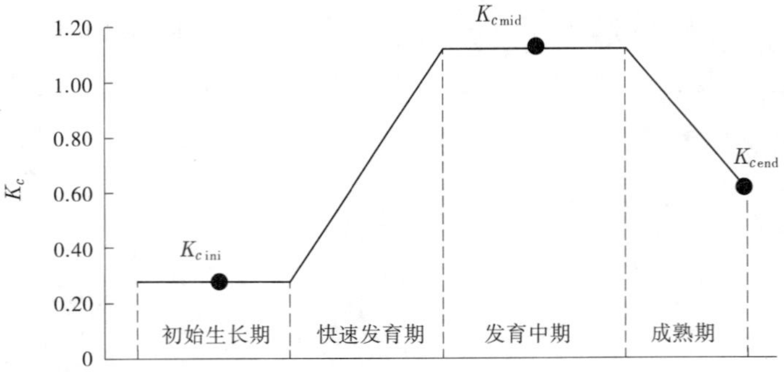

图 6-14 作物系数在各生长期分布示意图

式中 i——某一天在整个作物生长期中的日序数；

K_{ci}——第 i 天的植物系数；

L_{prev}——前一阶段的天数；

L_{stage}——当前阶段的天数；

K_{cprev}——前一个阶段的 K_c 值；

K_{cnext}——后一个阶段的 K_c 值。

FAO 提供了常见作物生长期各阶段的长度，以及 K_{cini}、K_{cmid} 和 K_{cend} 值，本书选取了与所研究区域相关的几种作物的参数，如表 6-4 所示。将表 6-4 中各作物的生长期和 K_{cini}、K_{cmid} 和 K_{cend} 值代入式(6-47)，即可得到一个生长期内逐日的 K_c 值。

表 6-4 作物系数计算参数[12]

作物名称	初期(d)	快速发育期(d)	发育中期(d)	成熟期(d)	总长度(d)	生长期开始月份	K_{cini}	K_{cmid}	K_{cend}
冬小麦	30	140	40	30	240	11	0.40	1.15	0.25
玉米	30	40	50	30	150	4	0.30	1.20	0.40
水稻	30	30	80	40	180	5	1.05	1.20	0.75
草地	180	60	90	35	365	11	0.30	1.20	0.30
牧草	10	15	75	35	135	4	0.35	0.90	0.65
落叶林	60	90	120	95	365	1	0.45	0.90	0.45
针叶林	60	90	120	95	365	1	1.00	1.00	1.00

第四节 遥感资料处理

一、不同类型下垫面的面积提取

利用遥感技术对黄河下游河道的下垫面类型进行分析，提取不同水位下的水面、滩地、植被、土地利用的分布和面积信息。依据河道特征和水文站分布，将黄河下游分为 6 个河段：花园口—夹河滩、夹河滩—高村、高村—孙口、孙口—艾山、艾山—泺口、泺口—利津。在模型计算中，按照 6 个河段分别计算不同类型下垫面的面积，与对应的蒸散发强度相乘得到河段蒸散发水分损失量，并将结果加权得到整个研究区域上的蒸散发耗水量。

黄河水利委员会信息中心通过对卫星遥感图片进行处理，并在地理信息系统（GIS）中提供了各河段不同类型下垫面的分布和面积等基本信息，研究方法已在本书第五章中进行了叙述。各部分面积如表 6-5 所示。

表 6-5　不同类型的下垫面面积　（单位：km^2）

河段	水面	浅滩	草地	林地	耕地	河段总面积
花园口—夹河滩	78. 3	272. 1	4. 4	79. 3	432. 4	866. 5
夹河滩—高村	44. 1	27. 1	2. 9	18. 7	546. 8	639. 6
高村—孙口	47. 4	21. 3	1. 7	42. 3	501. 6	614. 3
孙口—艾山	23. 4	15. 1	1. 8	17. 4	120. 8	178. 5
艾山—泺口	28. 9	12. 8	2. 8	22. 5	189. 4	256. 4
泺口—利津	51. 2	5. 0	3. 7	14. 5	278. 6	353. 0
区域总和	273. 3	353. 4	17. 3	194. 7	2 069. 6	2 908. 3

注：水面面积包括黄河水面 + 河渠，林地面积包括林地 + 园地。

二、下垫面平均潜水埋深提取

滩区的蒸散发量与潜水埋深密切相关。黄河下游是著名的“地上悬河”，河床高出大堤外地面，没有地下径流补给，只有河川径流补给两岸的地下水，滩地内的潜水水位即为河水侧向补给的渗润面。在研究中通过概化，以河流水位代替潜水水位，潜水埋深即为滩区平均高程与潜水水位之差。

应用 GIS 系统对遥感图片进行处理：

（1）划分河段，方法同前。

（2）分别根据“高程”参数和“类型”参数对各个河段的下垫面进行栅格化，得到若干 100 m × 100 m 的栅格数据，每个栅格的面积一定，且均含有一个“高程”特征值和一个“类型”特征值，见图 6-15、图 6-16。

图 6-15　黄河下游地形栅格图像（整体）

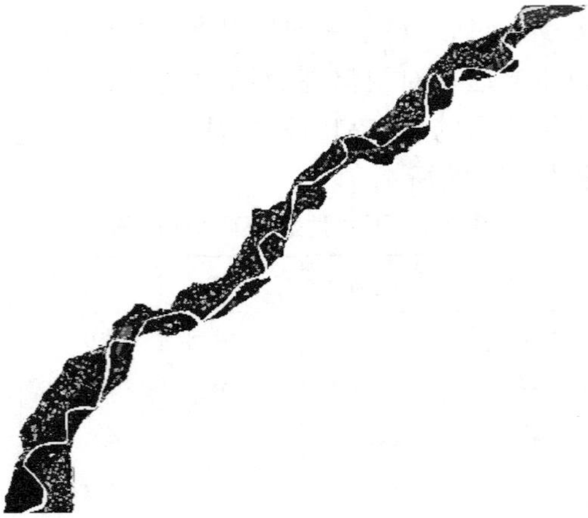

图 6-16　黄河下游地形栅格图像(局部)

(3)提取土地类型为“滩区”的所有栅格,计算每个栅格高程与平均水位之差,即各栅格的潜水埋深,并分别对计算结果进行统计,见表 6-6。

表 6-6　滩区各河段潜水埋深的分布统计　(%)

河段	潜水埋深 < 60 mm 的栅格所占百分比	潜水埋深 60 ~ 150 mm 的栅格所占百分比	潜水埋深 > 150 mm 的栅格所占百分比
花园口—夹河滩	8.84	13.25	77.91
夹河滩—高村	9.84	14.77	75.39
高村—孙口	14.92	22.37	62.71
孙口—艾山	19.40	29.05	51.58
艾山—泺口	22.34	33.50	44.16
泺口—利津	6.57	9.85	83.58

第五节　模型应用与结果分析

一、模型计算流程

(1)模型首先输入气象资料:日最低、最高、平均温度和湿度等,计算蒸发能力;同时,输入各种下垫面的分布和面积数据。

(2)区分各种下垫面的类型,根据类型进行不同模式的蒸散发的计算:水面蒸发以蒸发能力代表;在土壤蒸发计算模块中输入蒸发能力和潜水埋深,迭代计算出逐日的土壤蒸发量;作物散发模块中输入植被类型,由蒸发能力经过不同植被的作物系数折减后得出作物蒸散发量。

(3)将各种蒸发模式的计算结果与下垫面分布和面积数据结合,求和得到整个黄河下游河道的蒸散发耗水量。

模型计算流程见图6-17。

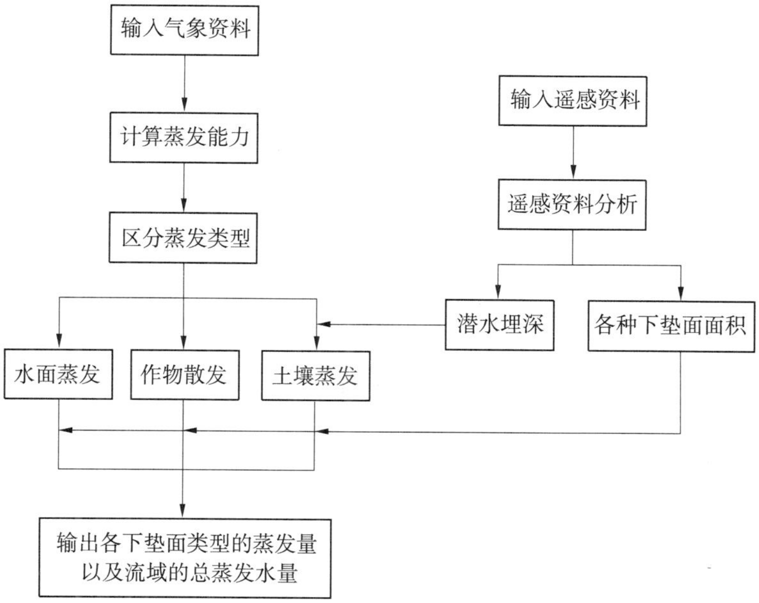

图6-17　模型计算流程

二、不同类型下垫面的蒸散发计算

应用模型对黄河下游各种下垫面蒸散发进行计算,结合试验数据进行比较分析并探寻规律。

(一)蒸发能力结果与分析

对相关气象资料利用本章第三节中的方法进行简化或处理,并代入式(6-3),计算得逐日的蒸发能力。图6-18是以逐日温度和湿度资料计算的蒸发能力与实测值的对比,计算结果的确定性系数为0.794。将7~10月的蒸发能力计算结果与实测数据进行误差分析:计算得4个月的平均蒸发能力为2.73 mm,实测平均蒸发能力为2.65 mm,平均值误差为3.02%。蒸发能力计算结果的误差分布如表6-7所示,误差基本维持在20%以内。

(二)土壤蒸发结果与分析

将蒸发能力、土壤特性参数、土壤含水量等值代入本章第三节所述的滩区裸土蒸发迭代模型中,可计算不同潜水埋深状况下逐日的土壤蒸发量。

1. 不同潜水埋深的土壤蒸发计算结果

将7~10月的计算结果与实测数据对比。图6-19为潜水埋深为40 cm的土壤逐日蒸发量计算值与实测值的比较结果,确定性系数为0.724。

图6-20为潜水埋深为60 cm的土壤逐日蒸发量计算值与实测值的比较结果,确定性系数为0.747。

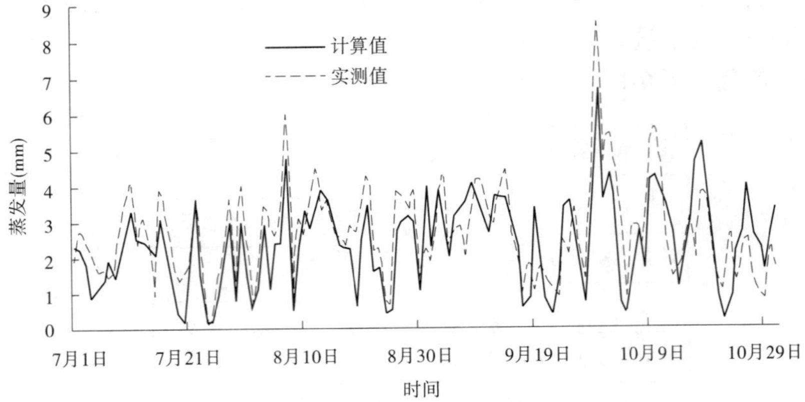

图 6-18　蒸发能力计算值与实测值逐日过程对比

表 6-7　蒸发能力计算结果的误差分布　　（单位:d）

总天数	误差小于 5%的天数	误差 5% ~10%的天数	误差 10% ~20%的天数	误差大于 20%的天数
123	28	32	38	25

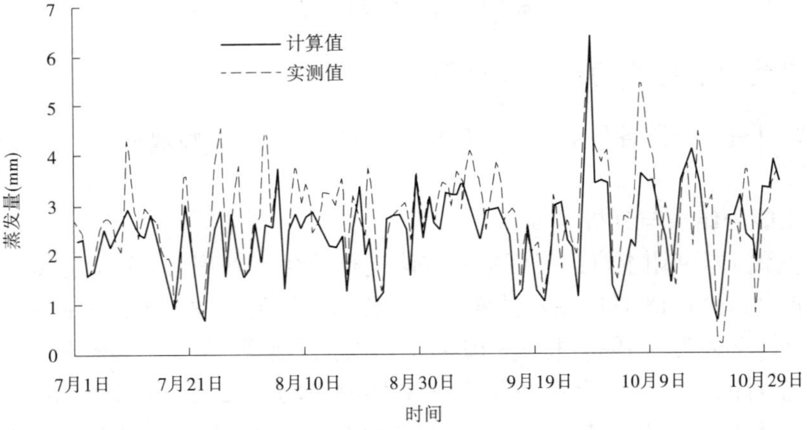

图 6-19　土壤逐日蒸发量计算值与实测值对比(潜水埋深 40 cm)

由计算结果与实测资料对比可知,总体误差稍大,分析原因:一方面与实测气象资料的缺乏有关,另一方面是因为土壤本身的复杂性,现有模型无法对其进行更为全面的模拟。潜水埋深在 80 cm 和 100 cm 的土壤蒸发可应用同样的方法计算,本书不再列举。

2. 土壤蒸发强度与潜水埋深的分析

潜水埋深是土壤蒸发的重要影响因素,通过模型计算结果与蒸发能力的比较,分析潜水埋深对土壤蒸发量的影响。不同潜水埋深条件下的土壤蒸发强度的月平均值如表 6-8 所示;同时,可大致得到土壤水蒸发随着潜水埋深增加的衰减趋势,见图 6-21。

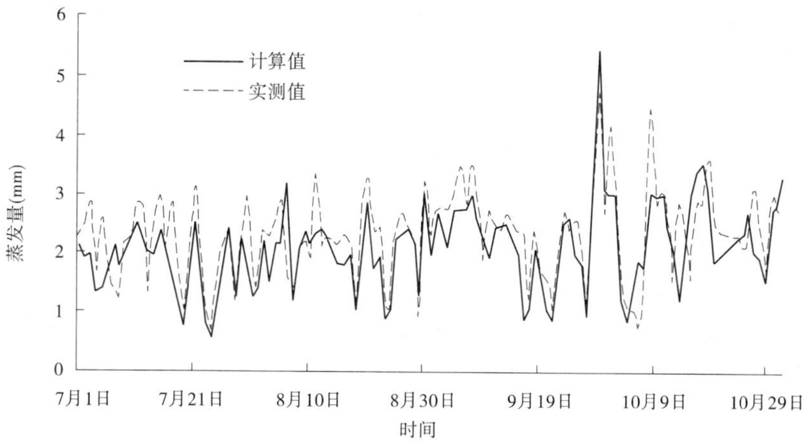

图 6-20　土壤逐日蒸发量计算值与实测值对比(潜水埋深 60 cm)

表 6-8　土壤蒸发强度的月平均统计

项目		不同月份量值(mm)				占蒸发能力的百分比(%)
		7 月	8 月	9 月	10 月	
蒸发能力		2. 10	2. 36	2. 60	2. 59	—
土壤蒸发	潜水埋深 40 cm	2. 10	2. 30	2. 60	2. 58	≈100
	潜水埋深 60 cm	1. 84	2. 06	2. 38	2. 24	87
	潜水埋深 80 cm	1. 51	1. 68	1. 83	1. 82	72
	潜水埋深 100 cm	1. 07	1. 19	1. 27	1. 27	50
	潜水埋深 150 cm	0. 41	0. 43	0. 44	0. 44	18
	潜水埋深 200 cm	0. 13	0. 14	0. 15	0. 15	6

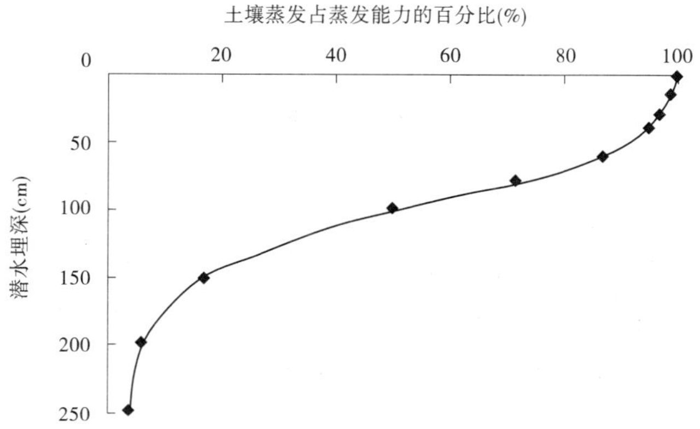

图 6-21　土壤蒸发随潜水埋深增加的衰减趋势

由表 6-8、图 6-21 可得出结论：潜水埋深不断增加使土壤蒸发衰减的过程中出现两个转折点，分别为 60 cm 和 150 cm；当潜水埋深小于 60 cm 时，潜水可充分供应上层土壤，土壤蒸发随潜水埋深变化的趋势较缓,蒸发量衰减较慢;当潜水埋深位于 60 ~ 150 cm 时,潜水依靠土壤中毛管上升力供应上层土壤水分,水分上升速度受到土壤含水量和渗透系数的影响,此时,土壤蒸发随埋深变化的趋势较快,蒸发量衰减迅速,与埋深基本呈线性变化;当潜水埋深大于 150 cm 时,土壤中毛管断裂,潜水供应上层土壤主要依靠水分子的扩散,蒸发量维持在较低的水平,受潜水埋深的影响减小。

(三)植被覆盖区域蒸散发结果分析

有植被覆盖区域的蒸散发与植被的类型有关。模型针对黄河下游常见的几种植被进行计算,包括农田、荒草地和落叶林地。可将表 6-4 所引用的参数代入式(6-47),计算出各种作物在生长期内每一日的作物系数;由每一日的作物系数与当日蒸发能力按照式(6-46)折算出作物的蒸散发量。

1. 农田蒸散发

黄河下游的典型农作物为冬小麦。冬小麦的生长期为 240 d,从 11 月至次年的 6 月。以 5 月、6 月为例,5 月处在发育中期,K_c 值稳定,取 1. 15;6 月处在成熟期,K_c 值由 1. 12 向 0. 25 逐日递减。蒸发能力经过作物系数 K_c 折减,即可得到作物蒸散发量。图 6-22 为冬小麦在 5 月、6 月的蒸散发逐日过程。计算结果如下:冬小麦在 5 月、6 月的月平均蒸发量分别为 2. 59 mm 和 2. 01 mm,与月平均蒸发能力 2. 25 mm 和 2. 87 mm 相比较,作物在 5 月为发育中期,蒸散发量略大于蒸发能力,而在 6 月为成熟期,蒸散发量略小于蒸发能力。

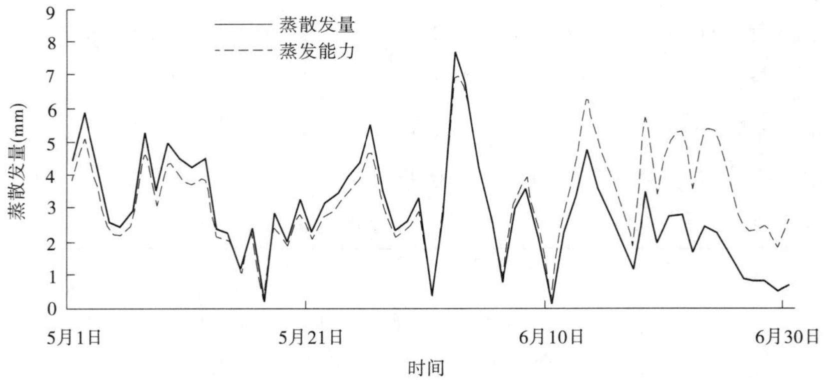

图 6-22 冬小麦蒸散发逐日过程

2. 荒草地蒸散发

荒草的生长期为 365 d,从每年的 11 月开始。以 5 ~ 10 月为例,5 月、6 月为荒草的快速发育期,7 ~ 9 月三个月为发育中期,10 月为成熟期。图 6-23 为荒草 5 ~ 10 月的蒸散发逐日过程。计算结果如下:荒草在 5 ~ 10 月的月平均蒸散发量分别为 1. 42 mm、2. 76 mm、2. 54 mm、2. 84 mm、3. 12 mm、1. 95 mm,在 6 ~ 8 月三个月,作物蒸散发量大于蒸发能力。

3. 落叶林地蒸散发

落叶林地的生长期为 365 d,从每年的 1 月开始。以 5 ~ 10 月为例,5 月为林地快速发育期的末期,6 ~ 10 月五个月为发育中期。发育中期作物系数稳定,为 0. 90。图 6-24 为落叶林地在 5 ~ 10 月的蒸散发逐日过程。计算结果如下:落叶林地在 5 ~ 10 月的月平

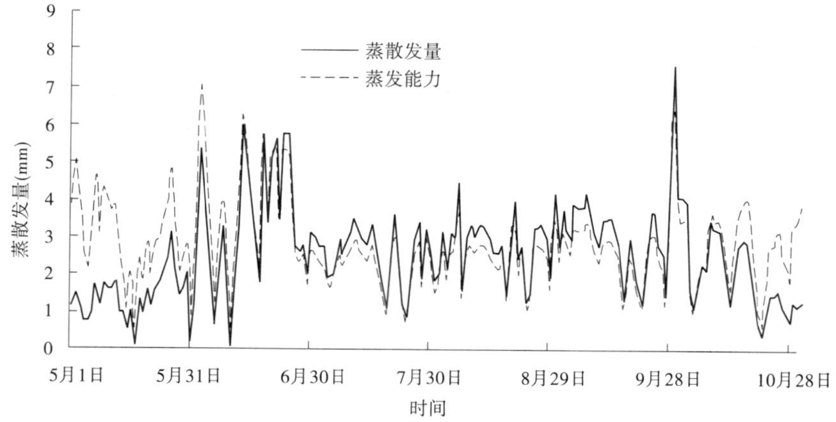

图 6-23　荒草地蒸散发逐日过程

均蒸散发量分别为 1. 85 mm、2. 59 mm、1. 89 mm、2. 13 mm、2. 34 mm、2. 13 mm，均接近月平均蒸发能力。

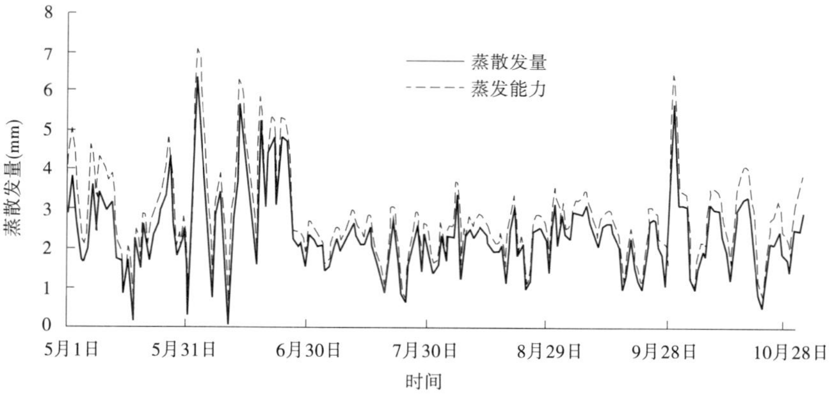

图 6-24　落叶林地蒸散发逐日过程

对作物蒸散发的结果分析发现，蒸散发强度与作物的类型和生长期密切相关：在作物生长期的快速发育期后段、发育中期和成熟期的前段，蒸散发强度很大，接近蒸发能力，有时还会超过蒸发能力；而在生长期的其他阶段，蒸散发强度较小。

第六节　黄河下游河道蒸散发耗水量计算

一、长系列气象数据应用

在进行蒸散发耗水量的长期研究时，应用了 1991 ~ 2005 年郑州站的气象资料。郑州站位于北纬 34°，与整个研究区域的纬度接近，在本研究中，应用该站的气象资料代表整个黄河下游流域。气象资料包括逐日的最低、最高、平均温度和降水。

二、黄河断流期间的处理

1991～1999 年,黄河下游河道多次发生断流,表 6-9 为断流的发生时间和河段。

表 6-9　1991～1999 年黄河下游河道断流发生情况　　(单位:d)

利津站	1 月	2 月	3 月	4 月	5 月	6 月	7 月	8 月	9 月	10 月	11 月	12 月
1991 年					15	1						
1992 年			2	5	19	30	26	1				
1993 年		4	17	9	3	26				2		
1994 年				15	18	30	1			13		
1995 年			28	9	30	30	23					
1996 年		16	30	20	22	30	15					3
1997 年		22	20	7	16	30	31	21	26	28	21	4
1998 年	20	26	24	12	19	3	13		6	14		5
泺口站	1 月	2 月	3 月	4 月	5 月	6 月	7 月	8 月	9 月	10 月	11 月	12 月
1992 年						26	8					
1993 年						3						
1994 年					2	27						
1995 年			1	24	30	27	21					
1996 年		12	10	5	15	29						
1997 年		11	2		7	30	31	9	10	18	14	
1998 年		11	2	4	8	3	12					2
艾山站	1 月	2 月	3 月	4 月	5 月	6 月	7 月	8 月	9 月	10 月	11 月	12 月
1995 年					14	27	21					
1996 年					9	16						
1997 年						20	31	4	4	11	8	
1998 年		9					5					
孙口站	1 月	2 月	3 月	4 月	5 月	6 月	7 月	8 月	9 月	10 月	11 月	12 月
1995 年					10	22	20					
1996 年					9	16						
1997 年						20	31	3		7	4	
1998 年		6					4					
高村站	1 月	2 月	3 月	4 月	5 月	6 月	7 月	8 月	9 月	10 月	11 月	12 月
1995 年							12					
1996 年					1	6						
1997 年						8	17					
夹河滩站	1 月	2 月	3 月	4 月	5 月	6 月	7 月	8 月	9 月	10 月	11 月	12 月
1995 年							5					
1997 年						6	12					

对断流期间的处理为：

（1）当某一水文站发生断流时，则认为该水文站以下河道皆为断流状态。

（2）在计算各河段的水面面积时，设该河段的水位为0，即水面面积为0，原水面覆盖的面积在断流时演变为浅滩滩地。

在计算各河段的平均潜水埋深时，由于无法确定该河段的平均河床高程，故取该河段的历年最低水位，代入相应河段的平均水位与潜水埋深曲线求得河段平均潜水埋深。

三、黄河下游河道蒸散发耗水量计算结果

将气象资料与遥感数据结合，对每个子河段进行蒸散发耗水量计算，计算的时间系列为1991～2005年。

（一）黄河下游河道蒸发强度计算结果

表6-10为黄河下游1991～2005年水面蒸发量计算结果。15年的年平均水面蒸发量为1 040.2 mm，与第二次全国水资源综合规划黄河流域（片）水资源综合规划中，三门峡—花园口区间平均水面蒸发量1 060 mm和花园口以下平均水面蒸发量990 mm的计算结果相接近。

表6-10　黄河下游1991～2005年水面蒸发量　（单位：mm）

年份	1991	1992	1993	1994	1995
年蒸发强度	1 056.0	1 079.7	1 066.9	1 079.7	1 099.5
年份	1996	1997	1998	1999	2000
年蒸发强度	997.17	1 121.51	1 039.37	1 051.59	988.14
年份	2001	2002	2003	2004	2005
年蒸发强度	1 025.91	1 051.84	924.08	1 038.7	983.17
平均蒸发量			1 040.2		

（二）黄河下游河道逐月蒸散发耗水量计算结果

表6-11为黄河下游1991～2005年河道蒸散发耗水量计算结果统计。表6-12为黄河下游各河段多年平均月蒸散发耗水量计算成果。

表6-11　黄河下游1991～2005年河道蒸散发耗水量计算结果统计　（单位：万 m^3）

年份	1月	2月	3月	4月	5月	6月	7月	8月	9月	10月	11月	12月	年值
1991	1 851.6	1 967.5	2 832.2	4 876.3	5 951.9	7 081.7	6 969.6	6 549.5	6 255.9	5 861.5	3 906.5	2 080.4	56 184.8
1992	2 294.6	2 835.6	2 690.1	5 843.9	6 969.3	7 635.8	7 447.5	5 719.4	4 661.1	5 236.7	3 661.6	2 175.5	57 170.4
1993	1 506.7	2 458	3 280.5	5 770.2	6 298.1	8 213.2	6 483.7	5 895.1	6 123	5 426.9	2 801.7	2 417	56 674
1994	2 473.9	2 127.8	3 602.7	5 152.9	7 808.1	6 982.8	6 501.3	5 844.5	6 283.3	5 344.8	3 172.6	1 945	57 239.4
1995	2 258.1	2 603.8	3 739.1	5 016.1	7 368.7	8 177.6	6 701.5	5 438.7	5 774.6	4 289.6	4 395.3	2 333.5	58 096.4
1996	1 916.4	2 492.9	2 820.1	4 487.8	6 850.1	7 917	6 096.2	5 262.5	4 967.5	4 969.4	2 394.5	2 647.1	52 821.5

续表 6-11

年份	1月	2月	3月	4月	5月	6月	7月	8月	9月	10月	11月	12月	年值
1997	1 929	2 197.6	3 455.7	4 685.4	7 091.1	8 566.5	7 526.2	7 263	6 093.8	6 382.2	2 652.9	2 003.5	59 846.4
1998	1 700	2 317	3 341.8	4 500	5 812.6	7 719.8	5 891.7	5 456.7	6 596	5 060.6	4 080.2	2 614.1	55 090.4
1999	2 536.4	2 901.5	2 831.1	4 939.4	6 734.6	7 147.2	6 860	6 225.6	5 142.3	4 210.4	3 346.6	2 636.9	55 512.5
2000	1 103.6	1 898	3 998	5 568.8	7 864.5	7 324.8	5 833.5	5 485.6	5 312	3 219.4	2 643	2 104.8	52 356
2001	1 235.7	1 819.1	4 210	4 856.6	7 866.1	7 802	6 692.1	5 863.3	5 096.4	4 369.5	3 357.8	1 355.1	54 524
2002	2 390.6	2 727.7	3 993.1	4 709.9	6 021.4	7 964.9	6 496.6	6 073.7	5 965.4	4 868.8	3 311	1 228.6	55 751.9
2003	1 942.9	2 032.5	3 092.6	4 535.6	6 084.4	7 661.7	5 644.1	4 697.8	4 831.5	4 137.6	2 330.3	1 949.8	48 941.1
2004	1 850	2 879.3	3 814.5	5 674.8	6 988.4	7 574.7	6 371.9	4 921.8	5 612	4 710.7	3 179.4	1 579.8	55 157.2
2005	1 683.2	1 456.1	3 553	6 057.1	6 127.4	8 666.3	5 497.7	5 165	4 538	4 030.7	3 537.8	1 803	52 115.2
平均	1 911.6	2 314.2	3 417	5 111.6	6 789.2	7 762.4	6 467.5	5 724.2	5 550.2	4 807.9	3 251.5	2 058.2	55 165.3

表 6-12　黄河下游各河段多年平均月蒸散发耗水量计算成果　（单位：万 m^3）

时间	花园口—夹河滩	夹河滩—高村	高村—孙口	孙口—艾山	艾山—泺口	泺口—利津	全河段
1月	732.5	258.4	318.5	159.5	190.2	252.5	1 911.6
2月	889.7	313.1	383.7	194.6	226.9	306.2	2 314.2
3月	1 321.8	458.9	567.8	288.3	335.6	444.6	3 417
4月	1 980.5	675.4	875	427.7	507.4	645.6	5 111.6
5月	2 633	885.6	1 174.2	573.9	677.9	844.6	6 789.2
6月	2 983.7	1 008.4	1 360.3	637.1	816.9	956	7 762.4
7月	2 481.3	843.4	1 117.7	541.5	677.3	806.3	6 467.5
8月	2 199.4	745.8	985.4	484.8	592.6	716.2	5 724.2
9月	2 133.7	722.7	954.1	473.1	571	695.6	5 550.2
10月	1 850.5	629.2	834.7	393.7	503.8	596	4 807.9
11月	1 258.2	429	554.7	272.1	326.1	411.4	3 251.5
12月	792.4	276.2	345.5	171.9	204.3	267.9	2 058.2
年值	21 256.6	7 246	9 471.6	4 618.2	5 630.1	6 942.8	55 165.3

(三)黄河下游河道年蒸散发耗水量计算结果

表 6-13 为黄河下游各河段 1991 ~ 2005 年历年水面蒸发耗水量计算结果,表 6-14 为黄河下游各河段 1991 ~ 2005 年历年蒸散发耗水量计算结果。图 6-25 为各河段水面蒸发耗水量占全河段的权重,图 6-26 为各河段蒸散发耗水量占全河段的权重。

表 6-13　1991 ~ 2005 年黄河下游各河段水面蒸发耗水量计算结果　(单位:万 m^3)

年份	花园口—夹河滩	夹河滩—高村	高村—孙口	孙口—艾山	艾山—泺口	泺口—利津	全河段
1991	8 268.2	4 656.8	5 002.1	2 470.9	3 051.7	5 420.2	28 869.9
1992	8 453.7	4 761.3	5 114.3	2 526.4	3 120.2	5 541.9	29 517.9
1993	8 353.7	4 704.9	5 053.8	2 496.5	3 083.3	5 476.3	29 168.5
1994	8 454.1	4 761.5	5 114.5	2 526.5	3 120.3	5 542.1	29 519.0
1995	8 609.4	4 849.0	5 208.5	2 572.9	3 177.7	5 643.9	30 061.4
1996	7 807.8	4 397.5	4 723.6	2 333.4	2 881.8	5 118.5	27 262.6
1997	8 781.4	4 945.9	5 312.6	2 624.3	3 241.2	5 756.7	30 662.1
1998	8 138.3	4 583.6	4 923.5	2 432.1	3 003.8	5 335.1	28 416.4
1999	8 233.9	4 637.5	4 981.4	2 460.7	3 039.1	5 397.8	28 750.5
2000	7 737.1	4 357.7	4 680.8	2 312.2	2 855.7	5 072.1	27 015.7
2001	8 032.9	4 524.3	4 859.7	2 400.6	2 964.9	5 266.0	28 048.4
2002	8 235.9	4 638.6	4 982.6	2 461.3	3 039.8	5 399.1	28 757.3
2003	7 235.5	4 075.2	4 377.4	2 162.3	2 670.6	4 743.3	25 264.3
2004	8 165.6	4 599.0	4 940.0	2 440.3	3 013.9	5 353.0	28 511.8
2005	7 698.2	4 335.8	4 657.3	2 300.6	2 841.4	5 046.6	26 879.9
平均	8 147.1	4 588.6	4 928.8	2 434.8	3 007.0	5 340.8	28 447.1

表 6-14　1991 ~ 2005 年黄河下游各河段年蒸散发耗水量计算结果　(单位:万 m^3)

年份	花园口—夹河滩	夹河滩—高村	高村—孙口	孙口—艾山	艾山—泺口	泺口—利津	全河段
1991	21 644.5	7 376.2	9 653.0	4 700.9	5 745.2	7 065.0	56 184.9
1992	22 030.6	7 510.0	9 815.2	4 786.5	5 832.0	7 196.1	57 170.5
1993	21 837.7	7 442.1	9 734.1	4 743.8	5 787.2	7 129.1	56 674.0
1994	22 058.4	7 518.3	9 826.8	4 793.4	5 838.8	7 203.7	57 239.3
1995	22 385.3	7 635.1	9 970.5	4 861.1	5 927.2	7 317.2	58 096.5
1996	20 347.9	6 940.7	9 071.1	4 416.3	5 396.0	6 649.5	52 821.4
1997	23 054.3	7 854.0	10 286.5	5 008.3	6 122.1	7 521.2	59 846.4
1998	21 226.4	7 236.3	9 455.7	4 613.8	5 622.5	6 935.7	55 090.3
1999	21 385.2	7 297.6	9 522.7	4 648.5	5 660.8	6 997.7	55 512.5

续表 6-14

年份	花园口—夹河滩	夹河滩—高村	高村—孙口	孙口—艾山	艾山—泺口	泺口—利津	全河段
2000	20 181.9	6 876.6	8 987.1	4 388.5	5 332.5	6 589.4	52 356.0
2001	21 015.1	7 158.4	9 365.3	4 566.2	5 563.0	6 856.0	54 523.8
2002	21 480.3	7 324.3	9 564.7	4 670.8	5 690.2	7 021.6	55 751.9
2003	18 859.5	6 428.6	8 402.3	4 098.2	4 991.7	6 160.8	48 941.1
2004	21 255.2	7 248.3	9 466.6	4 616.4	5 625.6	6 945.1	55 157.1
2005	20 086.9	6 844.0	8 952.2	4 361.2	5 316.2	6 554.7	52 115.2
平均	21 256.6	7 246.0	9 471.6	4 618.2	5 630.1	6 942.8	55 165.4

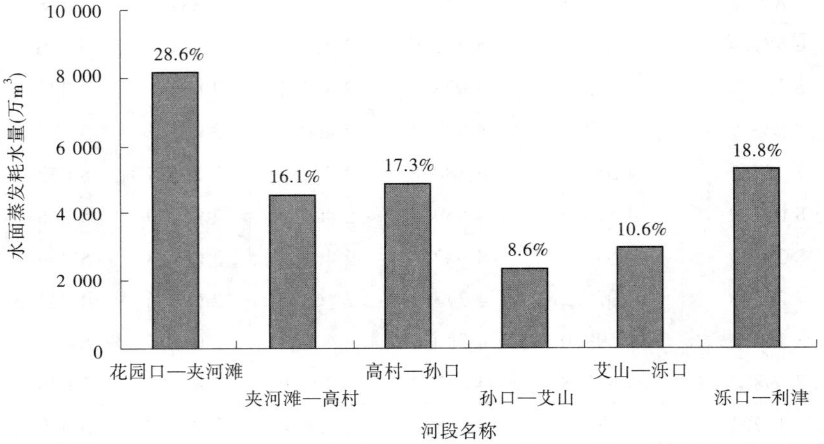

图 6-25　各河段水面蒸发耗水量占全河段的权重

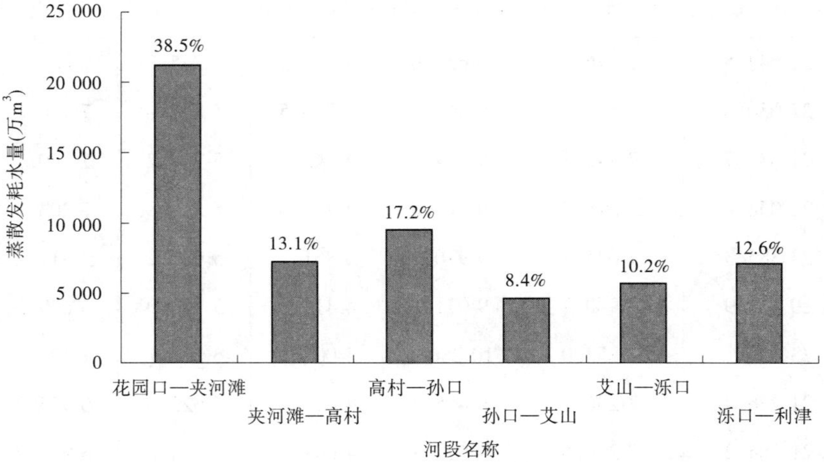

图 6-26　各河段蒸散发耗水量占全河段的权重

四、黄河下游河道蒸散发耗水量分析

黄河下游蒸散发耗水量在河段上的分布主要与河段上各类型下垫面的面积有关；在年内的分布，主要受到气温、日照、植被生长期等多种因素的影响。从15年的逐月蒸散发耗水量的计算结果中选取出1991年进行分析，见图6-27～图6-29。

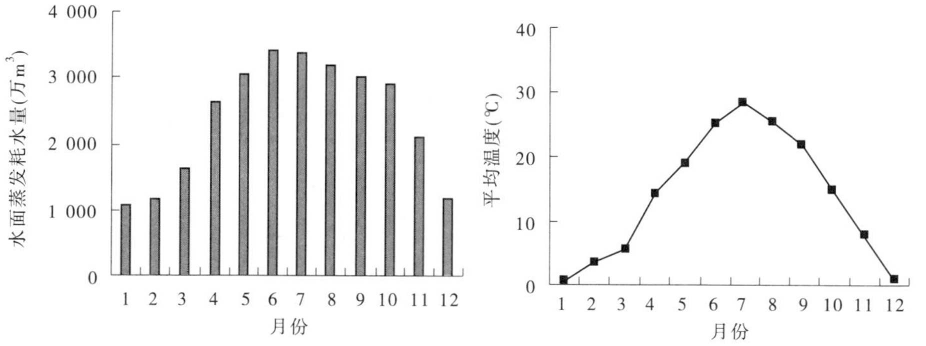

图6-27　1991年月水面蒸发耗水量与月平均温度

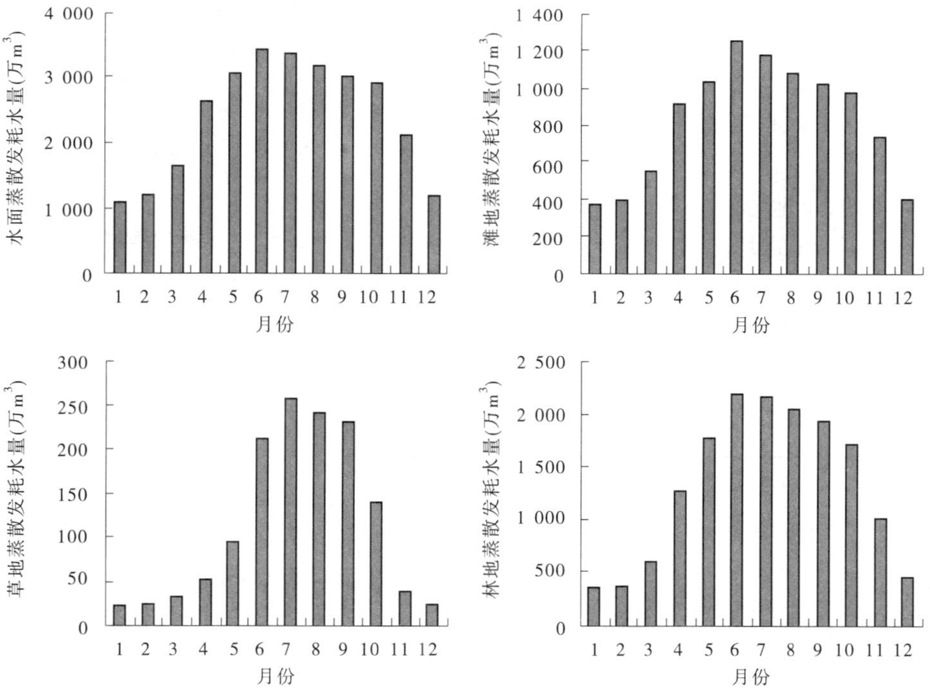

图6-28　1991年滩区不同下垫面类型的月蒸散发耗水量

如图6-27所示为月水面蒸发耗水量与月平均温度，由水面蒸发耗水量的月值分析可知，6～8月的水面蒸发耗水量全年最大，这主要是受到了气温的影响，6～8月气温较高，故导致了这三个月水面蒸发耗水量较大。

如图6-28所示为滩区不同下垫面类型的月蒸散发耗水量。裸土滩区蒸散发主要受到蒸发能力和潜水水位的影响，在6～8月蒸发能力较大，同时处在汛期，水位上涨引起潜

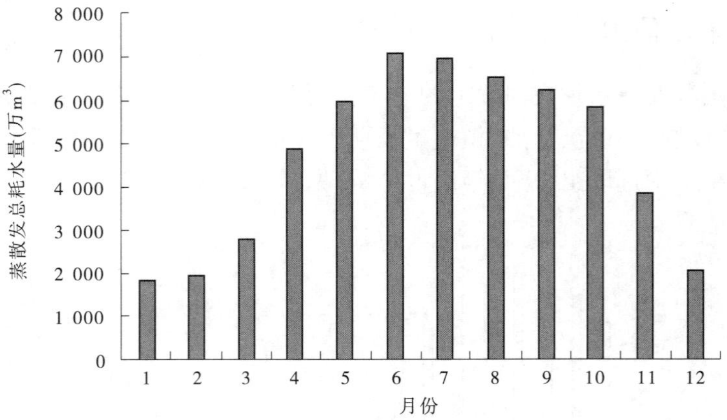

图 6-29　1991 年河道月蒸散发总耗水量

水埋深的上升，故表现为 6、7、8 月三个月蒸散发耗水量全年最大；草地、林地及农田蒸散发主要与植被的生长期有关。

图 6-29 为河道月蒸散发总耗水量，受不同类型下垫面的蒸散发强度和分布面积的共同影响，表现为 6、7、8 月三个月全年最大。

图 6-30 为各种下垫面类型的蒸散发耗水量权重分析，水面蒸散发是影响蒸散发总耗水量的最重要因素，占总量的 51.6%，林地其次，为 28.2%，滩地、草地分别为 17.8%、2.4%。

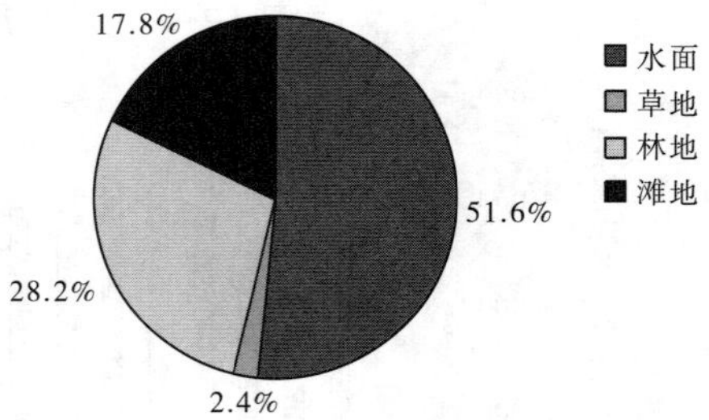

图 6-30　各种下垫面类型的蒸散发耗水量权重

其他各年份的月蒸散发耗水量规律与 1991 年基本符合。将 15 年中各个月的计算结果求平均值，可得到典型年份的蒸散发耗水量逐月值及全年总耗水量，见表 6-15、图 6-31。黄河下游河道年平均蒸散发耗水量约为 5.52 亿 m^3。

表 6-15　蒸散发耗水量统计　（单位：万 m^3）

时间	水面	草地	林地	滩地	总计
1 月	1 139.7	21.6	365.3	384.9	1 911.5
2 月	1 383.1	26.3	443.3	461.6	2 314.3
3 月	1 974.5	37.5	738.2	666.8	3 417.0
4 月	2 765.6	52.7	1 339.3	954.0	5 111.6
5 月	3 454.8	115.2	2 046.9	1 172.1	6 789.0
6 月	3 756.1	230.3	2 407.8	1 368.2	7 762.4
7 月	3 131.9	237.3	2 003.1	1 095.2	6 467.5
8 月	2 783.1	210.7	1 778.9	951.4	5 724.2
9 月	2 701.8	205.2	1 733.0	910.2	5 550.2

续表 6-15

时间	水面	草地	林地	裸土滩区	总计
10 月	2 406.3	115.2	1 409.5	876.9	4 807.9
11 月	1 760.9	33.4	851.1	605.9	3 251.3
12 月	1 189.2	22.6	442.6	403.9	2 058.3
全年	28 447.0	1 308.0	15 559.0	9 851.1	55 165.1

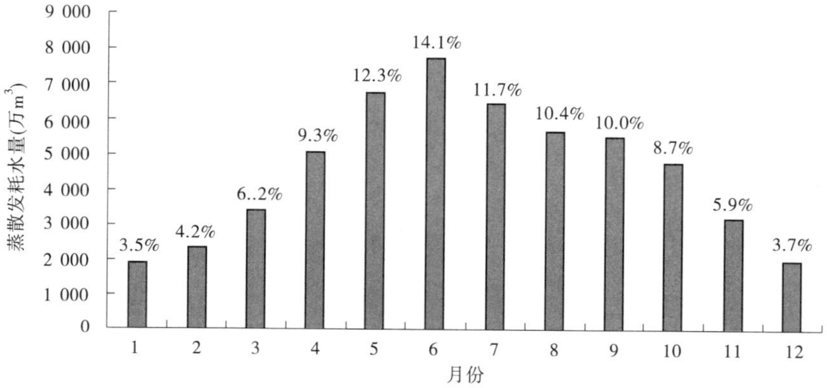

图 6-31 典型年的逐月蒸散发耗水量结果

黄河下游汛期在 7 ~ 10 月 4 个月内的河川径流占全年的 80% 左右，然而，由典型年的分析可见，年内蒸散发耗水最大值出现在 5 ~ 7 月，3 个月内蒸散发耗水量占全年的近 40% 。单从蒸散发角度考虑，蒸散发耗水量的高峰期基本出现在非汛期内，这将使这一时期黄河下游水量的供求关系更为紧张。

第七节 黄河下游河道蒸散发耗水量结论

随着国民经济的高速发展，人类对水资源的需求量日益增加。黄河下游是水资源缺乏的地区，可持续发展要求我们对现有水资源量进行合理的配置。流域的可用水资源必须将水资源总量扣除必要的自然消耗，而蒸散发作为水量自然损耗的重要部分，已经越来越受到高度重视。在黄河下游多年的水量统一调度实践中发现，水量一直存在着很大的不平衡差值，而差值可能来源于对蒸散发耗水量的认识不足和计算失准。在这样的背景下，本书针对黄河下游的特殊状况，分析河道的蒸散发模式，对自然蒸散发消耗的水量进行研究，得到了一些初步的成果与结论，现归纳如下。

(1)黄河下游河道具有“水面和滩地并存”、“滩地面积广阔”的特殊下垫面状况。本次研究针对黄河下游河道复杂的下垫面条件，分类别进行分析，从中概化出较为合理的蒸散发模式。

(2)建立了较为科学的蒸散发物理模型，模拟黄河下游的水面蒸发和裸土滩区蒸散发，为数学模型提供必要的参数和验证资料，实测结果达到了预期的目标。

（3）应用遥感技术和地理信息技术，区分出不同下垫面的分布和面积信息，比较全面地考虑了研究区域内的下垫面差异，并将结果与蒸散发模式相结合，进行蒸散发耗水量的研究。在一个流域内，区分下垫面差异的蒸散发研究方法，比单纯地应用经验和半经验公式套用于整个流域的方法，无论是在理论上还是在实际计算精度上都有一定的提高。

（4）建立起较为完整的蒸散发数学模型：

①以 FAO 推荐的彭曼－蒙特斯公式计算水面蒸发和作物蒸散发，结果与试验观测数据比较基本符合；

②应用理论分析，推求出研究区域内的蒸发皿折算系数，经过实测资料的检验，具有一定的代表性；

③应用非饱和土壤水运动的基本理论，研究土壤水分布和运动状况，并以此为基础计算土壤水蒸发和潜水蒸发。模型的计算结果与试验观测数据比较，确定性较好。

（5）将蒸发数学模型应用于实际，完成了 1991～2005 年的蒸散发耗水量计算工作，得到各种下垫面类型的日、月、年三种尺度下的蒸散发耗水量，并统计出 1991～2005 年的计算结果，得到黄河下游河段年平均蒸散发耗水量约为 5.52 亿 m^3。

参考文献

[1]《中国水利百科全书》编辑部. 中国水利百科全书第三卷[M]. 北京：水利水电出版社，1990.

[2]《中国水利百科全书》编辑部. 中国水利百科全书第四卷[M]. 北京：水利水电出版社，1990.

[3]《中国水利百科全书》编辑部. 中国水利百科全书第二卷[M]. 北京：水利水电出版社，1990.

[4] 胡方荣，于唯忠. 水文学原理[M]. 北京：水利水电出版社，1988.

[5] 郭生练，程肇芳. 流域蒸散发的气候学计算[J]. 水文，1994(4).

[6] 陈喜，姜彤. 不同气候区月蒸散发能力计算模式适用性分析[J]. 水文，2004(5).

[7] 赵永，蔡焕杰，王健，等. Hargreaves 计算参考作物蒸发蒸腾量公式经验系数的确定[J]. 干旱地区农业研究，2002(4).

[8] Monteith J L. Environmental control of plant growth[M] // L T Evaus, ed. New York: Aeademic Press, 1963:95-112.

[9] 张毅. 几种蒸发模型的分析[J]. 新疆大学学报，1995，12(3).

[10] Thornthwait C W, Holzman A. Report of the commutation on transpiration and evaporation[J]. Transactions of the American Geophysical Union, 1944, 25:683-693.

[11] 傅抱璞. 论陆面蒸发的计算[J]. 大气科学，1981，5(1).

[12] Allen R G, Pereira L S, Raes D, et al. Crop evapotranspiration – Guidelines for computing crop water requirements[R]. FAO Irrigation and drainage paper 56, 1998.

[13] 刘钰，Pereira L S. 气象数据缺测条件下参照腾发量的计算方法[J]. 水利学报，2001(3).

[14] 王加虎，郝振纯，等. 气温增加对长江流域参照蒸散发的影响研究[J]. 湖泊科学，2003，15(增刊):277-288.

[15] 王文明，王金铮，王梅，等. 水面蒸发折算系数的影响因素和变化特征分析[J]. 黑龙江水利科技，1997(2).

[16] 雷志栋，杨诗秀，谢森传. 土壤水动力学[M]. 北京：清华大学出版社，1988.

[17] 杨金楼. 土壤水分能量概念及其测定应用方法[R]. 上海市农业科学院，1985.

[18] 李家星，赵振兴. 水力学[M]. 南京：河海大学出版社，2001.

[19] 刘新仁．土壤水文[M]．南京:河海大学出版社,1998.
[20] Van Genuchten M T. A closed – form equation for prediction the hydraulic conductivity of unsaturated soil [J]. Soil Sci Soc Am J,1980,44:892-898.
[21] Gardne W R. Dynamic aspects of water availability to plants[J]. Soil Sci. ,1960,89:63-73.
[22] 李报国,龚元石,左强．农田土壤水的动态模型及应用[M]．北京:科学出版社,2000.
[23] 张喜英．非饱和土壤作物根系吸水的模拟[C]//土壤植物大气运动论文集.北京:气象出版社,1997.

第七章 黄河下游河道渗漏耗水量研究

黄河下游河道的渗漏耗水量，是黄河下游自然耗水量的重要组成部分，是黄河下游水量平衡的重要消耗项。黄河下游河床高出两岸地面，故没有地下径流补给河道，河道渗漏耗水量是指黄河下游向两岸大堤的侧渗水量。针对黄河下游的特殊地貌状况，本次研究中采用试验观测与数学建模相结合的研究方式，利用竖管法现场测定河床沉积物的渗透系数；对黄河下游河道的渗漏耗水量进行观测和计算，并分析研究黄河下游河道渗漏耗水量的时空变化特征。

研究天然状态下黄河下游渗漏补给浅层地下水的规律，对于研究河段水量平衡、查明研究区内水资源条件、研究黄河与地下水最佳联合开发利用及水资源合理配置模式、为沿黄城市寻找备用水源地、治理旱涝盐碱灾害、保护研究区内自然环境等都具有重大的理论价值和现实意义，对于确定枯水季节小浪底水库的运行方案也具有参考价值。

第一节 黄河下游河道下垫面特征

一、冲淤特点

黄河水利科学研究院对黄河下游 1974 ~ 1983 年的淤积情况进行分析认为：三门峡水库调水调沙控制运用后，每年非汛期下泄清水，汛期泄洪排沙，花园口以上河段，随来水来沙条件的变化呈现大冲大淤循环交替变化趋势，河床内沉积物多为粉细沙，在河床内形成不稳定的泥质隔水层，淤积层虽然增厚，但不会影响黄河补给地下水。

小浪底水库的运行方式，是综合了黄河的水沙特点、下游河道输沙能力和三门峡水库的运行经验而确定的。为了长期保持有效库容，采取“蓄清排浑”的运行方式，确定 10 月到次年 6 月为调节期，进行蓄水运用，7 ~ 9 月为泄洪排沙期，进行防洪和调水调沙运用。

小浪底水库的正常运行，初期蓄水拦沙，下游河道发生冲刷，水库正常“蓄清排浑”运用后，下游仍是滩淤槽冲，由于水库的调节，花园口最小流量不小于 135 m^3/s，因此小浪底水库建成后，黄河对地下水的补给条件将向有利的方向转化。

二、河床淤积物的物质组成

黄河下游淤积物的特点，在纵剖面上沿水流方向颗粒逐渐由粗到细，在横剖面上深层颗粒比表层粗。小于 0. 025 mm 的冲泻质泥沙占全部来沙量的 50% 左右，主要是洪水漫滩时淤积在滩地上（约占滩地淤积物的一半），主河槽很少淤积（一般不到主槽淤积物的 5%）；大于 0. 025 mm 的床沙质泥沙占全部来沙量的 50%，但在下游河道的淤积量中所占比例为 70% ~80%；大于 0. 05 mm 较粗颗粒泥沙，仅占全部来沙量的 20%，但它在下游河道的淤积量中所占比例为 50%，在河道主槽淤积量中所占比例更大，达 80% ~90%；大于

0.1 mm 的粗颗粒泥沙几乎全部淤在下游河道主槽内。

三、地形地貌

黄河在太行山和豫西山地东麓建造了巨大的冲积平原（见图 7-1），向东延伸受阻于山东丘陵，而分别向渤海和黄海两个海域倾斜展布，并分别在滨海地区建立了河口三角洲和海积平原，境内平原岗、坡、洼地微地貌类型极为丰富。就其地貌发育历史来说，它们是历史时期黄河下游河道南北游荡、泥沙往复沉积所建造的。

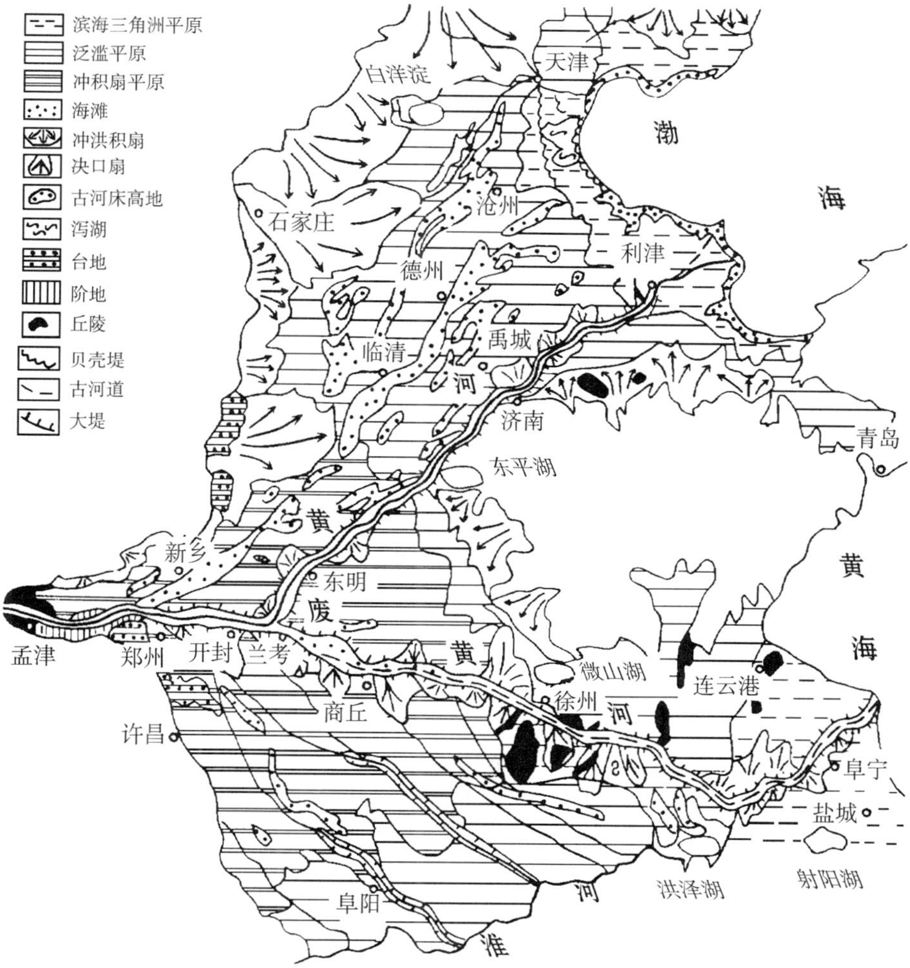

图 7-1　黄河下游冲积平原地貌图[1]

（一）黄河冲积扇

黄河冲积扇是黄河下游冲积平原重要组成的地貌类型之一，其分布地理位置在黄河冲积平原西部。中更新世晚期，古黄河逾越三门峡将三门湖与华北湖连通，自西向东流出峡口后，进入下沉的华北拗陷盆地，最初流经郑州以西开阔的谷地，至郑州京广铁路线以东则流经辽阔的大平原区。在河流径流通过很大的落差流入宽展的河段以后，随着地势变缓，河床断面宽浅，比降变小，径流扩散和流速的减小，迫使上游大量碎屑物质发生沉积，在山前地区形成深厚的冲积扇体，自此整个黄河全线贯通，河水漫溢形成多期冲积扇。

各期冲积扇范围不一致，最大范围为孟津宁嘴北沿太行山麓与山前冲积扇交错，西南沿嵩山山麓与淮河上游相接，东临南四湖，东西长约355 km，南北宽410 km，总面积72 144 km^2，黄河下游平原南部均处在该冲积扇扇体上，地势西高东低，黄河河道贯穿扇体的中部，至兰考转向北东，受两岸大堤束范的河床，由于泥沙不断地沉积抬高，形成举世闻名的“地上悬河”，成为地表水和地下水的天然分水岭。

（二）黄河三角洲冲积平原

黄河三角洲平原是黄河下游的又一重要地貌类型。利津以下黄河河口地带，呈扇形展开，前缘海岸线长378 km。地形平坦高差不大，地面西南高，东北低，向渤海倾斜，海拔在10 m以下，一般为8～5 m，靠近海边1 m左右，自西南向东北其坡降为1/8 000，局部地区坡降1/3 000。本区由于受黄河及渤海的影响，有较多的微地貌变化，地面高低起伏，呈长块状及圆形的高地和洼地。高地呈自然堤的形式，是黄河多次改道及泛滥形成的，黄河入海处水势迅速减缓，河床很快淤高，改道频繁，改道后残留为高地，在高地与高地之间形成面积达数十平方千米的洼地，如利津的王家大洼地，该区域古河道和洼地呈扇骨状向海岸辐射。

（三）地上河

黄河自西向东北横贯于研究区中部，河床高出大堤外侧洪泛平原地面3～10 m，形成本地区又一典型地貌——“地上河”河床地貌（见图7-2）。

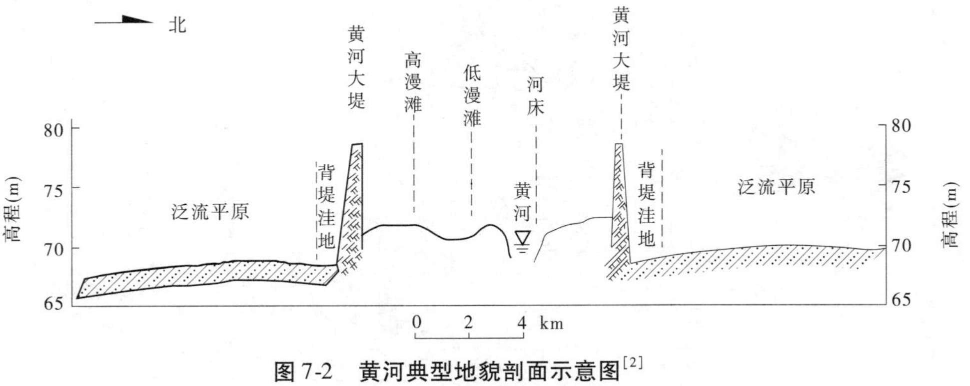

图7-2　黄河典型地貌剖面示意图[2]

（四）黄河漫滩

现代黄河低漫滩：分布于现代黄河河床两侧，宽0.3～6.0 km，一般高出河道水位1.0～3.0 m，漫滩微向河床倾斜。主要岩性为亚沙土、粉砂及黏土或薄层亚黏土，有的漫滩表层为黏性土，干燥时泥裂现象发育。

现代黄河高漫滩：沿黄河大堤内侧分布，宽0.5～7.0 km，高出低漫滩1～4 m。地势平坦，高出堤外两侧平原4～10 m，主要岩性为亚沙土、粉土质亚沙土、亚黏土及粉砂等。

（五）其他地貌类型

1. 黄河泛流平原区

黄河冲积平原区新构造运动特征是一直缓慢下降，黄河不断堆积，又由于历史上黄河的改道泛滥，在大堤两侧外形成广大泛流平原区，地势平坦，黄河以悬河形式流经中部。

2. 背堤洼地

背堤洼地分布在大堤背河两侧,呈带状沿大堤分布,宽 1 ~ 4 km,表现微凹的负地形,其中部分洼地成为积水洼地和湿地。

3. 黄河故道

黄河故道遗存于地表,在地貌形态上反映出明显的河槽洼地形态,河槽宽窄不等,地下水埋藏浅,河槽内常年潮湿,局部地区存在大面积积水。

4. 决口扇

决口扇是黄河下游特有的地貌类型。受到人工堤防约束,黄河河床淤积抬高,高于背河地带地面时,在遇到特大洪水堤防又比较薄弱的情况下,产生决口扇。

四、水文地质条件

(一)含水层类型及特征

由山前到平原到滨海地带水文地质条件有明显的变化规律,第四系成因类型由冲洪积到冲积到海积,含水介质颗粒由砂砾石变为中细砂、粉细砂、粉砂,富水性由强到弱,含水层结构由简单到复杂,矿化度由低到高,水化学类型由 HCO_3 型到 $HCO_3 - SO_4$ 型、$HCO_3 - Cl$ 型、Cl 型。

由于平原区孔隙含水层厚度大,依据地下水循环条件、运动特征及含水介质埋藏特点,将其划分为浅层孔隙水含水岩组和中深层承压水孔隙含水岩组。

1. 浅层含水岩组类型与特征

浅层含水岩组包括全新统、上更新统、中更新统上段含水层。水力性质为潜水 - 微承压水。按含水介质成因分述如下。

1)黄河冲积平原浅层地下水分布规律及赋存特征

上部除地表黄河故道颗粒较粗外,其余地带为弱透水的亚沙土、亚黏土互层及粉砂层,下部为中砂、中粗砂、中细砂、细砂层,构成了典型的上细下粗的“二元结构”和粗、细相间的“多元结构”。受黄河摆动时间长短的影响,主流带和泛流带相间分布。主流带含水砂层粒度粗、厚度大,泛流带含水砂层粒度稍细,厚度也较小。

纵向变化特点:自上游至下游(自西向东)厚度逐渐变薄、层数由少逐渐变多、含水砂层粒度逐渐由粗变细。横向变化特点:由主流带向两侧至泛流带,厚度由厚略有变薄,含水砂层粒度由粗略有变细。由于含水砂层的厚薄和粒度粗细不同,富水性差异大。

整个浅层含水层的底板埋深从西向东呈现由浅到深再到浅的变化趋势(见表 7-1)。武陟县浅层含水层底板埋深为 45 ~ 69 m,原阳县约为 100 m,封丘县为 74 ~ 101 m,长垣县为 95 ~ 110 m,濮阳县为 80 ~ 120 m,开封县最深达 130 ~ 140 m。岩性颗粒变化呈现由细到粗再到细的趋势,在原阳县一带,颗粒最粗,含水砂层渗透系数最大。

表 7-1 浅层含水层底板埋深[3] (单位:m)

地区	底板埋深	地区	底板埋深
武陟县	45 ~ 69	封丘县	74 ~ 101
原阳县	约 100	长垣县	95 ~ 110
开封县	130 ~ 140	濮阳县	80 ~ 120

根据该地段具体情况，采用降深5 m时的单井涌水量作为富水性分区的依据，可将悬河段浅层含水层富水性划分为强富水、富水、中等富水三个区。

(1)强富水区(单井涌水量3 000 ~5 000 m^3/d)：①分布于黄河冲积主流带(主要为原阳县境内)，含水层岩性以细砂、中砂、中细砂、粗砂为主，夹小砾石，含水层渗透系数20 ~50 m/d；②分布于濮阳县境内沿金堤河一带(岳新庄—东八里庄—东巴河—柳屯)，为黄河古河道，含水层渗透系数15 ~25 m/d。

(2)富水区(单井涌水量1 000 ~3 000 m^3/d)：广泛分布，含水层岩性主要为细砂、粉砂，局部有中砂，含水层渗透系数8 ~15 m/d。

(3)中等富水区(单井涌水量500 ~1 000 m^3/d)：多呈条带状分列于黄河南北两侧，黄河北为东北向排列，黄河南为东南向排列。含水层岩性主要以细砂、粉砂为主，含水层渗透系数5 ~8 m/d。

2)黄泛区浅层地下水分布规律及赋存特征

鲁西鲁北黄泛平原区，受黄河泛滥改道的影响，形成了含水层在分布上交叉重叠的复杂局面，但地层沉积、砂层分布在水平方向上具有明显的规律性，由北向南分布有冠县—宁津、莘县—临邑两条古河道密集带。

莘县—临邑古河道密集带：在聊城市境内有莘县—茌平和东阿—茌平两支汇于茌平，由茌平向东经禹城到达临邑，又分为两支：临邑—桑落野和临邑—滨州。临邑向西宽度15 ~35 km，砂层厚度10 ~30 m，富水性较好，单位涌水量一般大于160 $m^3/(d·m)$；临邑向东宽度15 ~35 km，砂层厚度一般为5 ~20 m，单位涌水量一般超过80 ~160 $m^3/(d·m)$。

自古河道主流线堆积带到河漫滩交替带再到河间带，含水层粒度由粗变细，厚度逐渐变薄，富水性逐渐减弱。在边缘带含水层主要由粉细砂组成，厚度5 ~10 m，单位涌水量80 ~160 $m^3/(d·m)$；河间带含水层主要由粉砂组成，厚度一般小于5 m，单位涌水量一般小于80 $m^3/(d·m)$，局部因裂隙黏土的存在水量有所增大。

3)滨海冲海积平原浅层地下水分布规律及赋存特征

滨海冲海积平原由于受第四纪海侵的影响，海相地层较为发育，地层颗粒细、砂层薄、富水性弱，多为咸水、半咸水。砂层厚度一般小于5 m，单位涌水量小于80 $m^3/(d·m)$[4]。

2. 中深层含水岩组类型与特征

中深层淡水含水层主要由第四系中、下更新统的粉砂、细砂、中细砂及粗砂组成，从上向下，粒度逐渐变粗。含水层层次多，单层厚度薄，在500 m深度内可达10 ~20层，单层厚度多在2 ~6 m，砂层与黏性土频繁叠加，使中深层含淡水地层岩性结构极为复杂。

中深层淡水因埋藏较深，补给源贫乏，地下水运动滞缓，水量不甚丰富。其以消耗储存量为主。总体上西部、西北部富水性较强，如鄄城—菏泽—定陶—成武—鱼台，禹城—高唐—聊城—莘县—阳谷，庆云—宁津，唐庙—高青—北镇等地区，单井涌水量一般为1 000 ~3 000 m^3/d，其他地区富水性均较弱。

(二)地下水的补给、径流和排泄

地下水的补给、径流和排泄即为地下水的循环。由于黄河水位高出大堤两侧地下水水位数米到十几米，因此黄河成为控制地下水流场的主要驱动力。绝大部分地段地下水总的径流趋势是有黄河向北东和南东两个方向径流。

浅层地下水的补给主要靠降水入渗，不同埋深地段入渗系数相差可达0.1～0.3，多年平均降水量600～700 mm，其补给量是相当可观的，约占86.6%。此外，地表水灌溉回渗补给量占6.4%，河渠侧向补给量占7%，合计地表水补给量占13.4%。据《黄淮海平原水文地质综合评价报告》（地质出版社，1992），黄河侧渗影响范围为5～10 km，本系统所处河段单宽渗漏量为122万 $m^3/(a \cdot km)$，仅有局部地段浅层地下水可补给黄河水。在鲁中南中低山前，浅层及中深层孔隙地下水还得到基岩裂隙水及裂隙岩溶水的侧向径流补给。地下水的排泄主要靠蒸发和人工开采。

天然条件下浅层地下水越流补给中深层地下水，深层水的补给与排泄主要靠极微弱的水平径流，运动方向与潜水径流基本一致。傍河开采条件下，黄河侧渗补给地下水的强度加大，局部地段因浅层地下水水位下降，中深层地下水可转化为越流补给浅层地下水。

（三）地下水的动态特征

1.浅层地下水动态特征

受人为和自然因素的控制，不同地段地下水动态影响因素不同，地下水动态变化规律各异。根据地下水动态主要控制因素、形成条件及动态变化特征，黄河下游区域浅层地下水动态类型可分为：气象－水文型、气象－灌溉型、气象－开采型[3,5~7]。

1）气象－水文型

该类型地下水主要分布在黄河两侧。距河较近地段的地下水动态变化主要受黄河水侧渗补给影响，地下水水位升降与黄河水位涨落同步，动态类型为水文型；稍远地段地下水动态除受黄河水侧渗影响外，还受降水、蒸发等气象因素影响，动态类型为气象－水文型（见图7-3）。

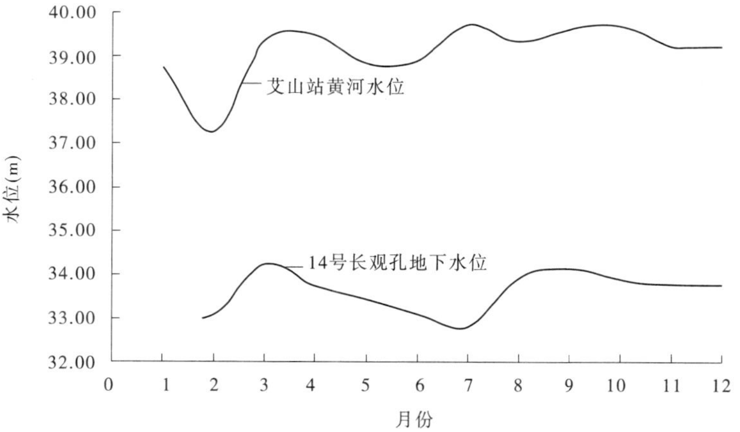

图7-3　气象－水文型动态类型曲线

2）气象－灌溉型

该类型地下水主要分布在离黄河较远的黄河影响带两侧。地下水动态除受降水入渗和潜水蒸发影响外，灌溉回渗影响也较为明显。地下水年动态表现为平—升—降—升—平单底双峰的近两个地下水动态旋回。一般3～6月为枯水期，7～10月为丰水期，11月末至次年2月降水和蒸发减少，进入平水期，而3月、4月引黄河或开采地下水进行灌溉，形成全年第一个升幅，一般上升幅度较 8～10 月丰水期低。

3）气象－开采型

该类型地下水广泛分布在地下水开发利用程度较高的井灌区和城镇集中开采区。地下水主要接受降水入渗补给，消耗于人工开采。一般年内水位动态变化特征如下：上半年降水量较小，人工开采使地下水水位持续下降，汛期降水入渗补给地下水使水位上升，地下水水位保持相对稳定状态；汛后至年底虽降水减少，但农业灌溉开采量小或已基本停止，而使水位略有回升。

2. 中深层地下水动态特征

天然条件下，中深层地下水主要接受侧向径流补给。中深层含水层和浅层含水层之间有一相对稳定的隔水层，二者存在一定的水头差，但水力联系较微弱。所以，中深层地下水动态变化基本不直接受黄河水位、气象等因素影响，而主要与人工开采有关。在长周期中，中深层地下水动态受丰水年或枯水年，尤其是连续的丰、枯水年影响，水头呈现高、低变化。

1）径流型

在中深层地下水无开采区，其动态类型一般为径流型。从动态曲线上看，水头起伏变化不大，无明显的峰值、谷值，水头变幅一般为 1 m 左右。

2）径流－开采型

在中深层地下水有开采的地区，其动态类型一般为径流－开采型。从动态曲线上看，水头变幅较大，且有较多的峰、谷，说明开采影响明显。

第二节　国内外研究现状

一、地表水与地下水相互作用的国内外研究现状

最早涉及地表水和地下水相互作用的研究可追溯到 Boussinesq 在 1877 年对河流与连续冲积含水层作用规律的探讨[8]。对地表水和地下水交换水量与水质定量的分析，常用的方法有以下几类。

（一）解析法

特殊的水文地质条件达到解析求解的条件，通过简化河流－含水层系统，可用解析法分析。目前主要存在 3 种解析模型[9]。

（1）假定河流完全切割含水层以及与含水层有密切的水力联系，泰斯（Theis）首先提出了傍河取水对河流与含水层水位影响的解析模型[10]，后人对该模型进行了修正，使其有了长足的发展[11]；

（2）假定河流完全切割含水层以及与含水层有密切的水力联系，河流与含水层之间存在隔水边界的情况，虽然更符合实际的水文地质条件，但在现实过程中仍很少应用[12]；

（3）假定河流部分切割含水层的情况。随着河流与含水层相互作用研究的深入以及许多野外试验的开展，证明了如果不考虑河流部分切割含水层、河流与含水层水力联系较弱的情况，计算的河水渗漏量将偏大。Hunt[13]假定河流渗漏量同河水与含水层的水位差

成线性关系，用解析法求解，不仅包括了前人得到的解析解，而且得到了含水层中任一点的水位降低值，同野外实测数据吻合较好。Christensen[14]对Hunt模型的敏感性和不确定性进行了分析，指出如果能准确测量含水层和河流的水位，该模型应用较广。在前人工作的基础上，又有学者研究了河流宽度、河床底部沉积层厚度和渗透系数的影响，提出了解析模型[15,16]。

朱仲元、刘廷玺等[17]采用水量平衡法和非稳定流法两种方法计算了西辽河（辽河主流上游老哈河汇合西拉木伦河后，称为西辽河）麦新—通辽河段（无区间来水）渗漏补给量。在水量平衡方法中，考虑同步的河段上下游测站断面处流量、河段降水量、水面蒸发量和区间引水量，计算得到逐日渗漏量。假定行洪期河流水位迅速上升至某一水位，一次行水过程水位呈阶梯形变化，将河道两侧地下水流视为一维流，根据非稳定流原理计算西辽河单位河长向两侧渗漏补给量。两种方法计算结果相近，西辽河麦新—通辽河段1954～1992年平均渗漏量为1.18亿m^3/a，平均单位河长渗漏量为72.77万$m^3/(km\cdot a)$，渗漏率（渗漏量与年径流量之比）为20.75%。

1980～1987年，在地质矿产部黄淮海平原水文地质综合评价项目中的“黄淮海平原地下水资源研究”课题及国家重点项目第38项的“华北平原分区地下水补给量及时空变化规律研究”课题中，都曾在黄河两岸建立了数个长期观测断面，应用一维非稳定流解析解模型和GW－1型与R－C网络混合模拟机，对黄河向地下水的侧向径流补给进行了较深入的研究。研究结果表明，黄河下游对地下水的侧向径流补给影响范围达10 km，侧渗对地下水补给量为6.92亿m^3/km[18]。

陈崇希等[19]对傍河区开采地下水形成的承压－无压稳定井流进行了解析法求解与分析。陶月赞[20]在潜水蒸发和河渠水平渗透共同作用下，对潜水非稳定渗流模型，利用Boussinesq第一线性化方法，通过Laplace变换，导出了在非时变垂向水量交换作用下，河渠边界控制的半无限含水层中潜水非稳定渗流过程的解析解，该模型及其解析解可用来研究河流与含水层间的垂向、水平水量交换的相互转化规律。

袁红卫、崔绍峰等[21]假设于黄河聊城段东阿县境内的艾山侧渗观测断面上截取一个宽度为1 m、长度为1 m的计算区（顺河为宽，垂直河为长），考虑计算区内潜水蒸发量、降雨入渗补给量、地下水开采量，应用水均衡原理分析计算含水层导水系数T，并通过同位素示踪试验得到了验证。由于侧渗井离黄河较近，水位变化同步性好，水流运动可看做一维水平流，应用达西公式计算得到1986～1994年黄河单位长度向左岸的平均侧渗量为33.8万$m^3/(km\cdot a)$。为减少引黄水量误差影响，选用1971～1987年枯季无引黄或少量引黄月份共31个月断面径流系列水量平衡法计算孙口—艾山区间水量损失量为109万$m^3/(km\cdot a)$，考虑水面蒸发损失，渗漏量为64.1万$m^3/(km\cdot a)$。由于左岸比右岸侧渗量要大，假定左岸侧渗量为1，右岸侧渗量为0.7，则左岸侧渗量为37.7万$m^3/(km\cdot a)$，可见，达西公式法与区间水量平衡法计算的结果基本一致。

（二）数值模型法

在用解析解分析的同时，许多学者采用数值模拟方法进行地下水与河水关系的研究，讨论了非完整河流、非完整井、含水层各向异性、不规则河床等相对复杂的情况，并进行了详细的模拟。

目前，用来分析地下水与河水相互作用的软件有 MODFLOW、FEMWATER、FEFLOW、GMS(Groundwater Modeling System)等。美国地质调查局开发的 MODFLOW，是三维有限差分模拟软件，以其可视化程度高、交互性强、前后处理功能优越，国外运用非常广泛。FEFLOW 是由德国水资源规划与系统研究所(WASY)研制开发的基于有限元计算方法的地下水模拟可视化软件。它的系统组成部分包括图形人机对话、GIS、CAD 数据接口、有限单元网格生成器、空间参数区域化和可视化工具。GMS 软件具有良好的使用界面、强大的前处理和后处理功能及优良的三维可视效果，已成为目前国际上最受欢迎的地下水模拟软件之一，但系统规模较大，对计算机要求较高。

数值模型包括确定性数值模拟模型、确定性最优化管理模型和随机模型。

1. 确定性数值模拟模型

确定性数值模拟模型是在给定边界条件时预测现在或将来可能的情形。钱会、郑西来等[22]以非完整河旁完整井列抽水的理想化实际模型为基础，建立起该模型的三维稳定渗流数学模型，采用有限差分法求解了各种不同情况下此模型的数值解。他们认为在非完整河旁抽取地下水会产生越河渗流问题，河流的宽度、河流的完整性以及河底弱透水层的渗透性都会对越河渗流问题产生重要的影响，对这类问题的求解应采用三维渗流数学模型。

近年来，数值法已广泛应用于河流径流量衰减的研究中[23~25]。束龙仓、Chen Xunhong[26,27]以美国内布拉斯加州普拉特河谷为例，把河流流量衰减的过程分解成河流基流的减少和河流入渗的增加两个过程，采用 Visual MODFLOW 软件模拟抽水对普拉特河流量的影响，结果表明，抽水后期对河流流量的影响程度要明显大于抽水期间，地下水水位高出河流水位的值越大，抽水对河流基流量减少的影响越明显，对河流渗漏增加的影响却越微弱。

崔亚莉、赵云章等[28]将黄河下游悬河段作为地下水系统的混合边界条件处理，运用 FEFLOW 软件建立研究区地下水流数值模型，重点评价了原阳水源地地下水流场和动态的变化趋势，模型计算结果表明，规划新增地下水开采量 4.86 亿 m^3/a 中的 3.22 亿 m^3/a 来自袭夺黄河水量。曹剑峰、冶雪艳等[29]在建立黄河下游悬河段水文地质概念模型的基础上，构建三维地下水流模拟模型，应用 FEFLOW 有限元软件求解。运用识别和验证后的模型计算表明，50% 和 75% 降水保证率年份黄河下游悬河段侧渗量分别为 6.934 72 亿 m^3 和 6.378 2 亿 m^3。

国内外已出现许多集成地表水和地下水的模型。在国内，已有一些流域水文模型，其中多数模型是基于山坡水文学的概念或者简化的地下水含水层建立的，应用范围受到限制。李致家等[30]从河道水流一维不稳定流(扩展的圣维南方程组)有限差分的迭代方程和地下水的有限元数值方法出发，通过河道四周地下水流与河道水流的交换流量把两个模型数值计算的矩阵方程从理论上耦合起来。蒋业放等[31]运用动态水量交换机制，将河水模型和二维地下水模型进行耦合，分别用欧拉法和三角网格差分法来求解。武强、孔庆友、徐军祥等[32,33]利用河流一维明渠非恒定流与地下水拟三维非恒定流运动方程建立了集成地表水和地下水的模型，并将其应用到黑河流域下游水资源开发利用评价上。

2. 确定性最优化管理模型

确定性最优化管理模型是根据经济、生态环境等约束条件，利用线性规划、动态规划、随机规划、多目标规划及智能算法等，找出最优或较优的管理方案。谢新民等[34]利用响应矩阵法等建立地表－地下水资源系统分布参数多目标管理模型，基于大系统理论和多目标决策理论，提出一种规范加权目标协调法，将其用于分析和求解四混联水电站水库群与一地下水资源系统联合运行多目标管理问题，解决了以往利用传统优化技术求解大规模、多目标、非线性决策问题所遇到的困难。

3. 随机模型

随机模型是利用概率统计原理对地表水和地下水作用进行描述。

张贵金、徐卫亚[35]在对岩溶坝区透水性随机场进行分析的基础上，提出了渗透随机性的数学描述，基于 Talor 随机有限元建立了渗流应力耦合的随机微分方程形式，能更客观准确地描述岩体的渗流状态。

综上所述，数值模型法是基于物理基础建立的数值模型，较解析法有许多优点。虽然它对支撑的数据和测量的参数精度要求较高，但能模拟和分析各种复杂条件下的地表水与地下水相互作用规律，应用较广。但与解析法一样，数值模拟法也只是研究了一个理想的情况，并非实际问题。

（三）水文地质实际调查、地球物理及统计分析

李俊亭、王恩志等[36]根据 Bauwer 渗水仪的原理，设计了一种具有双环法测试功能且能模拟测量地表水体在不同水深时垂向渗流量的测量仪，并将其应用到西宁市塔尔水源地、陕西省府谷水源地、陕西省渭南市白杨水源地，分别测量了西宁市北川河、黄河、渭河等河流对地下水的垂向渗流量。油新华、李晓等[37]综合了现场试验和室内试验的优点，利用自制变水头渗透仪，对长江三峡工程库区奉节县白衣庵滑坡一、二、三级阶地及坡积层 4 个地点的原状土样在水平（实际渗水方向）和竖直两个方向上的渗透系数进行测定，现场制作试样，室内进行试验，得到更能反映工程实际情况的参数。仵彦卿、张应华等[38]运用美国 Soilmoisture Equipment 公司制造的 Model 2800 Guelph（圭夫）入渗仪，在黑河鼎新河段河床上进行了大量入渗试验，获得河床以下弱渗透层的平均渗透系数约为 0.56 m/d。根据实地调查，河床下弱渗透层厚度取平均值 2 m，河流水位与地下水水位差平均为 2 m，渗漏河谷段长约 70 km，渗漏段河水面宽约 30 m，每年过水时间为 150 d，采用达西公式估算鼎新河段渗漏量为 1.764 亿 m^3/a。

廖资生、林学任等[39,40]根据郑州地质工程勘察院于 1991 年和 1994～1995 年先后两次在郑州北郊黄河滩地上进行的 4 组大流量、大降深的抽水试验，查明了黄河岸边地下水水位明显地随着黄河水位变化而变化，特别是黄河的洪峰到来时，岸边地下水水位峰值和黄河水位峰值几乎同步，明显地反映出河水对地下水的强烈补给作用。根据井组抽水试验稳定状态下的抽水量和地下水流线特征所确定的河流侧渗补给带宽度，准确地计算出：当抽水井组距河岸 400 m 时，河流对地下水的单宽侧向渗透补给量可达 10 000 $m^3/(d \cdot km)$；当抽水井组距河岸 3 000 m 时，河流对地下水的单宽侧向渗透补给量为 3 715 $m^3/(d \cdot km)$。

河流入渗量与潜水得到的河水入渗补给量一般是不相等的，这是因为河水入渗后在没有到达潜水面之前,通过包气带而又返回地面的蒸发损失量是客观存在的。王润兰、康卫东等[41]采用有机玻璃制作了一个高 1.5 m、长 1.5 m、宽 0.5 m 的渗流槽模拟模型装置,就河水入渗过程中蒸发损失量的计算进行了室内模拟试验研究,试验结果表明,常年有水河流的河水入渗量的蒸发损失率小于 10%,即有 90% 以上的河水入渗量补给地下水。

(四)水文地球化学方法

水文地球化学方法包括化学取样分析及同位素方法。地表水与地下水的关系表现为水质的差异,通过分析地表水与地下水中的化学成分,可以定性地判别两者的转化关系。唐书平、王利等[42]应用水文地质学理论研究认为,在郑州市"九五滩"水源地,黄河水对两岸地下水的影响主要表现在地下水化学成分中 Cl^-、SO_4^{2-} 的含量上,表现为距黄河越近影响作用越强、含量越高,距黄河越远影响作用越弱、含量越低,随水源地开采时间的延长有增加趋势,且 SO_4^{2-} 增速大于 Cl^- 增速,但其绝对含量不会超过黄河水。汪丙国、靳孟贵[43]等利用天然环境氯离子示踪法评价了河北平原鹿泉和栾城地区地下水的垂向入渗补给量,结果表明,该方法在山前冲洪积平原水位埋深大的淡水区应用效果较好。

同位素技术因其在水循环中的标记性和计时性的特点,已被广泛地应用于水资源领域。顾慰祖等[44]在乌兰布和沙漠北部,测得了地下水和周围可能有补给关系的其他水点的 ^{18}O、氚和 ^{14}C 含量,识别出两类承压水的各 3 个补给源和潜水的 3 个补给源,并估算了各补给源的组成和变幅。平建华、曹剑峰等[45]利用在黄河下游悬河段 4 个剖面上采取的 67 个地下水和黄河水样,获得了 δD、$\delta^{18}O$ 和 T(TU)在空间和时间上的分布规律。潜水的氚值和占 $\delta^{18}O$ 的特征表明,黄河水与地下水水力联系密切,黄河对地下水的影响,南岸在郑州一带影响范围较小,约 5 km,向东影响范围逐渐增大,在中牟和开封一带为 7 ~ 10 km;在黄河北岸影响范围为 9 ~ 20 km。

(五)智能化方法

智能化方法包括遗传算法、混沌理论、人工神经网络、专家系统、数据挖掘等。

何勇军、薛宝林[46]通过对土石坝渗流的成因分析,应用人工神经网络原理,并结合某土石坝的实测资料建立了渗流监控模型,给出了模型的输入输出因子和模型结构,该模型具有再学习能力,在应用过程中,可以用新的观测资料对模型不断地进行学习训练,以提高模型的精度。

姚磊华[47]充分利用遗传算法善于进行全局搜索和高斯牛顿法善于进行局部搜索的优点,克服了两种方法各自的不足,用改进的遗传算法和高斯牛顿法联合反演地下水数值模型参数,首先用遗传算法求出地下水模型参数的初值,然后利用这组初值用高斯牛顿法进行数值模型参数的反演,并以非均质各向同性承压二维非稳定流模型,结合有限元法讨论了用遗传算法和高斯牛顿法联合反演地下水数值模型参数的过程。计算结果表明,联合参数反演方法,具有收敛速度快、解的精度高的特点。

无论是理论研究还是生产实践,均需在对区域实际水文地质条件进行概化的基础上,选择适宜的方法求解。在实际应用中,通常联合使用如上所述的多种方法,一方面可以取长补短,另一方面可以相互验证。Oxtobee、Novakowski[48]通过航空摄影解译、河流详勘、电导率和温度调查、同位素分析、混合计算,并借助微压力计、渗流计、堰,测得点上的水位和流量，确定、量化加拿大 Twenty Mile 河与含水层的相互作用关系。结果表明，Twenty Mile 河与含水层的相互作用极弱，地下水作为 Twenty Mile 河的基流时，研究区超过 95% 的地下水完全在 Twenty Mile 河的河床下流动。观测发现，在基岩河流环境中，地下水径流的主要途径是不连续的点源、发育的裂隙，而对于多孔介质，更常见的是发散、连续的渗流环境。尽管前人研究表明研究区内有许多发育的垂向裂隙，但这些裂隙的垂向联系极差，限制了 Twenty Mile 河附近的地下水交换，而 Twenty Mile 河河水的流速低、流量小，不能切割基岩，致使水平方向的裂隙在研究区内的水量交换过程中起不到关键作用。

二、存在的问题

（一）观测资料

研究地表水与地下水水量、水质的相互转化关系，一般需要测定研究区的渗透系数、水力坡度等水文地质参数。以渗透系数为例，可通过野外现场、室内试验测定。野外现场试验可以得到较为准确的合乎实际水文地质条件的结果，但费时费力；室内试验操作方便，但结果与实际常有不同程度的出入。另一方面，国内外研究中普遍缺少陆面－非饱和土壤水－地下水等介质面观测资料，也是不容忽视的客观问题。

（二）时空尺度和随机因素

由于地表水与地下水的相互作用过程受地质构造、地形地貌、气象水文、人类活动等多种条件控制，其时空变化十分复杂，尤其是陆面地形、气象水文和人类活动这三个重要的影响因素，空间变化表现出非均匀性、不确定性，因此准确计算区域参数、地表水与地下水界面通量的时空分布常常是很困难的。国内外现有研究大多假设影响因素在局部区域均匀分布，以点代面，这显然不符合实际，需要进行不同时间尺度的地表水、地下水耦合以及界面通量在不同尺度上转换方法等研究。

（三）智能化方法的物理机制

尽管与传统方法相比，智能化方法具有数据处理速度快、运算结果精度高、省时省力等优势，但该方法并不是对地表水与地下水相互作用非线性过程的真实描述，不能反映系统的真实结构，因而不能最终完全替代系统的机制模型。

（四）变异条件

气候变化和人类活动是影响地表水－地下水相互作用的重要因素，变异条件是指引起地表水与地下水相互转化状态发生较大变化的自然因素和人类活动。从水循环的角度分析，能积极参与现代水循环的地下水的补给源都直接或间接地来自于大气降水。因此，气候的异常变化，特别是降水量的异常变化，将对地表水与地下水从量和质两方面产生很大的影响。

作为一种巧用地表水的水资源开发利用方式，傍河开采地下水在国内外得到了广泛的应用，尤其在我国一些大江大河流域，已建、规划的傍河水源地已有相当大的规模。通过沿河岸大规模、无序地开采地下水诱发河水加速向含水层入渗，增加地下水资源可开采量，但同时也增加了受污染河水进入含水层以致进入机井的机会，污染饮用水源。国内外关于变异条件下地表水与地下水相互转化关系的深入研究尚不多见。

三、发展趋势

(一)地表水和地下水的集成模型方面

国外基于物理过程的地表水与地下水的集成模型较多,其中 MIKE - SHE(System Hydrologique European,欧洲水文系统模型)系列软件和 MODHMS 模型功能较为完善。对于集成模型中不同时空尺度的整合、不确定性参数的率定,以及如何处理水文系统的非线性是亟待解决的关键问题。集成模型结构的严谨和实际应用的困难是集成模型应用和通用化的障碍,如何建立观测大气 - 陆面 - 土壤介质面通量动态变化的四维结构一致性观测系统,最大程度地应用"3S"数据也是集成模型发展的方向之一。

(二)智能化方法方面

由于水文过程极其复杂,研究问题常常具有不确定性、非线性、高维等特征,传统方法已远远不能满足,需要引入智能化方法等新方法才能解决,甚至更复杂的问题需要混合多种智能化方法才能得到满意的结果,这种混合智能化方法已经成为当前人工智能研究的热点。

(三)对变异条件的响应方面

自 20 世纪 50 年代以来,由于自然因素作用和人类活动加剧,河流与地下水关系发生了相应变化,从而对河流沿岸地下水资源的构成、水质、河川基流和河流与地下水相互转化界面处的物质通量、能量交换、生态功能的演化产生了重要影响,当变异条件超过阈限时,河流与地下水的关系将会朝着加剧或相反方向演化。因此,迫切需要从全新的角度对由此引发的问题进行深入的研究,建立仿真性高的模型对其演化过程及诱发的相关问题进行模拟。

(四)地表水影响地下水的范围方面

近年来,突发性地表水污染事故屡见不鲜,不仅造成直接的财产与人身损失,而且造成许多环境灾害问题,受到污染的河水影响地下水的范围也是一个需要十分关注的问题。如何反映由于地表水污染事件引发的地下水污染状况及其随时空分布、变化过程,为水环境保护,尤其是为处理突发性水污染事故提供强有力的决策支持,为受害对象提供安全可靠的备用地下水水源,也将是地表水与地下水相互作用的研究趋势。

第三节　野外现场测定法确定渗透系数

一、技术路线

本次研究结合黄河下游河段现有的水文站分布情况,选择 5 ~ 6 个监测断面,利用竖管法现场测定河床沉积物的渗透系数;同时,在上述断面不同深度采取河床沉积物的砂样,进行室内的颗粒级配分析,并根据实验室颗粒级配分析结果,研究河床沉积物颗粒在横断面上垂向分布和在纵断面上沿程分布特征,并将河床沉积物颗粒沿程分布特征与河床沉积物渗透系数的沿程分布特征相结合,进行综合合理性分析;收集这些断面位置的黄河河道流量与水位、地下水水位的逐月观测资料,分析黄河下游河道水位变化与两岸地下水水位的关系，建立河道渗漏计算模型。

在两岸大堤外结合现有的水文站分布情况，合理地布设地下水观测断面，计划设立30处地下水观测井，依据部颁规范及有关技术规定进行观测。

收集与这些地下水观测井相应断面位置处的黄河河道的流量与水位、地下水水位等有关项目逐月观测资料，分析黄河下游河道水位变化与两岸地下水水位的关系，建立河道渗漏耗水量计算模型，分析计算黄河渗漏耗水量。与遥感信息与地理信息系统相结合，对黄河下游河道的总渗漏耗水量进行分析计算，并分析黄河下游河道渗漏损失耗水量的时空变化特征。

二、室内颗粒分析试验

如前文所述，河床沉积物的采集选在黄河下游5个代表性的水文站：花园口、高村、孙口、艾山和泺口站常年观测的河流断面处，距离试验竖管仅0.5～1.0 m，从沉积物表面起算，采集向下0 cm、20 cm、40 cm 3个深度处的沉积物，用备好的洁净塑料袋盛放沉积物样品，每个塑料袋上贴有该样品的编号，带回河海大学水文水资源与水利工程科学国家重点实验室进行颗粒分析试验。

(一)颗粒分析方法

对沉积物进行颗粒分析的方法很多，根据沉积物的特性，可以采用不同的方法。实验室常用的颗粒分析方法有两种。

(1)筛分析法(干筛或湿筛)：适用于粒径大于0.075 mm的粗颗粒。

(2)沉降法(移液管法或密度计法)：适用于含有一定量的粒径小于0.075 mm的细颗粒，且试验中要求颗粒沉降时不产生絮凝现象。

对于粒径变化范围较大的样品，有必要联合使用筛分析法和沉降法。筛分析结束后，如果底盘内颗粒(小于0.075 mm)质量大于样品总质量的10%，就必须进行沉降分析。考虑到密度计法的操作程序复杂、烦琐，容易产生较大误差，因此本次研究联合使用筛分析法和移液管法进行颗粒分析试验，这便是经典的筛分析－移液管法。

筛分析法适用于对粒径大于0.075 mm(或0.062 mm、0.1 mm)的土样进行颗粒分析，即利用筛孔大小不同的一套筛子进行粒度分级，测定和分析无胶结松散介质的粒度组成。首先将各种孔径的标准筛按筛孔大小顺序叠置，孔径大的筛在上面，孔径小的筛在下面，顶层筛上加一筛盖，底层筛(孔径为0.075 mm、0.062 mm或0.1 mm)的下方安放底盘，用来接收粒径小于0.075 mm(0.062 mm或0.1 mm)的土样。将烘干的土样置于最上层筛内，用振筛机震摇，直至各筛无土粒漏下为止。将留在各筛上的土样分别称重，或按孔径从小到大依次累加称重，得到小于各种孔径的质量百分数。根据需要，本次研究选用了5只不同孔径的金属标准筛，按照从上到下的叠置顺序，孔径依次为0.5 mm、0.355 mm、0.22 mm、0.1 mm、0.074 mm。

移液管法又叫吸管分析法，属于混匀沉降分析法。即在分析开始时，悬液中不同粒径的土粒均匀分布。在沉降的过程中，相同粒径的土粒相对位置不变。自沉降开始后 t 时间，在量筒中悬液表面以下某一深度 L 处，单位体积悬液中的土粒含量是由小于和等于某粒径 D 的土粒组成的，该粒径由沉降时间 t 和沉降距离 L 按斯托克斯公式（stokes viscocity formula)求出。在沉降开始后的不同时刻,用移液管吸取量筒内一定深度处一定体积的悬液,经过烘干称重,求得一定深度处悬液的土粒重随时间的变化过程,继而推求其颗粒级配。移液管法比较简单,所需土粒样少,分析结果精度较高,稳定性好,是普遍采用的标准方法。近些年来出现的光电颗分仪、激光粒度分析仪都采用该法进行仪器参数的校核、率定。

采用筛分析－移液管法分析粒径范围较大的样品时,历时较长,不能满足实际需要。为了提高工效,目前全自动、半自动激光粒度分析仪已得到广泛应用。用激光粒度分析仪对松散介质进行分析,关键在于上机操作之前的预处理,不同的预处理得到的粒度分析结果会不一样。这可能是某种偶然误差或系统误差造成的,但其中规律性的变化则可能由沉积物本身的特性所决定,通过研究有可能揭示多种隐含的重要信息。光电颗分仪、激光粒度分析仪等先进设备的测量速度较快,计算过程简捷。因此,本次研究还联合采用了筛分析与光电仪测定沉积物样品的颗粒级配,但从试验的精度、稳定性要求来看,所得结果不符合本次研究对颗粒级配的精度要求。本次研究所采用的光电仪是由河海大学电气自动化研究所研制开发的 NSY－1 型光电颗分仪。

(二)实测颗粒级配曲线

本次研究在每个站点都采集了 3 个深度的样品,即:从沉积物上表面向下 0 cm、20 cm、40 cm处的样品,进行室内颗粒分析试验,绘制河床沉积物样品的颗粒级配曲线,图 7-4、图 7-5分别为采用筛分析－移液管法[49]、筛分析－光电颗分仪法[50]所测得的花园口河段河床沉积物样品的颗粒级配曲线,可以看出,两种方法所得细颗粒级配有所不同。图 7-6～图 7-9 分别为高村、孙口、艾山、泺口河段的颗粒级配曲线。

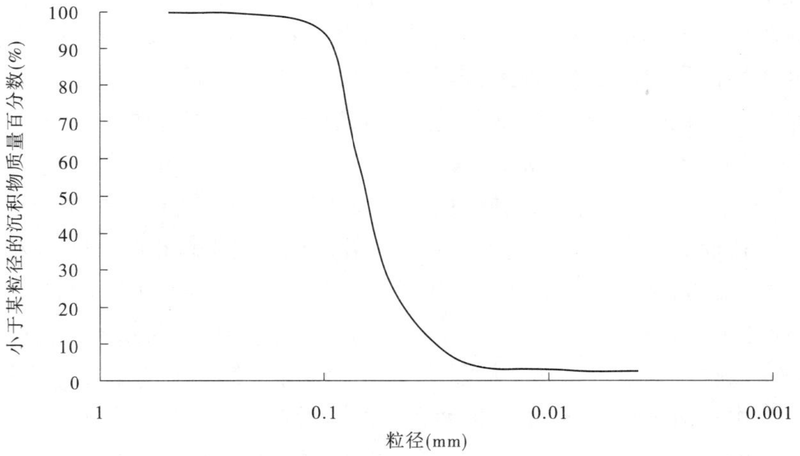

图 7-4　黄河花园口河段 20 cm 深度处河床沉积物的颗粒级配曲线

(筛分析－移液管法;采样时间:2005 年 5 月)

(三)粒径大于 0.05 mm 的沉淀物分析

前人研究表明,大于 0.05 mm 的泥沙是黄河下游淤积物的主要成分。本次研究对河

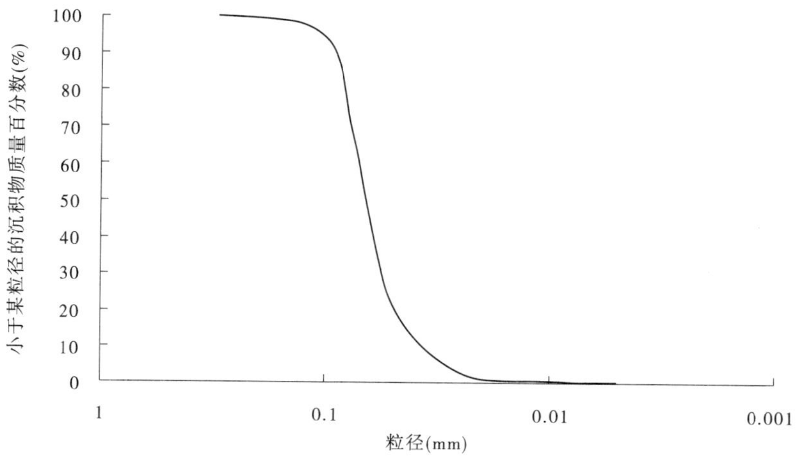

图 7-5　黄河花园口河段 20 cm 深度处河床沉积物的颗粒级配曲线

（筛分析－光电颗分仪法；采样时间：2005 年 5 月）

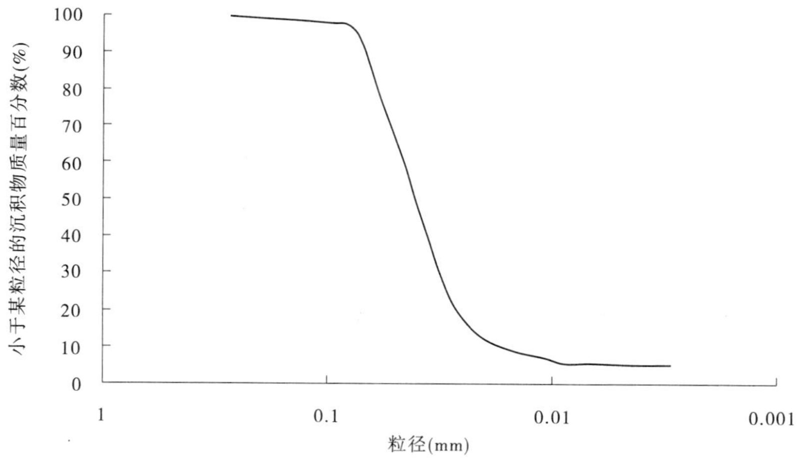

图 7-6　黄河高村河段 20 cm 深度处河床沉积物的颗粒级配曲线

（筛分析－移液管法；采样时间：2005 年 5 月）

床沉积物进行颗粒分析，从颗粒级配曲线上查读得到粒径大于 0.05 mm 的沉积物质量百分含量，如表 7-2 所示，花园口、孙口、泺口这 3 个河段粒径大于 0.05 mm 的沉积物质量百分含量从 0～40 cm 随取样深度逐渐增大，表明新近的沉积物颗粒较细。而高村、艾山这两个河段粒径大于 0.05 mm 的沉积物质量百分含量，在 0 cm 处达到最小值，在 20 cm 处达到最大值，在 40 cm 处介于前二者之间，与最大值比较接近（见图 7-10），与其他 3 个河段变化规律略有不同，可能是由于河流水动力条件不同所造成的。

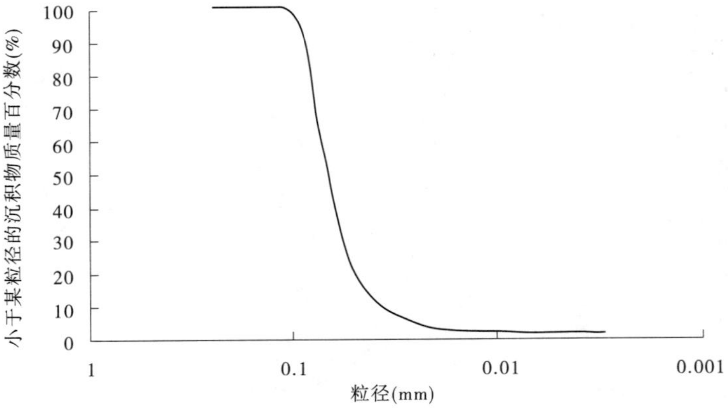

图 7-7　黄河孙口河段 40 cm 深度处河床沉积物的颗粒级配曲线

（筛分析－移液管法；采样时间:2005 年 5 月）

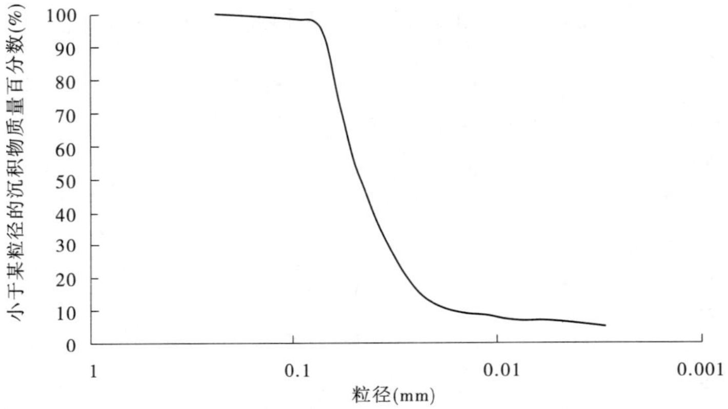

图 7-8　黄河艾山河段 20 cm 深度处河床沉积物的颗粒级配曲线

（筛分析－移液管法；采样时间:2005 年 5 月）

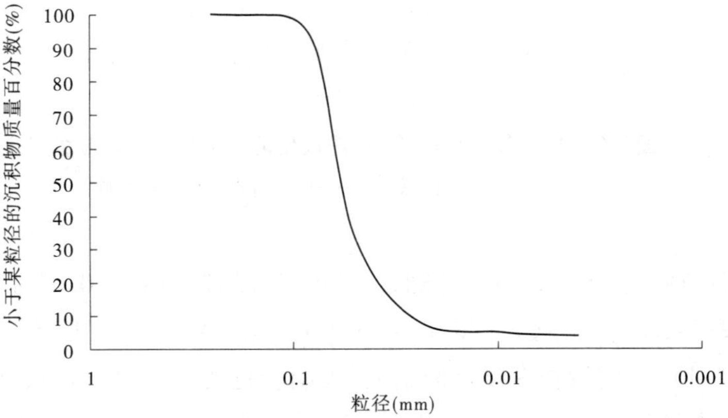

图 7-9　黄河泺口河段 40 cm 深度处河床沉积物的颗粒级配曲线

（筛分析－移液管法；采样时间:2005 年 5 月）

表 7-2　黄河下游不同深度处粗颗粒河床沉积物质量百分含量一览表

河段	粒径大于 0.05 mm 的沉积物质量百分含量(%)		
	0 cm 深度处	20 cm 深度处	40 cm 深度处
花园口	52.54	70.57	77.95
高村	9.35	29.48	28.14
孙口	27.01	71.21	77.68
艾山	23.97	43.65	37.49
泺口	25.80	59.55	65.15

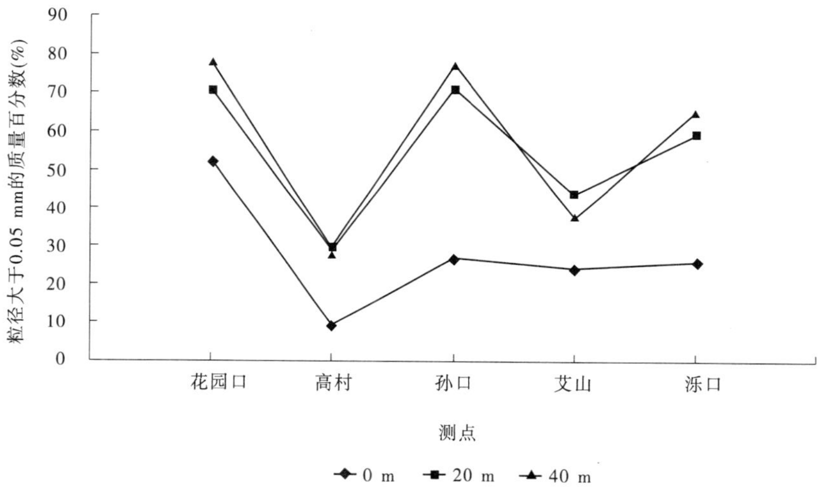

图 7-10　黄河下游各测点粗颗粒河床沉积物质量百分含量沿程变化

（联合使用筛分析法、移液管法）

（四）沉淀物特征粒径沿程变化

图 7-11 ~ 图 7-16 为在不同深度取样、采用不同颗粒分析试验方法得到的黄河下游各测点沉积物特征粒径沿程变化过程，由图可知，花园口、艾山、泺口这 3 个河段的沉积物在各取样深度的特征粒径均沿程减小，而位于高村下游的孙口河段，其特征粒径反而大于高村河段。

（五）级配指标

土颗粒组成特性以土的级配指标表示，即不均匀系数 C_u、曲率系数 C_c。土的级配的好坏可由土中的土粒均匀程度和粒径分布曲线的形状来决定，而土粒的均匀程度和曲线的形状用不均匀系数和曲率系数来衡量。C_u 小，则曲线陡；C_u 大，易压密。C_c 过大，台阶在 $d_{10} \sim d_{30}$ 间；C_c 过小，台阶在 $d_{30} \sim d_{60}$ 间。一般认为，对于纯净砾、砂，$C_u \geq 5$，且 $C_c = 1 \sim 3$ 时，级配良好；否则，级配不良。

式(7-1)用来计算不均匀系数：

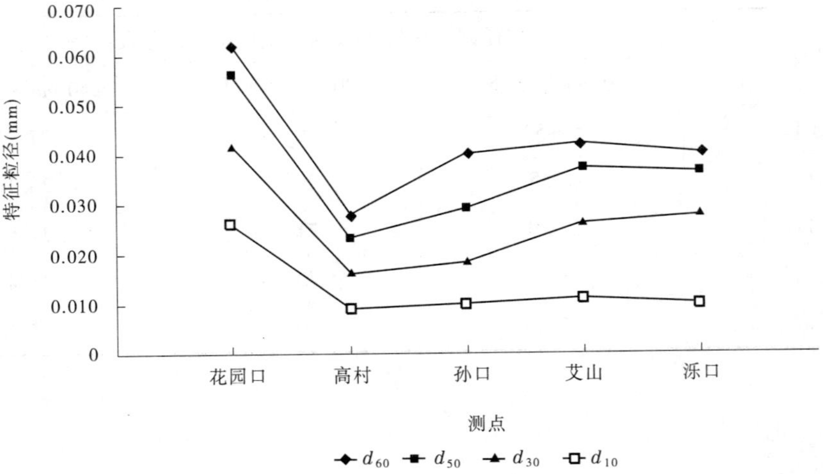

图 7-11　黄河 0 cm 深处河床沉积物特征粒径沿程变化
（联合使用筛分析法、移液管法）

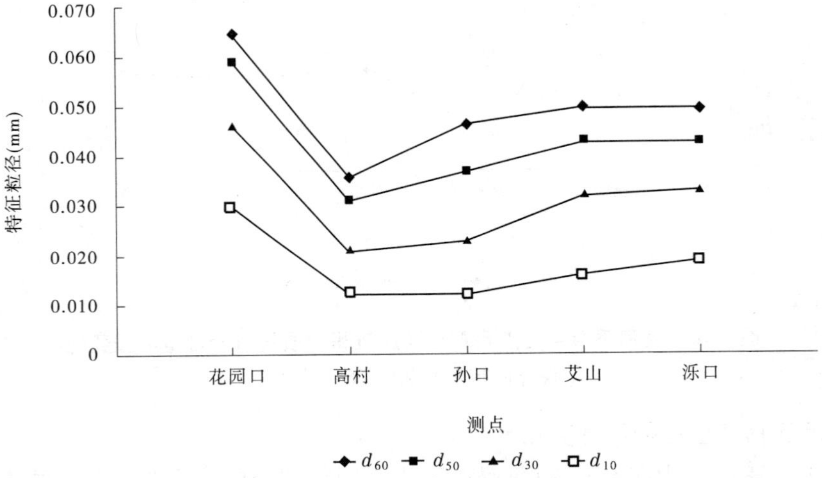

图 7-12　黄河 0 cm 深处河床沉积物特征粒径沿程变化
（联合使用筛分析法、光电仪法）

$$C_u = \frac{d_{60}}{d_{10}} \tag{7-1}$$

式中　C_u——不均匀系数；

d_{60}——限制粒径，即在颗粒级配曲线上小于该粒径的沉积物质量占沉积物样品总质量的 60%；

d_{10}——有效粒径，即在颗粒级配曲线上小于该粒径的沉积物质量占沉积物样品总质量的 10%。

式(7-2)用来计算曲率系数：

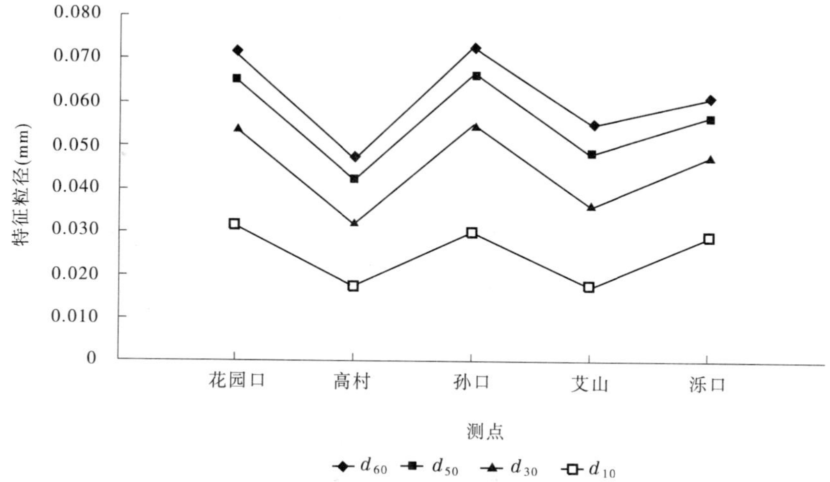

图 7-13　黄河 20 cm 深处河床沉积物特征粒径沿程变化
（联合使用筛分析法、移液管法）

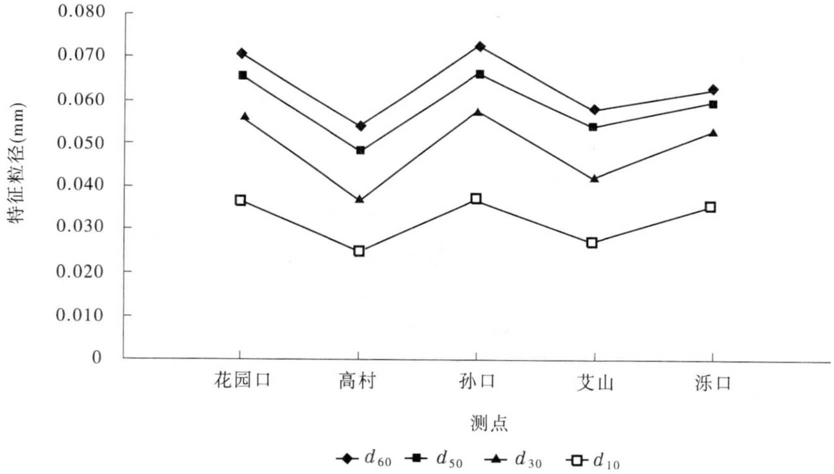

图 7-14　黄河 20 cm 深处河床沉积物特征粒径沿程变化
（联合使用筛分析法、光电仪法）

$$C_c = \frac{d_{30}^2}{d_{60}d_{10}} \tag{7-2}$$

式中　C_c——曲率系数；

d_{30}——在颗粒级配曲线上小于该粒径的沉积物质量占沉积物样品总质量的 30%；

其余各项的意义同式(7-1)。

由级配指标计算结果，见表 7-3 和表 7-4。可以看出，采用两种颗粒分析试验方法得到的各平行样级配情况中只有两个试样的级配结果为良好，占总样品个数的 3.33%，而 96.67% 的试样均为不良级配的沉积物。

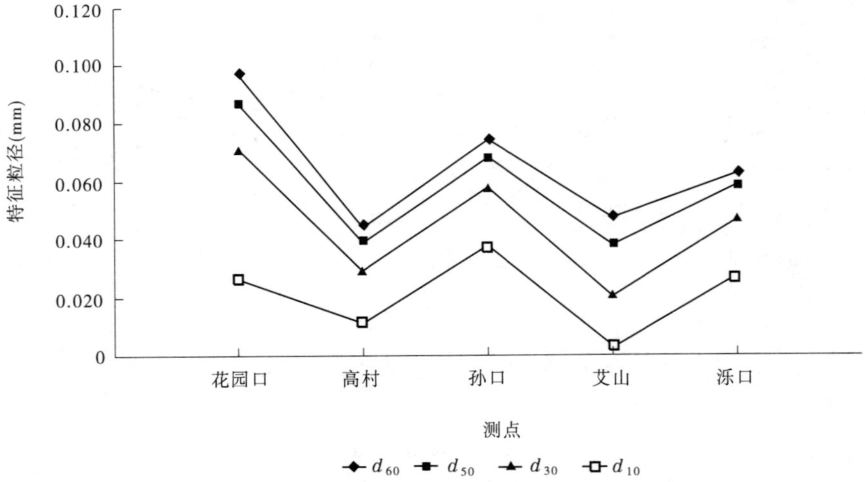

图 7-15　黄河 40 cm 深处河床沉积物特征粒径沿程变化

（联合使用筛分析法、移液管法）

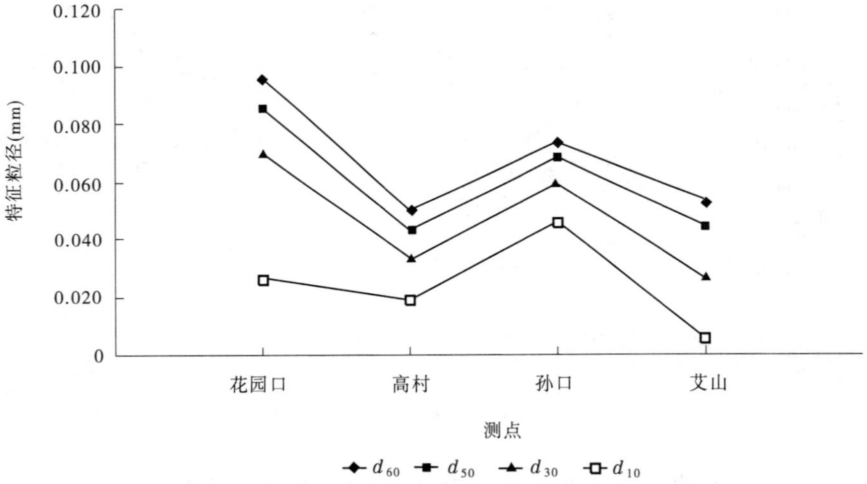

图 7-16　黄河 40 cm 深处河床沉积物特征粒径沿程变化

（联合使用筛分析法、光电仪法）

（六）沉积物的分类和定名

自然界中土的种类很多，性质各异。为了便于研究，需要按其主要特征进行分类。土的分类法不仅各国尚未统一，即使同一个国家，各个部门也都制定了结合本行业特点的分类体系。本次研究采用由南京水利科学研究院主编的《土工试验规程》(SL 237—1999)对土的分类标准，如表 7-5、表 7-6 所示。

表 7-3　黄河下游河床沉积物特征粒径及颗粒级配指标

（联合使用筛分析法、移液管法）

砂样编号	d_{60}（mm）	d_{50}（mm）	d_{30}（mm）	d_{10}（mm）	C_u（无量纲）	C_c（无量纲）	级配情况
花园口 0-1	0.062	0.056	0.042	0.026	2.38	1.09	不良
花园口 20-1	0.071	0.065	0.054	0.032	2.25	1.30	不良
花园口 40-1	0.098	0.087	0.071	0.026	3.75	1.99	不良
高村 0-1	0.028	0.023	0.016	0.009	3.11	1.02	不良
高村 20-1	0.047	0.042	0.032	0.018	2.69	1.24	不良
高村 40-1	0.044	0.039	0.029	0.011	4.00	1.74	不良
孙口 0-1	0.040	0.029	0.018	0.010	4.00	0.81	不良
孙口 20-1	0.073	0.067	0.055	0.030	2.43	1.38	不良
孙口 40-1	0.074	0.068	0.058	0.038	1.97	1.21	不良
艾山 0-1	0.042	0.037	0.026	0.011	3.82	1.46	不良
艾山 20-1	0.055	0.048	0.036	0.018	3.14	1.35	不良
艾山 40-1	0.047	0.038	0.020	0.002	19.25	3.49	不良
泺口 0-1	0.040	0.036	0.028	0.010	4.00	1.89	不良
泺口 20-1	0.061	0.057	0.048	0.029	2.10	1.28	不良
泺口 40-1	0.062	0.058	0.047	0.027	2.30	1.32	不良

注：采样时间为 2005 年 5 月 27～30 日。

表 7-4　黄河下游河床沉积物特征粒径及颗粒级配指标

（联合使用筛分析法、光电仪法）

砂样编号	d_{60}（mm）	d_{50}（mm）	d_{30}（mm）	d_{10}（mm）	C_u（无量纲）	C_c（无量纲）	级配情况
花园口 0-1	0.065	0.059	0.047	0.030	2.17	1.13	不良
花园口 20-1	0.071	0.066	0.056	0.037	1.92	1.19	不良
花园口 40-1	0.098	0.086	0.071	0.027	3.61	1.91	不良
高村 0-1	0.036	0.031	0.021	0.012	3.00	1.02	不良
高村 20-1	0.054	0.048	0.037	0.025	2.16	1.01	不良
高村 40-1	0.050	0.043	0.033	0.019	2.63	1.15	不良
孙口 0-1	0.047	0.037	0.023	0.012	3.92	0.94	不良
孙口 20-1	0.073	0.067	0.058	0.038	1.95	1.23	不良
孙口 40-1	0.074	0.069	0.060	0.046	1.61	1.06	不良
艾山 0-1	0.050	0.043	0.032	0.016	3.13	1.28	不良
艾山 20-1	0.058	0.054	0.042	0.027	2.15	1.13	不良
艾山 40-1	0.054	0.044	0.026	0.005	10.80	2.50	良好
泺口 0-1	0.050	0.043	0.033	0.019	2.63	1.15	不良
泺口 20-1	0.063	0.060	0.053	0.036	1.75	1.24	不良
泺口 40-1	0.064	0.063	0.054	0.041	1.69	1.31	不良

注：采样时间为 2005 年 5 月 27～30 日。

表 7-5　粒组划分

粒组统称	粒组划分		粒径范围(mm)
巨粒组	漂石(块石)组		$d>200$
	卵石(碎石)组		$200\geq d>60$
粗粒组	砾粒(角砾)	粗砾	$60\geq d>20$
		中砾	$20\geq d>5$
		细砾	$5\geq d>2$
	砂粒	粗砂	$2\geq d>0.5$
		中砂	$0.5\geq d>0.25$
		细砂	$0.25\geq d>0.075$
细粒组	粉粒		$0.075\geq d>0.005$
	黏粒		$d\leq 0.005$

SL 237—1999 规定，对于粗粒土的分类和定名：试样中粗粒组质量大于总质量 50% 的土称粗粒类土，粗粒类土中砾粒组质量大于总质量 50% 的土称砾类土，砾粒组质量小于或等于总质量 50% 的土称砂类土。砂类土应根据其中细粒含量及类别、粗粒组的级配按表 7-6 分类和定名。

表 7-6　砂类土的分类

土类	粒组含量		土名称
砂	细粒含量小于 5%	级配：$C_u\geq 5$，$C_c=1\sim3$	级配良好砂
		级配：不同时满足上述要求	级配不良砂
含细粒土砂	细粒含量 5% ~15%		含细粒土砂
细粒土质砂	15% <细粒含量≤50%	细粒为黏土	黏土质砂
		细粒为粉土	粉土质砂

SL 237—1999 规定，对于细粒土分类和定名：试样中细粒组质量大于或等于总质量 50% 的土称细粒类土。细粒类土应按下列规定划分：

(1)试样中粗粒组小于总质量 25% 的土称细粒土；

(2)试样中粗粒组质量为总质量 25% ~50% 的土称含粗粒的细粒土；

(3)试样中含有部分有机质(有机质含量 O_u：$5\%\leq O_u\leq 10\%$)的土称有机质土。

细粒土应根据塑性图分类。塑性图的横坐标为土的液限(ω_L)，纵坐标为塑性指数(I_p)。由于本次研究的重点不在于分析河床沉积物的性质，因此未测其液限，从而对细粒土不再细分。本次研究河床沉积物的分类和命名结果见表 7-7、表 7-8。

表 7-7　黄河下游河床沉积物的分类和定名(一)

测点	不同粒组(mm)质量百分数(%)				土的名称
	中砂	细砂	粉粒	黏粒	
	0.25 ~ 0.5	0.075 ~ 0.25	0.005 ~ 0.075	≤0.005	
花园口 0	0	20.00	76.58	3.42	细粒土
花园口 20	0.13	33.14	63.77	2.96	含粗粒的细粒土
花园口 40	1.48	65.37	30.52	2.64	粉土质砂
高村 0	0	3.32	89.20	7.48	细粒土
高村 20	0	4.60	90.07	5.33	细粒土
高村 40	0	5.19	88.60	6.21	细粒土
孙口 0	0	11.79	82.22	5.98	细粒土
孙口 20	0.01	36.54	60.18	3.26	含粗粒的细粒土
孙口 40	0	37.60	59.67	2.73	含粗粒的细粒土
艾山 0	0	3.73	90.52	5.75	细粒土
艾山 20	0	4.71	88.20	7.08	细粒土
艾山 40	0	19.38	67.12	13.50	细粒土
泺口 0	0	5.47	86.83	7.70	细粒土
泺口 20	0	7.48	86.66	5.86	细粒土
泺口 40	0	12.37	82.51	5.12	细粒土

注:采样时间为 2005 年 5 月 27 ~ 30 日。

表 7-8　黄河下游河床沉积物的分类和定名(二)

测点	不同粒组(mm)质量百分数(%)				土的名称
	中砂	细砂	粉粒	黏粒	
	0.25 ~ 0.5	0.075 ~ 0.25	0.005 ~ 0.075	≤0.005	
花园口 1-1-a	8.13	78.74	11.29	1.84	含细粒土砂
花园口 1-1-b	8.13	78.74	11.41	1.71	含细粒土砂
花园口 1-2	14.83	74.48	9.44	1.24	含细粒土砂
花园口 2-1-a	0.59	17.71	71.40	10.30	细粒土
花园口 2-1-b	0.59	17.71	68.96	12.74	细粒土
花园口 2-2-a	13.27	71.00	12.58	3.11	粉土质砂
花园口 2-2-b	13.27	71.00	13.40	2.29	粉土质砂
花园口 A	5.62	75.46	16.40	2.52	粉土质砂
花园口 B	8.87	68.71	19.44	2.98	粉土质砂
花园口 C-a	1.94	44.44	46.65	6.97	细粒土
花园口 C-b	1.94	44.44	46.85	6.77	细粒土
花园口 D-a	0.42	38.06	48.15	7.38	细粒土
花园口 D-b	0.42	38.06	47.76	7.77	细粒土
花园口 E-a	0.41	43.56	52.36	3.68	细粒土
花园口 E-b	0.41	43.56	49.02	7.02	细粒土

注:采样时间为 2005 年 10 月 16 日。

三、野外现场试验测定渗透系数

(一)渗透系数参考取值

在研究黄河下游河川径流与地下水之间的水量交换时,河床沉积物的渗透系数是一个非常重要的参数。渗透系数 K 也称水力传导系数,是一个非常重要的水文地质参数。根据达西定律 $V=KI$ 可知,渗透系数为水力梯度等于 1 时的渗透流速。渗透系数越大,岩石的透水能力越强。渗透系数不仅取决于岩石的性质(如粒度、成分、颗粒排列、充填状况、裂隙性质及其发育程度等),而且与渗透液体的物理性质(容重、黏滞性、温度等)有关。理论分析表明,空隙大小对 K 值起主要作用,这就在理论上说明了为什么颗粒愈粗,透水性愈好[51]。不同的水文地质部门或研究者由于试验场地、试验方法、采样的代表性程度差别,给出的渗透系数经验值有所不同,且差别较大。表 7-9、表 7-10 及表 7-11 分别为地层岩性、松散岩石、工程用土的渗透系数经验值或参考值。

表 7-9　不同地层岩性的渗透系数经验值[52]

地层岩性	渗透系数 K (m/d)	地层岩性	渗透系数 K (m/d)	地层岩性	渗透系数 K (m/d)
重亚黏土	<0.05	粉砂	1.0~5.0	砾石夹砂	75~150
轻亚黏土	0.05~0.1	细砂	5.0~10.0	带粗砂的砾石	100~200
亚黏土	0.1~0.25	中砂	10~25	漂砾石	200~500
黄土	0.25~0.5	粗砂	25~50	圆砾大漂石	500~1 000
粉土质砂	0.5~1.0	极粗的砂	50~100		

表 7-10　松散岩石的渗透系数参考值[53]

松散岩石名称	渗透系数 K (m/d)	松散岩石名称	渗透系数 K (m/d)
亚黏土	0.001~0.10	中砂	5~20
亚沙土	0.10~0.50	粗砂	20~50
粉砂	0.50~1.0	砾石	50~150
细砂	1.0~5.0	卵石	100~500

表 7-11　工程用土的渗透系数参考值

松散岩石名称	渗透系数 K (cm/s)	松散岩石名称	渗透系数 K (cm/s)
黏土	10^{-7}	中砂	10^{-2}
粉质黏土	$10^{-5}\sim10^{-6}$	粗砂	10^{-2}
粉土	$10^{-4}\sim10^{-5}$	砾砂	10^{-1}
粉砂	$10^{-3}\sim10^{-4}$	砾石	$>10^{-1}$
细砂	10^{-3}		

（二）野外现场试验及结果

河床沉积物的渗透系数通常比相应含水层的渗透系数小 1 ~ 3 个数量级。确定河床沉积物的渗透系数可采用数值模拟、实验室测定、经验公式法等。

由室内试验得到的渗透系数结果常常可能出现不符合实际、误差大等现象，而野外现场竖管试验基本能够保持河床沉积物的原状结构，真实反映现场的实际条件，故该法优于传统的实验室法。国内外许多研究者对野外现场竖管试验进行了较深入的研究。陈恂洪（2000，2005）[54~56]在美国内布拉斯州的 Republican River 通过大量野外现场试验证明了该方法在确定河床沉积物渗透系数及各向异性方面的实用性。束龙仓、迟宝明（2002，2003）[57,58]在位于美国内布拉斯州的普拉特河、中国张家港的暨阳湖分别做了现场竖管试验，得到了可靠的河床沉积物及湖底沉积物渗透系数结果，而采用变水头渗透试验测定含水层介质或其他孔隙介质的渗透系数已在水文地质领域得到广泛的认可和应用。为了检验该方法在黄河下游的适用性，2005 年 10 月 16 日，在黄河花园口河段对河床沉积物同时进行了原理类似的野外现场竖管试验、变水头渗透试验加以对比，所得渗透系数值相对误差小于 0.6%，这表明两个试验的结果几乎相同，因此野外现场竖管试验的结果合理，可以在黄河下游河段进行试验。与传统的渗透试验相比，野外现场竖管试验具有可以在有水的河床内直接布设试验管、取样方便、试验操作较简单、人为影响较少等优点。

本次研究选取黄河下游河段花园口、高村、孙口、艾山、泺口等 5 个水文站附近的河段作为试验点和取样点，进行了为期 4 d 的野外现场竖管试验，如图 7-17 所示。

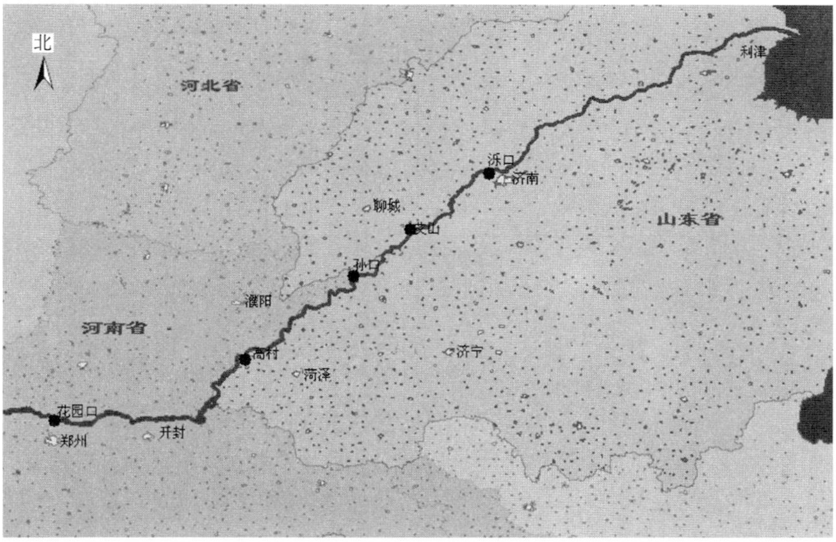

图 7-17　黄河下游河床沉积物渗透系数测定试验点分布

（花园口、高村、孙口、艾山、泺口）

试验竖管一般为轻便的聚氯乙烯（PVC）或不锈钢材料。根据河床沉积物颗粒特性和试验现场条件，在花园口试验点布设了内径分别为 50 mm、75 mm、110 mm 和 200 mm 这 4 种规格的 PVC 管，而在其他 4 个试验点仅布设了 75 mm、110 mm 这两种规格的 PVC 管，具体布设情况如表 7-12 所示。

表 7-12　野外竖管现场试验法 PVC 管布设情况一览表

试验点	管型	不同内径的根数(根)				各点布设的总管数(根)
		50 mm	75 mm	110 mm	200 mm	
花园口	直状	2	2	2	2	8
	L 状	0	0	1	0	1
	135°夹角	0	1	2	0	3
高村	直状	0	3	3	0	6
孙口	直状	0	3	3	0	6
艾山	直状	0	3	3	0	6
泺口	直状	0	3	3	0	6
合计		2	15	17	2	36

为了测定河床沉积物的垂向、水平方向、任意方向的渗透系数，分别采用直状、L 状、中间有一定夹角(135°)的试验管，如图 7-18 ~ 图 7-20 所示。

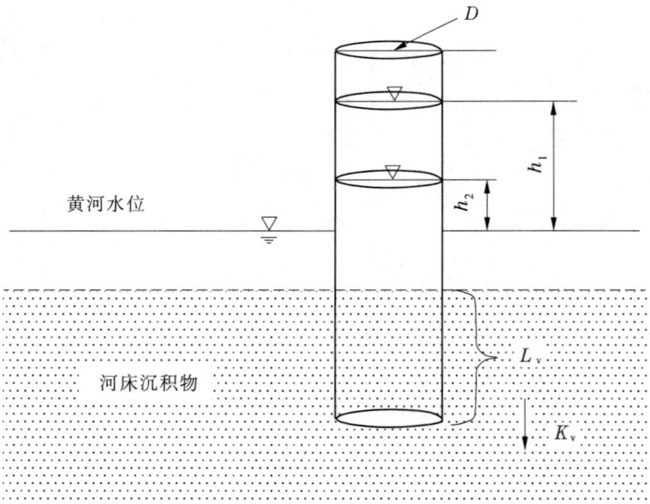

图 7-18　直状试验管示意图

以测定垂向渗透系数为例说明。为尽量减少对试验砂样的扰动，将直状 PVC 竖管谨慎而较快地插入河床沉积物中，并立即测读管内外水位(以竖管顶端同一点为测读零点)和管内沉积物长度，该长度一般为 30 cm 左右。假定竖管试验过程中黄河水位不变。向管内加水至满，并记录时间，随后测读不同时刻对应的管内水位，且每根管应测读至少 8 个水位。若沉积物所含颗粒较细，其渗透系数也应较小，管内水位下降速度缓慢，导致试

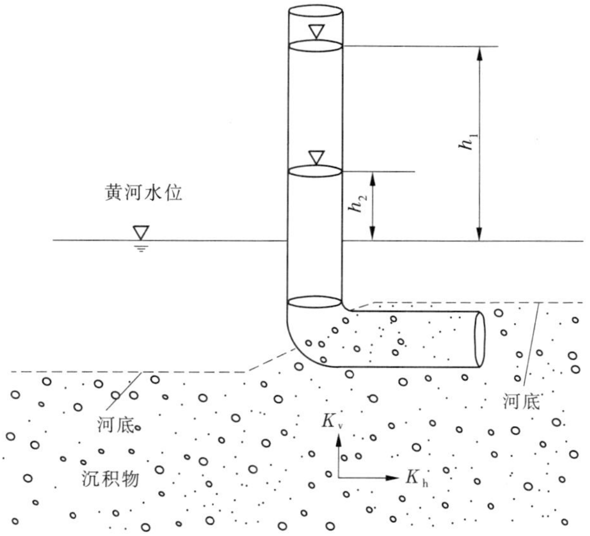

图 7-19　L 状试验管示意图

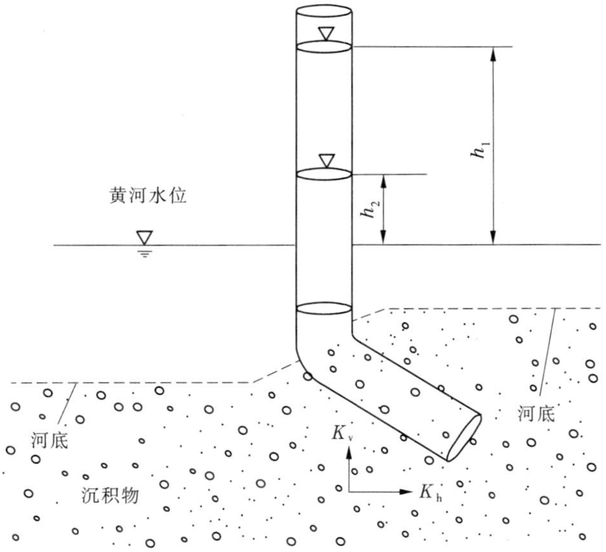

图 7-20　中间有一定夹角的试验管示意图

验时间可能持续较长。为避免降水或蒸发对管内水位造成影响，竖管顶端用一木板或塑料口袋遮盖。图 7-21(a)、图 7-22 ~ 图 7-25 分别为本次 5 个试验点的其中一根直状 PVC 试验管管内水位下降过程，图 7-21(b)、图 7-21(c)为花园口 L 状、135°夹角 PVC 试验管管内水位下降过程。由花园口河段的管内水位下降过程可知，直状试验管管内水位下降速度最慢，L 状试验管管内水位下降速度最快，135°夹角试验管水位下降速度介于前二者之间。

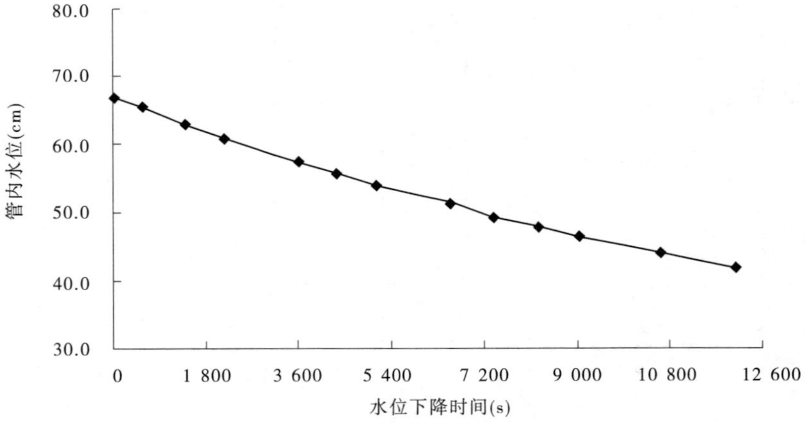

(a)花园口1-3测点直状试验管管内水位下降过程

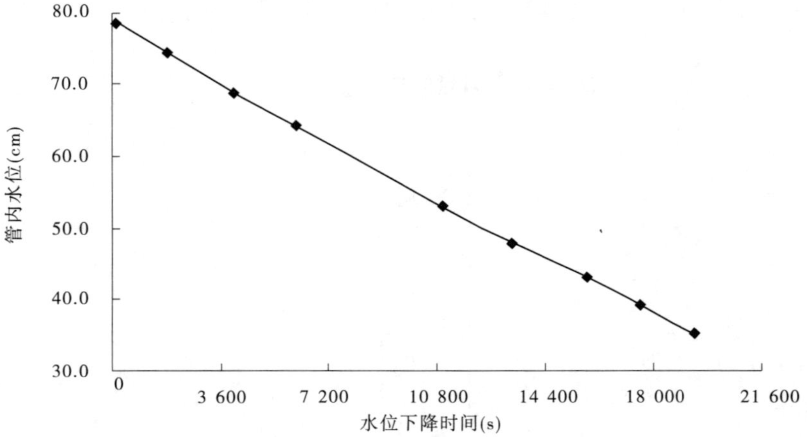

(b)花园口1-水平测点L状试验管管内水位下降过程

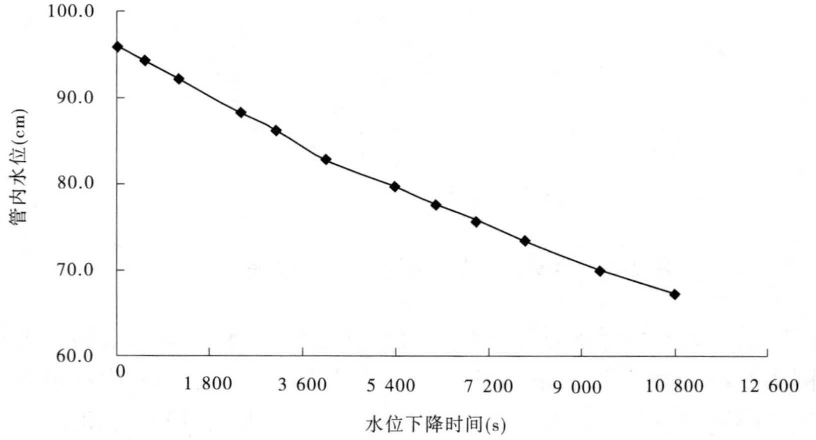

(c)花园口3测点135° 夹角试验管管内水位下降过程

图 7-21　花园口河段的管内水位下降过程

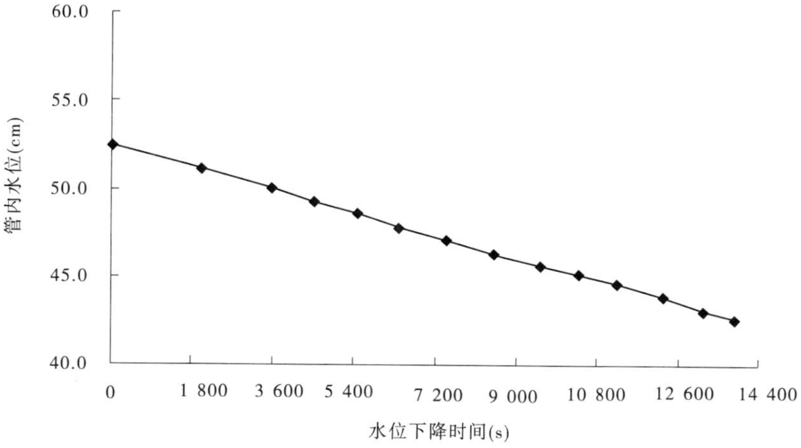

图 7-22　高村 2-1 测点直状试验管管内水位下降过程

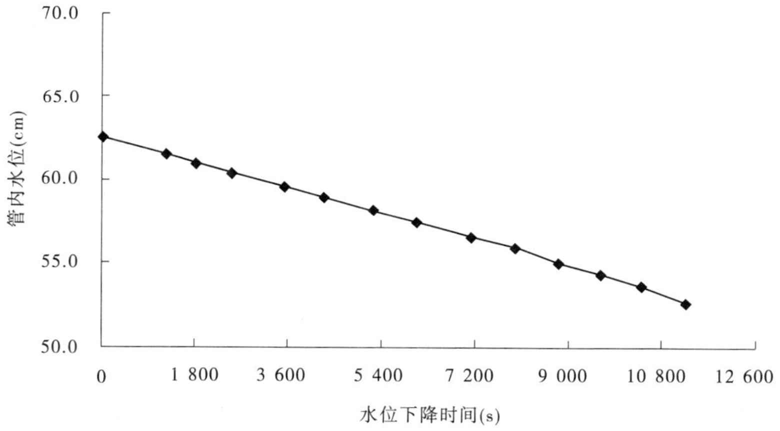

图 7-23　孙口 2-2 测点直状试验管管内水位下降过程

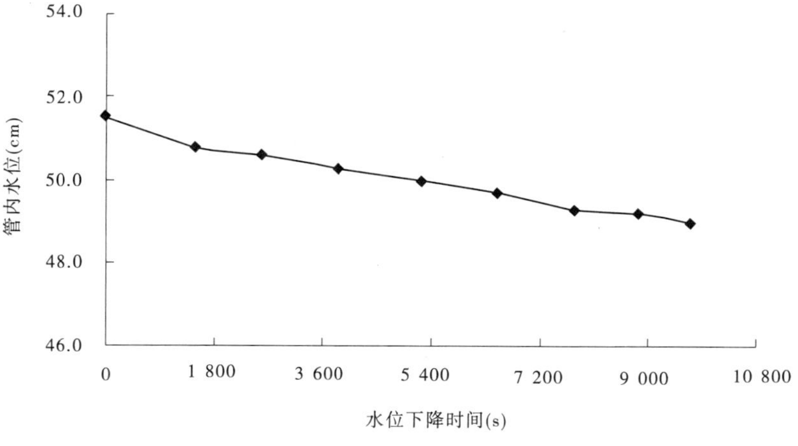

图 7-24　艾山 3-2 测点直状试验管管内水位下降过程

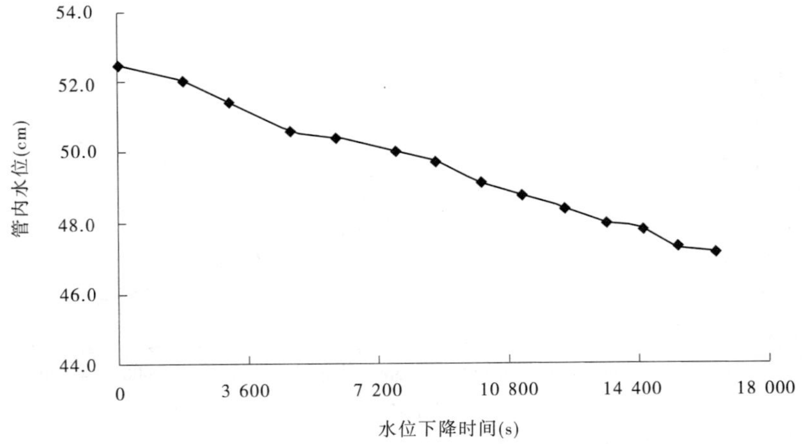

图 7-25　泺口 2-2 测点直状试验管管内水位下降过程

根据陈恂洪的研究成果,管内沉积物的渗透系数由所记录的管内任意两个水位和所用时间计算得到,计算公式为[54]:

$$K_v = \frac{L_v}{t_2 - t_1} \ln \frac{h_1}{h_2} \tag{7-3}$$

式中　K_v——垂向渗透系数,cm/s;

L_v——直状试验管管内沉积物长度,cm;

h_1、h_2——t_1、t_2(s)时刻对应的管内水位,m。

L 状试验管用来测定水平方向的渗透系数,由两根内径相同的直状试验管以 90°夹角连接而成,其中 L 状试验管的水平部分被插入河床中,沉积物进入管内。由于 K_h 一般大于 K_v,所以管内水位下降速度较快。计算水平方向渗透系数的公式为:

$$K_h = \frac{L_h}{t_2 - t_1} \ln \frac{h_1}{h_2} \tag{7-4}$$

式中　K_h——水平方向渗透系数,cm/s;

L_h——L 状试验管的水平管管内沉积物长度,cm;

其他各项的意义同式(7-3)。

两根同内径的直状试验管以任意夹角连接而成一根中间有一定夹角的试验管,用来测定任意方向的渗透系数,计算公式为:

$$K_s = \frac{L_s}{t_2 - t_1} \ln \frac{h_1}{h_2} \tag{7-5}$$

式中　K_s——任意方向渗透系数,cm/s;

L_s——中间有一定夹角的试验管管内沉积物长度 m;

其他各项的意义同式(7-3)。

野外现场竖管法测得的渗透系数结果如表 7-13、表 7-14 所示,各试验点垂向平均渗透系数如图 7-26 所示。

表 7-13　野外现场竖管法测得的花园口试验点渗透系数结果　（单位:m/d）

	管号	K_v	管号	K_v
K_v	1-1	0.81	2-1	0.71
	1-2	0.68	2-2	0.63
	1-3	0.79	2-3	0.57
	1-4	0.80	2-4	0.67
	平均 K_v	0.71		
K_h	花园口 1-水平	1.81		
K_s	花园口 3	1.01		
	花园口 4	0.62		

表 7-14　野外现场竖管法测得的垂向渗透系数结果　（单位:m/d）

测管编号	测站名称			
	高村	孙口	艾山	泺口
1-1	0.19	0.33	0.16	0.19
1-2	0.19	0.28	0.22	0.24
2-1	0.34	0.32	0.21	0.30
2-2	0.36	0.35	0.26	0.19
3-1	0.35	0.47	0.13	0.29
3-2	0.32	0.31	0.15	0.25
平均 K_v	0.29	0.34	0.19	0.24

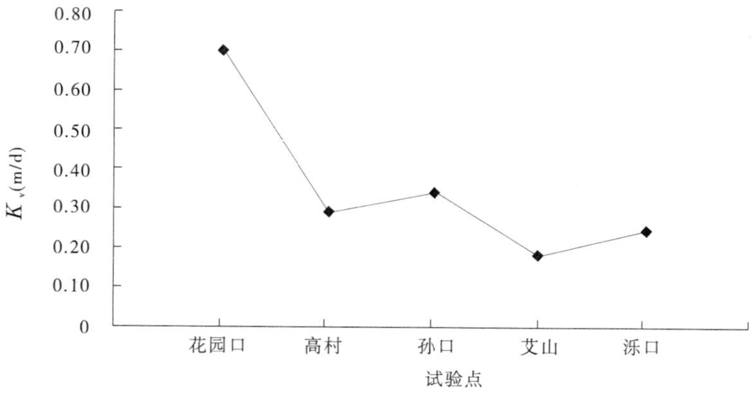

图 7-26　各试验点垂向平均渗透系数

由表 7-13 可知，在花园口河段垂向、水平方向及任意方向的渗透系数各不相同，说明黄河下游花园口河段河床沉积物的渗透呈各向异性特点。

（三）野外现场竖管法试测渗透系数合理性分析

（1）本次试验结果与前人的研究成果基本一致。

高村、艾山、泺口处的河床沉积物均为细粒土，花园口、孙口试验点的沉积物则以细粒土为主，包括含粗粒的细粒土、含细粒土砂、粉土质砂，但总的来说，研究区以细粒土为主，属于中低渗透性介质，前人的研究成果表明，其渗透系数在0.0864～0.864 m/d，而本次野外现场竖管法测定的渗透系数在0.19～0.71 m/d，结果在该范围内。

（2）现场竖管试验测定渗透系数的沿程变化与各试验点沉积物特征粒径的沿程变化趋势基本一致。

由图7-11～图7-16及图7-26可知，由现场竖管试验所测定的渗透系数，其沿程变化与各试验点沉积物特征粒径的沿程变化趋势基本一致，符合“粗颗粒的沉积物，其渗透系数值较大，而颗粒较细的沉积物，其渗透系数值也较小”的一般规律。

由表7-13、图7-14及图7-26可知，黄河河床沉积物从地上悬河的起点花园口至下游的泺口试验点，渗透系数呈减小趋势，这与河流的水动力条件沿程逐渐减弱及河床沉积物的颗粒沿程由粗逐渐变细的规律是相符的。

通过以上分析可知，由野外现场竖管法试验所测得的河床沉积物渗透系数是合理的，符合黄河下游河道的实际情况，成果比较可靠，可以在黄河下游河段的渗漏耗水量计算中应用。

第四节　黄河下游河段渗漏补给地下水水量计算

一、河水对地下水的渗漏补给

（一）河流与地下水的补给关系

河流与地下水的补给关系沿着河流纵断面而有所变化，如图7-27所示。一般来说，山区河谷深切，河流水位常低于地下水水位，常常起到排泄地下水的作用（见图7-27中的小图a）；洪水期河流水位高于地下水水位，则河水补给地下水；山前，由于河流的堆积作用，河床处于高位，河水常年补给地下水（见图7-27中的小图b）。冲积平原与盆地的某些部位，河流水位与地下水水位的关系随季节的变化而变化（见图7-27中的小图c）。而在某些冲积平原中，河床因强烈的堆积作用而形成所谓地上河，河水经常补给地下水（见图7-27中的小图d）。

间歇性河流对地下水的补给过程：汛期开始，河水浸湿包气带并发生垂直下渗，使河水下潜水面形成水丘（见图7-27中的小图a）。随着河水不断下渗，水丘逐渐抬高与扩大，与河水连成一体（见图7-27中的小图b）。汛期结束，河水撤走，水丘逐渐趋平，使一定范围内潜水位普遍抬高（见图7-27中的小图c）。

（二）河水对地下水的渗漏补给量影响因素

河水补给地下水时，补给量的大小取决于下列因素：透水河床的长度与浸水周界的乘

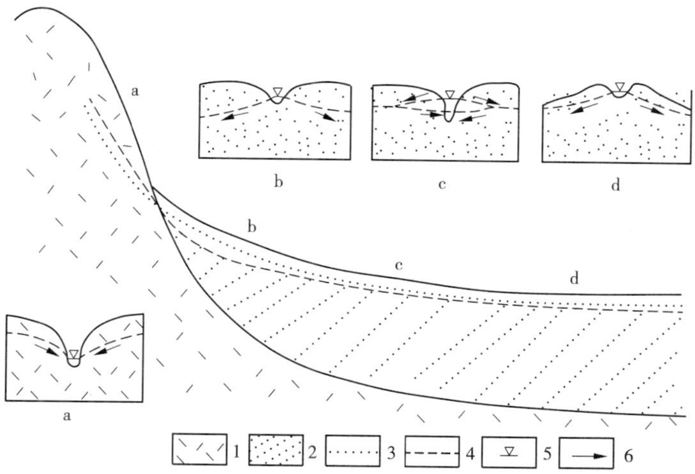

1—基岩;2—松散沉积物;3—地表水水位(纵剖面);4—地下水水位;5—地表水水位(横剖面);6—补给方向

图 7-27　地表水与地下水的补给关系

积(相当于过水断面)、河床透水性(渗透系数)、河流水位与地下水水位的高差(影响水力梯度)以及河床过水时间,对此可以用达西定律进行分析。

当地下水的侧向径流强烈,而河床透水性相对较差时,即使是常年有流水的河流,也可以发生非饱和渗漏补给,水丘始终处于河床下一定深度,潜水位与河流水位并不相连。

为了确定河水渗漏补给地下水的水量,可在渗漏河段上下游分别测定某一时段 t 始末的断面流量 Q_1 及 Q_2,则河水渗漏量等于 $(Q_1 - Q_2)t$,t 为河床过水时间。对于常年性流水的河流,此渗漏量即为河水补给地下水的水量,但是,对于过水时间很短的间歇性流水的河流,渗漏量有相当大一部分消耗于湿润河床附近的包气带,将河水渗漏量作为地下水获得的补给量,会产生误差。

二、达西定律

地下水在土体孔隙中渗透时,由于渗透阻力的作用,沿程必然伴随着能量的损失。1856 年,法国工程师亨利·达西(Henry Darcy)通过大量的砂土渗透试验,首先总结得出渗透能量损失与渗流速度之间的相互关系,即渗透定律(现称为达西定律):通过试样的流量与试样横断面面积及试样两端测压管水头差成正比,与试样的高度成反比。

该定律至今仍是分析地下水渗流计算和堤坝渗流计算的理论基础。达西定律的基本表达式如下:

$$q = KA\frac{\Delta h}{L} = KAJ \tag{7-6}$$

或

$$v = \frac{q}{A} = KJ \tag{7-7}$$

式中　J——水力梯度,$J = \Delta h / L$,也称水力坡降;

K——砂柱的渗透系数,其值等于水力梯度为 1 时水的渗透速度,cm/s。

达西定律是由砂质土体试验得到的,后来推广应用于其他土体如黏土和具有细裂隙的岩石等。进一步的研究表明,在某些条件下,渗透并不一定符合达西定律,因此在实际工作中我们还要注意达西定律的适用范围。

大量试验表明,当渗透速度较小时,渗透的沿程水头损失与流速的一次方成正比。在一般情况下,砂土、黏土中的渗透速度很小,其渗流可以看做是一种水流流线互相平行的流动——层流,渗流运动规律符合达西定律,渗透速度 v 与水力梯度 J 的关系可在 v—J 坐标系中表示成一条直线,如图 7-28(a)中曲线①所示。少数黏土(如颗粒极细的高压缩性土,可自由膨胀的黏性土等)的渗透试验表明,它们的渗透存在一个起始水力梯度 J_b,这种土只有在达到起始水力梯度后才能发生渗透。这类土在发生渗透后,其渗透速度仍可近似地用直线表示,即 $v = K(J - J_b)$ 如图 7-28 (a)中曲线②所示。

粗颗粒土(如砾、卵石等)的试验结果如图 7-28 (b)所示, 由于其孔隙很大,当水力梯度较小时,流速不大,渗流可认为是层流, v—J 关系呈线性变化,达西定律仍然适用。当水力梯度较大时,流速增大,渗流将过渡为不规则的相互混杂的流动形式——紊流,这时 v—J 关系呈非线性变化, 达西定律不再适用。尽管如此,绝大多数的天然地下水运动仍服从达西定律。

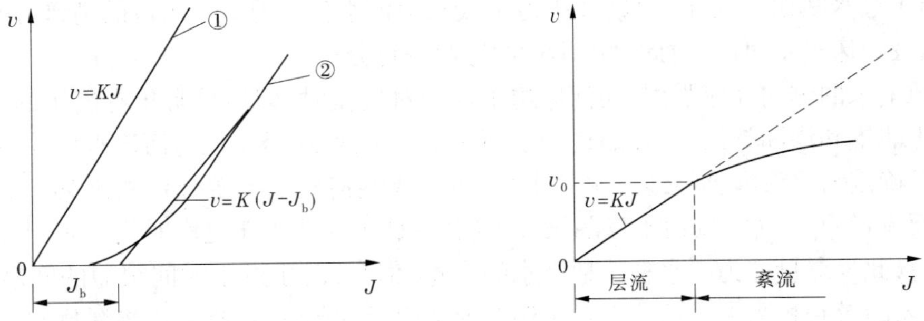

(a)细粒土　　(b)粗粒土

①沙土、一般黏土;②颗粒极细的黏土

图 7-28　土的 v—J 关系

三、河道概化

黄河下游河道是举世闻名的“地上悬河”,其自然耗损水量中河水渗漏补给地下水有其特殊性。黄河水与地下水联系密切,如图 7-29、图 7-30 所示,河床下为“二元结构”的多孔介质地层,为渗流的发生、发展和演化提供了必要的地质环境。按照流体力学理论,在重力作用下,只要存在水头差,水体就要由高水头向低水头运动。黄河河床床面高出大堤外侧地面 3 ~ 5 m,部分河段可达 10 m,其地上悬河状态使河水源源不断地渗入多孔介质地层,转化为地下水,成为地下水的重要补给来源。

从汛期和枯水期的浅层地下水水位等值线上可以看出,黄河两岸地下水流场都是向河口弯曲,其弯曲程度由上游向下游逐渐减弱,说明几十年来,无论是汛期还是枯水季节,在黄河下游冲积平原上,黄河水都是补给地下水的。

黄河渗漏补给地下水的水量大小不仅与黄河水位、地下水水位的高低有关,而且与黄河河床沉积物及浅层含水层的岩性有关。本次研究的目的层是河床沉积物和潜水含水层。

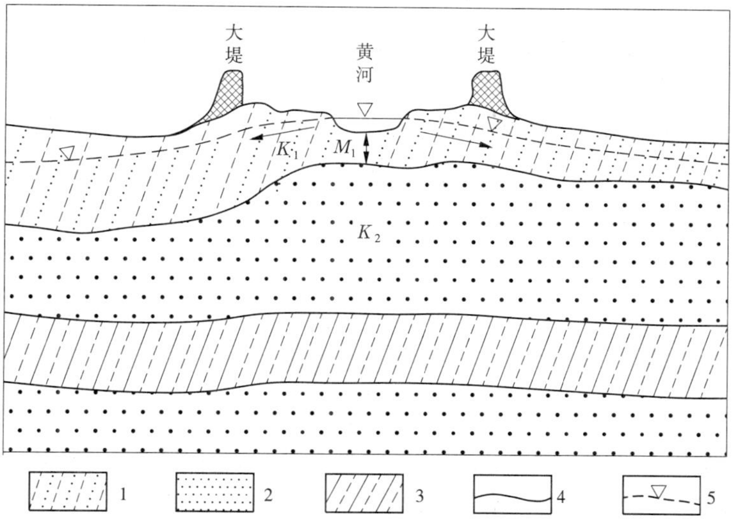

1—亚砂土;2—中细砂;3—亚黏土;4—分层界限;5—地下水水位线;
K_1—河床沉积物垂向渗透系数,m/d;M_1—河床沉积物厚度,m;K_2—含水层水平渗透系数,m/d

图 7-29　黄河渗漏补给地下水示意图[59]

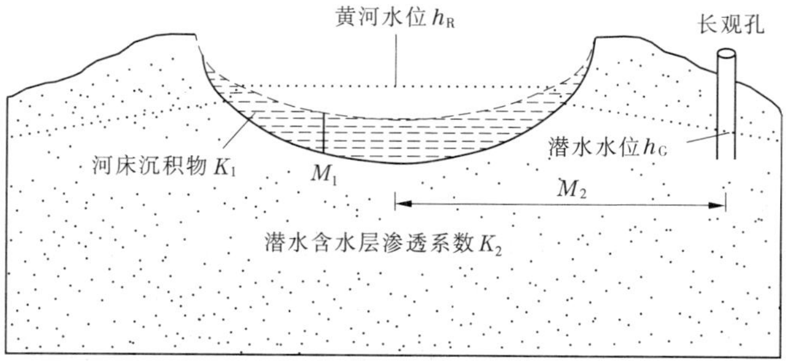

图 7-30　黄河横剖面示意图

在黄河不断流的情况下,河流渗漏补给地下水为饱和流运动,可利用地下水动力学的基本定律——达西定律计算黄河下游渗漏耗水量。

黄河渗漏耗水量可表示为:

$$Q_R = WLq_R = K_{等效}WL\frac{h_R - h_G}{\Delta L} = \frac{h_R - h_G}{s} \tag{7-8}$$

$$s = \frac{\Delta L}{K_{等效}WL} \tag{7-9}$$

式中　Q_R——黄河渗漏补给地下水的水量,m^3;

W——河段水面宽,m;

L——河段长度,m;

q_R——黄河河水下渗率,即单位面积单位时间黄河水补给地下水的水量,m/d;

$K_{等效}$——垂直于河床沉积物与含水层层面的等效渗透系数,m/d;

h_R——黄河水位,m;

h_G——长观孔的地下水位，m；

ΔL——黄河渗漏补给地下水的路径长度，m，取黄河至长观孔的距离，即 M_1+M_2；

s——渗透阻力系数，d/m^2。

在自然界中很常见的非均质岩层多是由许多透水性各不相同的薄层相互交替组成的层状岩层，层状岩层中垂直于层面的渗流通过各分层的流量相同，可以采用等效的均质含水层代替层状岩层，等效层的厚度等于层状岩层的总厚度，垂直于层面方向的等效渗透系数采用式(7-10)计算[51]：

$$K_v = \frac{\sum_{i=1}^{n} M_i}{\sum_{i=1}^{n} \frac{M_i}{K_i}} \tag{7-10}$$

图 7-30 中，K_1、K_2 分别为河床沉积物、潜水含水层的垂向渗透系数，M_1 为河床沉积物的平均厚度，M_2 为透过河床沉积物的河水在潜水含水层中渗流至长观孔所经过的路径长度，取为河床沉积物底板至长观孔的距离。垂直于河床沉积物与含水层层面的等效渗透系数 $K_{等效}$则可采用式(7-11)计算得到：

$$K_{等效} = \frac{M_1 + M_2}{\frac{M_1}{K_1} + \frac{M_2}{K_2}} \tag{7-11}$$

四、渗漏水量计算

（一）计算方法

计算河段的划分将会直接影响计算精度。河水的垂直入渗是通过河段内上、下断面的水面宽所构成的水体，与河床相接触而完成的，因此在划分河段时，应尽可能使同一河段具有形态均匀、河床处于同一地质单元的特点[60]。本次研究中，将黄河下游从花园口至入海口区间河段概化为 7 个子河段，每个子河段都包括黄河干流的 1 个主要水文站，在两相邻水文站的中点断面绘制一根虚线，作为子河段的范围界定标志，并给予编号，如图 7-31 所示。对于第 i(i 取 1,2,3,…,7)个子河段，取中点处水位作为子河段 i 的黄河水位 $h_{R(i)}$，取该河段内离黄河最近的观测孔的地下水水位作为子河段 i 的地下水水位 $h_{G(i)}$，W_i 取中点处水位对应的实测水面宽，$K_{等效}$取中点横断面处的等效渗透系数。根据达西定律，即可计算出子河段 i 单位河长渗漏补给地下水的水量 $\omega_{子河段i}$，依次类推，可以计算得到其他 6 个子河段的单位河长渗漏水量，单位河长渗漏水量乘以相邻水文站之间的河长即可得到整个黄河下游相邻水文站区间河段的渗漏水量。子河段与相邻水文站区间河段的渗漏水量转换公式如下：

$$W_{渗} = \frac{1}{2} \times L \times (\omega_i + \omega_{i+1}) \tag{7-12}$$

式中 $W_{渗}$——河段渗漏水量；

L——河段的河长；

ω_i($i=1,2,3,\cdots,7$)——子河段 i 的单位河长渗漏水量。

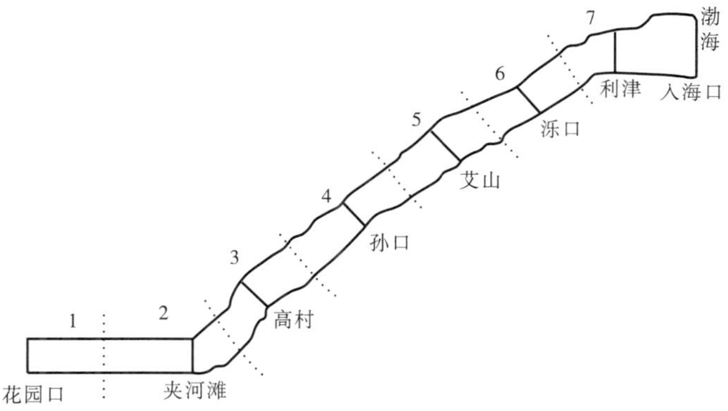

图 7-31 黄河下游子河段划分示意图

在研究区内,根据野外现场法所测定的5个试验河段的河床沉积物垂向渗透系数结果,线性内插得到夹河滩、利津两个河段的河床沉积物垂向渗透系数值,如表7-15所示。然后,7个子河段的沉积物渗透系数分别根据式(7-13)~式(7-18)计算,概化的子河段河床沉积物渗透系数结果、子河段长度如表7-16所示。

$$K_{子河段1} = 0.75K_{花} + 0.25K_{夹} \tag{7-13}$$

$$K_{子河段2} = 0.5K_{夹} + 0.25(K_{花} + K_{高}) \tag{7-14}$$

$$K_{子河段3} = 0.5K_{高} + 0.25(K_{夹} + K_{孙}) \tag{7-15}$$

$$K_{子河段4} = 0.5K_{孙} + 0.25(K_{高} + K_{艾}) \tag{7-16}$$

$$K_{子河段5} = 0.5K_{艾} + 0.25(K_{孙} + K_{泺}) \tag{7-17}$$

$$K_{子河段6} = K_{子河段7} = K_{泺} \tag{7-18}$$

表 7-15 黄河下游河床沉积物垂向渗透系数 K_v (单位:m/d)

研究区水文站	花园口	夹河滩	高村	孙口	艾山	泺口	利津
实测	0.71	[0.45]	0.29	0.34	0.19	0.24	[0.24]

注:[ ]表示该站的 K_v 由邻近水文站的实测 K 值计算得到。

表 7-16 各子河段的河床沉积物垂向渗透系数 K_v、长度概化结果

子河段编号	1	2	3	4	5	6	7
K_v(m/d)	0.64	0.47	0.34	0.29	0.24	0.24	0.24
子河段长(km)	59	94.5	100.5	96.5	85.5	141	191

潜水含水层渗透系数分区参照已有研究成果[61],如表7-17和图7-32所示。

表 7-17 黄河潜水含水层 K

分区号	1	2	3	4	5	6	7	8
渗透系数 K(m/d)	20.0	16.0	25.0	10.0	18.0	14.0	10.0	7.0
分区号	9	10	11	12	13	14	15	16
渗透系数 K(m/d)	20.0	12.0	17.0	10.0	19.0	12.0	15.0	7.0

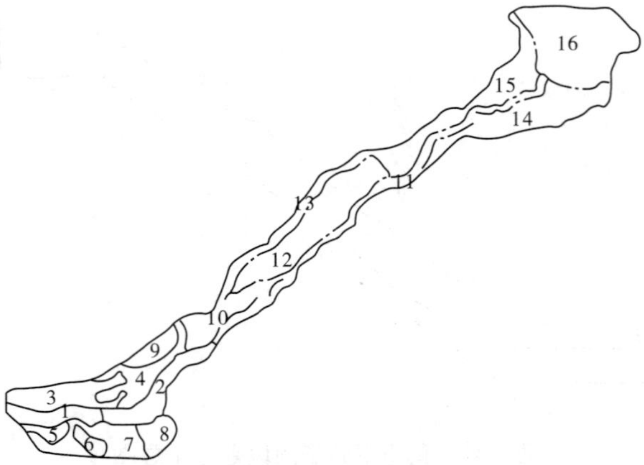

图 7-32　黄河下游潜水含水层渗透系数分区

(二)资料选取

本次研究在充分分析黄河下游自然地理、地质、水文地质条件的基础上,进行了河床沉积物渗透系数的现场和实验室测定,选取 1991 ~2005 年花园口、夹河滩、高村、孙口、艾山、泺口、利津等 7 个水文站的黄河实测日平均水位、距离黄河较近的长观孔逐月地下水水位资料,计算黄河水位与地下水水位的差值,进而结合河床沉积物底板至长观孔的距离,计算相应的水力梯度。然后,由达西定律计算黄河各子河段的下渗率 q_R,最后结合水面宽、子河段长度资料,计算整个下游河水渗漏补给地下水的水量。为计算水力梯度,选取 1999 年各子河段内离黄河较近的长观孔逐月地下水水位资料,如表 7-18 所示。

表 7-18　各子河段所采用的长观孔地下水水位

月份	各子河段长观孔的地下水水位(m)						
	子河段 1	子河段 2	子河段 3	子河段 4	子河段 5	子河段 6	子河段 7
	原武 62 孔	长垣 14	濮阳县 4	6	14	22	垦利 316
1	81.41	59.10	46.90	30.16	33.00	17.88	8.87
2	81.25	59.00	46.83	30.17	33.09	17.78	8.91
3	81.84	58.60	46.73	30.17	34.23	17.80	8.90
4	81.30	58.59	46.12	30.50	33.74	18.39	8.85
5	80.86	58.30	46.36	30.13	33.44	18.47	8.59
6	81.47	58.40	46.70	30.13	33.09	18.47	8.73
7	81.76	58.90	47.19	30.14	32.82	18.55	8.60
8	82.17	58.90	47.75	30.08	33.93	19.30	8.98
9	82.51	58.70	47.70	30.08	34.13	18.94	8.92
10	82.36	59.00	47.38	30.06	33.87	18.86	8.92
11	82.00	58.80	46.97	30.06	33.76	18.54	8.87
12	81.77	58.75	47.03	30.07	33.76	18.29	8.79

注:地下水水位采用 1956 年黄海高程基准面。

(三)断流处理

1991 ~ 1999 年,黄河下游多次发生断流,断流的发生时间和河段见表 6-9。对断流期间的处理为:

(1)当某一水文站发生断流时,则认为该水文站以下河道皆为断流状态。

(2)断流河段的渗透值为 0。

五、计算结果

黄河下游河水渗漏补给地下水水量计算流程见图 7-33。

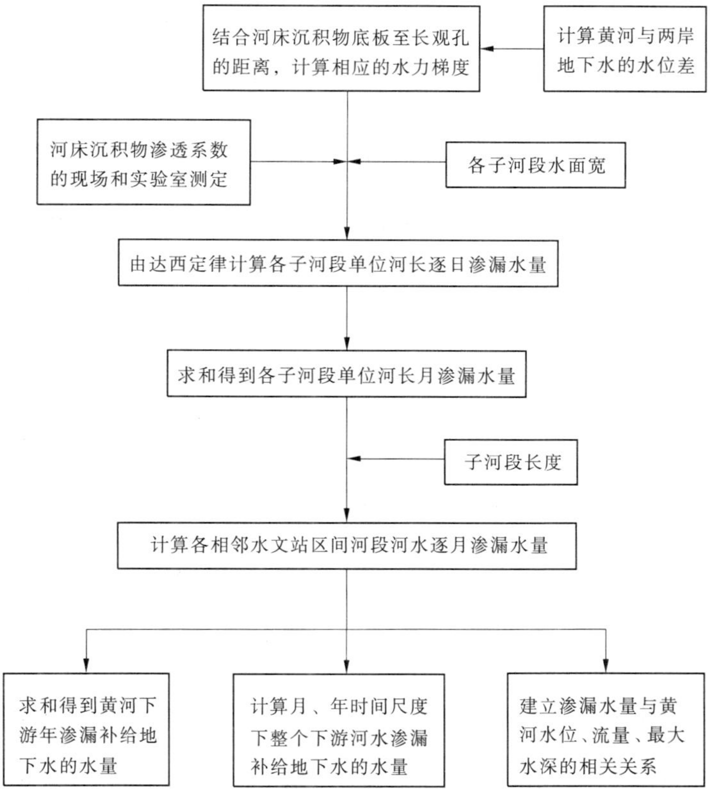

图 7-33　黄河下游河水渗漏补给地下水水量计算流程

黄河河床床面高出大堤外侧地面 3 ~ 5 m,部分河段可达 10 m。本次研究选取河床沉积物的平均厚度为 6.0 m 参与计算。黄河下游单位河长年渗漏水量计算结果如表 7-19 所示,黄河下游花园口—利津河段月、年渗漏水量计算结果如表 7-20 所示,黄河下游各河段年均渗漏水量计算结果如表 7-21 所示。

表 7-19　黄河下游单位河长年渗漏水量计算成果

年份	各河段单位河长年渗漏补给地下水水量(万 m³/km)						
	花园口—夹河滩	夹河滩—高村	高村—孙口	孙口—艾山	艾山—泺口	泺口—利津	利津—入海口
1991	268.56	244.65	127.44	73.11	37.67	15.51	11.08
1992	275.96	247.75	126.41	67.25	33.39	12.40	7.94
1993	284.10	232.84	139.69	82.83	46.02	17.06	12.79
1994	321.03	254.15	143.10	92.12	49.91	17.27	13.55
1995	289.79	239.48	124.31	72.26	36.39	13.66	9.95
1996	330.82	327.68	170.62	76.60	37.61	13.21	9.01
1997	247.33	208.35	93.28	40.14	18.74	6.37	3.31
1998	269.37	246.92	120.58	59.99	30.33	11.44	7.68
1999	246.82	246.07	123.58	60.54	32.65	14.48	10.76
2000	226.41	240.82	129.85	66.00	33.22	15.18	9.20
2001	243.78	252.00	123.54	63.43	31.94	15.81	10.03
2002	271.56	275.31	132.69	55.58	28.57	12.95	7.17
2003	281.48	249.97	121.69	63.22	36.36	15.45	10.58
2004	351.89	307.71	144.78	84.29	45.02	16.92	13.04
2005	313.78	277.96	135.33	77.71	40.37	16.13	13.36
平均	281.51	256.78	130.46	69.00	35.88	14.26	9.96
河长(km)	118	71	130	63	107	174	104
多年平均渗漏量(万 m³)	33 218.18	18 231.38	16 959.8	4 347	3 839.16	2 481.24	1 035.84

表 7-20　黄河下游花园口—利津河段月、年渗漏水量计算结果

（单位：亿 m^3）

年份	1月	2月	3月	4月	5月	6月	7月	8月	9月	10月	11月	12月	全年
1991	0.549 4	0.556 9	0.666 6	0.757 5	0.722 7	0.971 8	0.620 4	0.505 1	0.703 0	0.492 5	0.359 9	0.510 0	7.416
1992	0.307 3	0.270 1	0.660 4	0.582 5	0.549 1	0.501 4	0.689 7	1.169 8	0.829 3	0.818 0	0.640 7	0.640 0	7.659
1993	0.478 2	0.432 4	0.659 6	0.660 4	0.831 8	0.479 0	0.925 8	1.049 7	0.729 6	0.652 7	0.629 2	0.608 7	8.137
1994	0.574 8	0.530 9	0.691 8	0.730 7	0.655 2	0.426 3	1.194 0	1.205 8	0.788 2	0.621 7	0.668 6	0.784 6	8.873
1995	0.694 7	0.601 9	0.647 8	0.711 8	0.430 1	0.240 8	0.449 9	1.047 1	1.023 4	0.670 9	0.626 2	0.677 1	7.822
1996	0.458 9	0.344 4	0.662 6	0.790 5	0.593 2	0.450 0	0.808 5	2.299 0	1.028 4	0.774 3	0.726 7	0.630 3	9.567
1997	0.549 2	0.411 2	0.777 3	0.847 0	0.677 5	0.271 4	0.184 3	0.651 7	0.591 3	0.407 7	0.359 5	0.448 5	6.177
1998	0.318 1	0.256 6	0.555 4	0.670 9	0.574 4	0.724 3	1.010 6	0.968 7	0.763 9	0.521 3	0.434 9	0.604 7	7.404
1999	0.538 8	0.393 8	0.732 8	0.743 2	0.562 3	0.498 1	0.848 6	0.680 6	0.669 6	0.630 1	0.487 7	0.466 3	7.252
2000	0.330 8	0.443 3	0.602 0	0.684 7	0.622 2	0.528 7	0.654 3	0.557 3	0.501 6	0.733 0	0.743 1	0.707 3	7.108
2001	0.672 5	0.543 3	0.788 8	0.776 2	0.670 1	0.579 3	0.586 7	0.465 0	0.521 1	0.638 5	0.512 3	0.537 7	7.291
2002	0.463 3	0.407 8	0.682 6	0.614 0	0.657 4	0.660 4	1.505 7	0.706 4	0.576 0	0.613 9	0.481 5	0.399 2	7.768
2003	0.329 7	0.259 8	0.558 7	0.572 3	0.561 4	0.592 2	0.567 5	0.549 8	0.870 1	1.000 7	0.978 6	0.897 1	7.738
2004	0.746 6	0.657 7	0.847 3	0.730 7	0.867 8	1.056 9	1.028 4	0.937 5	0.813 2	0.682 9	0.588 9	0.573 0	9.531
2005	0.454 1	0.343 8	0.494 8	0.622 4	0.664 7	1.015 0	0.926 7	0.866 0	0.723 3	1.012 8	0.803 5	0.714 6	8.642
均值	0.497 8	0.430 3	0.668 6	0.699 7	0.642 7	0.599 7	0.800 1	0.910 6	0.742 1	0.684 7	0.602 8	0.613 3	7.892

表 7-21　黄河下游各河段年均渗漏水量计算结果　　（单位：亿 m^3）

月份	花园口—夹河滩	夹河滩—高村	高村—孙口	孙口—艾山	艾山—泺口	泺口—利津	花园口—利津
1	0.187 5	0.107 8	0.119 2	0.032 8	0.029 4	0.021 1	0.497 8
2	0.182 9	0.096 8	0.092 2	0.023 1	0.021 5	0.013 8	0.430 3
3	0.292 9	0.155 8	0.143 1	0.032 6	0.027 4	0.016 7	0.668 6
4	0.299 6	0.159 2	0.152 6	0.037 7	0.032 5	0.018 0	0.699 7
5	0.280 6	0.150 3	0.135 9	0.032 7	0.027 3	0.015 9	0.642 7
6	0.273 2	0.140 9	0.117 5	0.028 3	0.024 9	0.015 0	0.599 7
7	0.348 1	0.188 4	0.158 1	0.041 9	0.039 7	0.023 9	0.800 1
8	0.363 3	0.218 5	0.203 6	0.050 9	0.044 7	0.029 6	0.910 6
9	0.307 1	0.171 1	0.156 2	0.042 9	0.038 9	0.026 0	0.742 1
10	0.283 3	0.159 7	0.145 8	0.038 9	0.034 1	0.022 9	0.684 7
11	0.238 3	0.135 9	0.136 0	0.036 3	0.033 1	0.023 2	0.602 8
12	0.246 0	0.138 7	0.135 8	0.036 7	0.034 0	0.022 0	0.613 3
全年	3.303 0	1.823 0	1.696 0	0.434 7	0.387 5	0.248 0	7.892 0

第五节　渗漏计算成果分析

一、渗漏耗水量年际间及年内变化分析

（一）年际间变化分析

由表 7-20 可见，1996 年的渗漏水量最大，为 9.567 亿 m^3；1997 年的渗漏水量最小，为 6.177 亿 m^3，下游年均渗漏水量为 7.892 亿 m^3。1991～2005 年，下游年均来水量为 233.37 亿 m^3，年均渗漏水量为 7.892 亿 m^3，这说明近 15 年来，下游来水的 3.38% 消耗于渗漏补给地下水。由于下游河道的水量除用于自然耗损外，还用于工农业引水等，因此尽管花园口站实测径流量与下游渗漏水量的年际变化趋势基本一致，但并不成正比，如图 7-34 所示。

（二）年内变化分析

1991～2005 年黄河下游月均渗漏水量计算成果如图 7-35 所示，8 月的平均渗漏水量最大，为 0.910 6 亿 m^3，占年均渗漏量的 11.5%；2 月的平均渗漏水量最小，为 0.430 3 亿 m^3，占年均渗漏量的 5.5%。1991～2005 年，黄河下游的月均径流量与月均渗漏水量的变化趋势基本一致，如图 7-36 所示。

由图 7-36 可知，黄河下游的月均来水量和月均渗漏水量都在 8 月达到最大值，分别

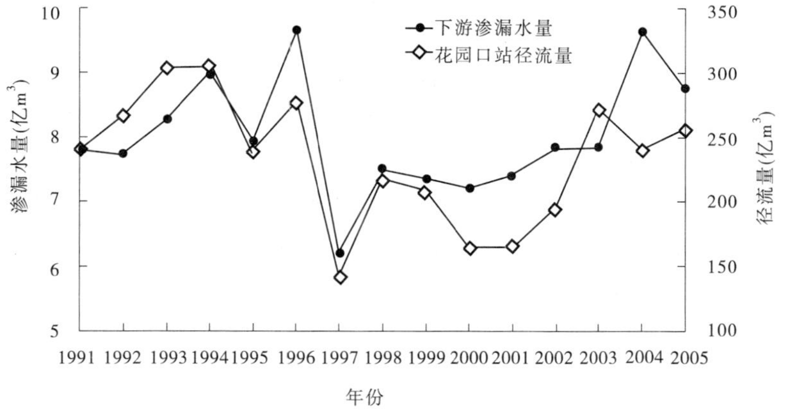

图 7-34　花园口站实测径流量与下游渗漏水量的年际变化

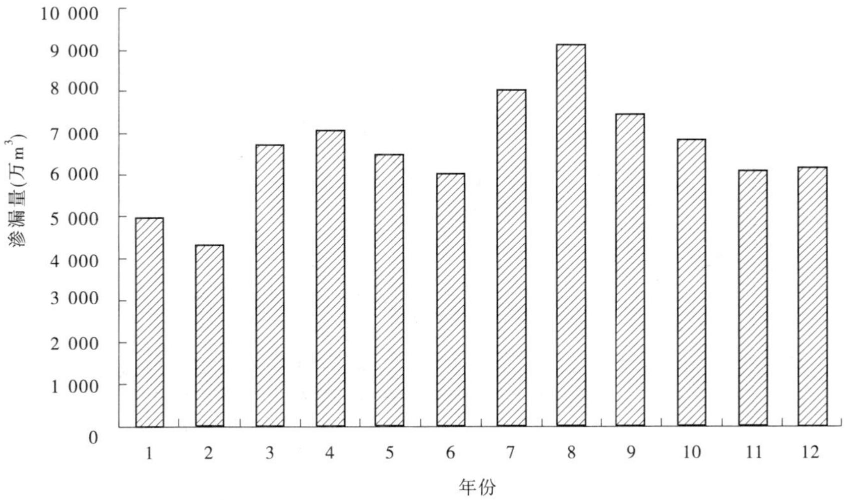

图 7-35　1991 ~ 2005 年黄河下游月均渗漏水量计算成果

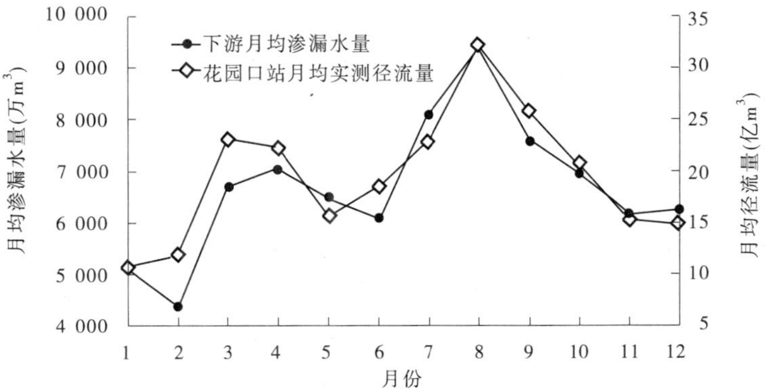

图 7-36　1991 ~ 2005 年黄河下游月均径流量与月均渗漏水量变化过程

为 32.27 亿 m^3 和 0.910 6 亿 m^3，即来水最丰沛的月份，其渗漏水量最多。整个下游的月均来水量在 1 月达到最小值，为 10.67 亿 m^3，而月均渗漏水量在 2 月达到最小值，为 0.430 3 亿 m^3，即来水最枯的月份，其渗漏水量也基本上最少。对于 2 月，由于工农业引水等人类活动导致河道水量急剧减少，尽管 2 月的平均来水量比 1 月多 1.18 亿 m^3，但 2 月的平均渗漏水量仍比 1 月少 0.068 4 亿 m^3。

综上所述，由于黄河下游河道沉积物含水层岩性相对稳定，下游年渗漏水量主要受来水量的影响。在来水量相对稳定的情况下，下游工农业引水等人类活动导致河道水量减少，是影响下游年渗漏水量的重要因素。

二、渗漏耗水量沿河长变化分析

如图 7-37 所示，黄河下游河段各区间单位河长月均渗漏水量沿程减小，各区间单位河长月均渗漏水量的变化过程呈现出相似的趋势，单位河长月均渗漏水量过程线由上游到下游沿程减小，越向下游过程线变幅越小。

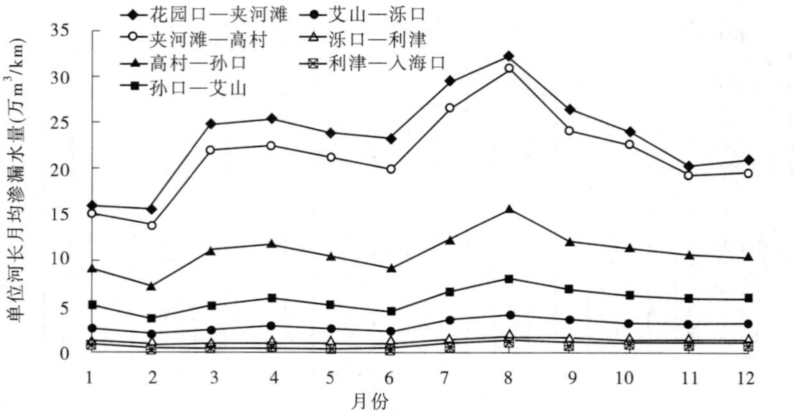

图 7-37　黄河下游河段各区间单位河长月均渗漏水量变化过程(1991～2005 年系列)

如图 7-38 所示，黄河下游河段各区间单位河长年均渗漏水量沿程减小，花园口—夹河滩区间单位河长年均渗漏水量最大，为 281.51 万 m^3/km，这是由于黄河的粗颗粒泥沙绝大部分都淤积在花园口—夹河滩区间，抬高了河底高程，加大了黄河水与地下水的水位差，为渗漏提供了有利的条件，利津—入海口区间单位河长年均渗漏水量最小，为 9.96 万 m^3/km。

三、断流影响

1991～1999 年，黄河下游干流均有不同程度的断流，如表 7-22 所示。

1991 年黄河下游断流上端到达泺口—利津河段之间，1992～1994 年，黄河下游断流上端到达艾山—泺口河段之间，各年断流共计 16～83 d，断流的发生时间和河段如表 6-9 所示，对于 1991～1994 年系列，由于下游年均来水量丰沛，年均渗漏水量也就较大，达到 8.021 亿 m^3，占年均来水量的 2.87%。1995～1998 年，下游出现严重的断流，每年断流天数超过 90 d，长时间的断流提高了黄河水与地下水之间的水力梯度，下游较丰的年均来水量会有很大一部分渗漏补给地下水,这期间的渗漏水量占来水量的3.53%。1999年,利津站断流共计42 d,断流上端到达艾山—泺口河段之间,下游来水量继续减少,仅为208.55亿m^3,渗漏水量也减少至7.252亿m^3,占来水量的3.48%。

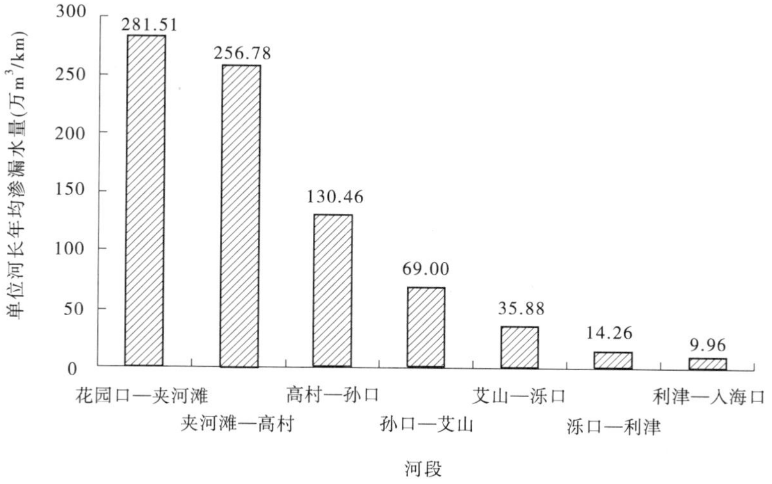

图7-38 黄河下游河段各区间单位河长年均渗漏水量计算结果(1991~2005年系列)

表7-22 1991~2005年黄河下游年均来水量与年均渗漏水量对照

系列		特征	年均来水量$W_{来}$(亿m^3)	年均渗漏水量$W_{渗}$(亿m^3)	$W_{渗}/W_{来}$(%)
河道断流的年份	1991~1994	利津站断流天数<90 d	279.68	8.021	2.87
	1995~1998	利津站断流天数>90 d	219.18	7.743	3.53
	1999	利津站断流天数<90 d	208.55	7.252	3.48
河道不断流的年份	2000~2002	年来水量<200亿m^3	175.46	7.389	4.21
	2003~2005	年来水量>200亿m^3	256.73	8.637	3.36

从2000年开始,黄河实现了全年河道不断流。2000~2002年,下游年来水量均小于200亿m^3,年均来水量只有175.46亿m^3,是本次研究时段内来水最枯的系列,但由于2000年以前长期的断流增大了黄河水与地下水之间的水位差,故这期间的年均渗漏水量仍有7.389亿m^3,占来水量的4.21%。2003~2005年,下游来水量较丰,均大于200亿m^3,年均来水量为256.73亿m^3,充沛的来水为渗漏提供了保证,年均渗漏水量高达8.637亿m^3,占来水量的3.36%。有断流情况出现的年份,其年均渗漏水量比无断流情况的年份少2 011.11万m^3。

1996 年和 1997 年是 20 世纪 90 年代断流最严重的两个年份。1997 年,由于黄河流域降雨、径流量较常年明显偏少,水资源供需矛盾十分突出,黄河下游出现了有资料记录以来断流最为严重的一年。对于本次研究时段内有断流现象的 1991 ~ 1999 年,1997 年利津站断流时间最长,共计 226 d,断流上端到达夹河滩水文站以上的开封柳园口附近河段,断流河段长约 700 km,占花园口以下河长的 91%。在研究时段内,1997 年整个下游年渗漏水量最小,仅为 6.177 亿 m^3。除 1997 年外,1996 年断流时间最长,共计 136 d,但 1996 年的渗漏水量最大,为 9.567 亿 m^3。这是由于 1996 年下游来水量丰沛,花园口站实测年径流量为 277.30 亿 m^3,而 1997 年花园口站实测年径流量仅为 142.57 亿 m^3,1996 年年内长时间的断流加剧了地下水水位的下降,提高了黄河水与地下水之间的水力梯度,一旦来水,则会有很大一部分河道水量用于渗漏补给地下水,因此 1996 年尽管下游断流相当严重,但黄河渗漏补给地下水的水量仍较大。

四、沉积物厚度的影响

大量研究表明,河床沉积物较薄,厚度一般在 0.3 ~ 0.6 m,且较难测定,由于条件限制,本次研究未进行测定。采用经验估算河床沉积物厚度,即假设 1999 年黄河下游的河床沉积物平均厚度为 0.3 m、0.6 m、0.8 m、1.2 m、1.5 m、1.8 m、2.0 m、6.0 m,假设 2000 年黄河下游的河床沉积物平均厚度为 0.3m、0.6 m、0.8 m、1.2 m、1.5 m、1.8 m、2.0 m、2.5 m、3.0 m、3.5 m、4.0 m、4.5 m、5.0 m、5.5 m、6.0 m、6.5 m、7.0 m,分别计算各厚度对应的 $K_{等效}$ 和河水渗漏补给地下水的水量,结果如表 7-23、表 7-24 所示。

垂直于层面的等效渗透系数主要取决于渗透系数最小,即阻力最大的分层,如有一层 K_i,即为不透水层,则 $K_{等效}=9$。虽然研究区河床沉积物的渗透系数较低,在 0.19 ~ 0.71 m/d 变化,而潜水含水层的渗透系数较高,在 7.0 ~ 25.0 m/d。从表 7-23 可以看出,沉积物厚度对 $K_{等效}$ 的影响很小,这是由于 M_2 远大于 M_1,沉积物的厚度与渗透系数的比值 M_1/K_1 远小于含水层的 M_2/K_2。不同的沉积物厚度对的 $K_{等效}$ 影响很小,因此未测沉积物厚度对结果的影响也很小。

表 7-23　不同沉积物厚度对应的 $K_{等效}$ 计算结果

沉积物厚度(m)	河床渗透系数(m/d)						
	子河段 1	子河段 2	子河段 3	子河段 4	子河段 5	子河段 6	子河段 7
0.3	21.66	15.99	13.45	11.50	9.99	10.00	8.13
0.4	21.66	15.98	13.45	11.50	9.98	10.00	8.13
0.5	21.65	15.98	13.45	11.50	9.98	9.99	8.13
0.6	21.65	15.97	13.44	11.50	9.97	9.99	8.13
0.7	21.64	15.97	13.44	11.50	9.97	9.99	8.13
0.8	21.64	15.96	13.44	11.50	9.97	9.99	8.13
0.9	21.63	15.96	13.43	11.49	9.96	9.99	8.13
1.0	21.63	15.95	13.43	11.49	9.96	9.99	8.13
1.2	21.62	15.95	13.43	11.49	9.95	9.99	8.12
1.5	21.60	15.93	13.42	11.49	9.94	9.98	8.12

续表 7-23

沉积物厚度（m）	河床渗透系数(m/d)						
	子河段 1	子河段 2	子河段 3	子河段 4	子河段 5	子河段 6	子河段 7
1.8	21.59	15.92	13.41	11.48	9.93	9.98	8.12
2.0	21.58	15.91	13.40	11.48	9.92	9.98	8.12
2.5	21.56	15.89	13.39	11.47	9.90	9.97	8.11
3.0	21.53	15.86	13.37	11.46	9.88	9.97	8.11
3.5	21.51	15.84	13.36	11.46	9.86	9.96	8.10
4.0	21.49	15.82	13.35	11.45	9.84	9.95	8.10
4.5	21.46	15.80	13.33	11.44	9.82	9.95	8.09
5.0	21.44	15.78	13.32	11.44	9.80	9.94	8.09
5.5	21.42	15.75	13.30	11.43	9.78	9.94	8.08
6.0	21.39	15.73	13.29	11.42	9.76	9.93	8.08
6.5	21.37	15.71	13.27	11.41	9.74	9.93	8.07
7.0	21.35	15.69	13.26	11.41	9.72	9.92	8.07

表 7-24　不同河床沉积物厚度所对应的研究区年渗漏水量对照

年份	编号	河床沉积物厚度（m）	年渗漏水量（亿 m^3）	平均单位河长年渗漏水量（万 m^3/km）
1999	1	0.3	7.47	97.23
	2	0.6	7.46	97.16
	3	0.8	7.46	97.11
	4	1.2	7.45	97.02
	5	1.5	7.45	96.95
	6	1.8	7.44	96.87
	7	2.0	7.44	96.83
	8	6.0	7.36	95.88
2000	1	0.3	7.30	95.11
	2	0.6	7.30	95.04
	3	0.8	7.30	94.99
	4	1.2	7.29	94.90
	5	1.5	7.28	94.83
	6	1.8	7.28	94.76
	7	2.0	7.27	94.71
	8	2.5	7.27	94.60
	9	3.0	7.26	94.48
	10	3.5	7.25	94.37
	11	4.0	7.24	94.25
	12	4.5	7.23	94.14
	13	5.0	7.22	94.03
	14	5.5	7.21	93.91
	15	6.0	7.20	93.80
	16	6.5	7.20	93.69
	17	7.0	7.19	93.58

五、与已有研究成果对比

本次研究成果与已有研究成果进行了对比分析(见表7-25),黄河下游河道渗漏耗水量本次研究成果与2004年曹剑峰等[62]采用三维地下水数值模拟技术计算得到的结果最为接近,本次研究河南段的成果与2002年赵云章等[3]的成果最为接近,但都略偏大。这可能是由于本次研究将以大沽基面为基准面的黄河水位转换成了黄海56高程基面,从而与地下水水位所采用的基准面保持一致,提高了水位差和水力梯度所致。

表7-25　黄河渗漏补给地下水水量的本次研究成果与部分已有研究成果对比

完成年份	计算方法	计算范围	计算成果		研究者或完成单位	本次成果
			年份类型	量值(亿 m^3/a)		
20世纪80年代初		黄河影响带河南段	丰水年	3.7		
			平水年	2.4		
2000	断面法	黄河影响带河南段		3.0		4.382
2002	三维地下水数值模拟技术	黄河下游影响带	丰水年	4.5~5.1	赵云章、邵景力等	5.126
			平水年	3.3		
			枯水年	2.5		
2004	三维地下水数值模拟技术	黄河下游影响带	50%降水保证率年份	6.934 7	曹剑峰、冶雪艳等	7.892
			75%降水保证率年份	6.378		
2004	三维地下水数值模拟技术	黄河流域(河南)	50%降水保证率年份	3.937 8	吉林大学、中国地质大学	5.126
			75%降水保证率年份	3.000 0		
			95%降水保证率年份	2.500 0		
			1999年	3.371		

六、渗漏水量回归分析

对所收集的有关资料进行综合分析,建立渗漏水量与黄河水文站实测水位 h_R、流量 Q 和最大水深 d 的回归方程,如式(7-19)所示:

$$y = a_1 + a_2 h_R + a_3 Q + a_4 d \tag{7-19}$$

7个子河段的单位河长渗漏水量均引入水文站实测水位、流量、最大水深这3个自变量进行回归分析,各子河段拟合优度结果如表7-26所示。

表 7-26　各子河段单位河长渗漏水量拟合优度结果

子河段	1	2	3	4	5	6	7
相关系数 R	0.714	0.747	0.585	0.725	0.884	0.879	0.910
确定系数 R^2	0.510	0.558	0.342	0.526	0.782	0.772	0.828

注：取显著性水平 $\alpha = 0.05$。

采用 SPSS(Statistical Package for the Social Science)软件进行研究区各子河段单位河长渗漏损失水量回归分析，并建立回归方程，如式(7-20)～式(7-26)所示。

子河段 1：

$$y = 37\ 786.934 - 357.310h_R + 3.938Q - 625.647d \tag{7-20}$$

子河段 2：

$$y = -24\ 424.1 + 422.355h_R + 6.275Q - 1\ 119.991d \tag{7-21}$$

子河段 3：

$$y = -19\ 928.1 + 369.325h_R + 2.969Q \tag{7-22}$$

子河段 4：

$$y = -10\ 537.5 + 277.510h_R + 1.252Q - 364.398d \tag{7-23}$$

子河段 5：

$$y = -12\ 182.2 + 346.674h_R + 0.655Q - 47.487d \tag{7-24}$$

子河段 6：

$$y = -1\ 117.730 + 58.320h_R + 0.186Q - 22.480d \tag{7-25}$$

子河段 7：

$$y = -1\ 539.036 + 157.487h_R + 0.020Q + 0.992d \tag{7-26}$$

可见，研究区单位河长渗漏水量与相应河段的实测流量成正比，即实测流量越大，单位河长渗漏水量也越大。本次研究所建立的回归方程式(7-20)～式(7-26)虽然对于已有的 1991～2005 年资料拟合优度较高，但尚需结合长系列资料进行验证、修正。

第六节　河道渗漏结论

本章在充分分析黄河下游自然地理、地质、水文地质条件的基础上，进行了河床沉积物渗透系数的现场和河床沉积物颗粒级配实验室测定，采用地下水动力学方法计算了不同时间尺度的黄河下游河水渗漏补给地下水的水量，得出如下结论。

(1)在黄河下游的 5 个水文站，即花园口、高村、孙口、艾山、泺口，分别采用一系列的竖管进行了河床沉积物渗透系数现场测定，其结果分别为 0.71 m/d、0.29 m/d、0.34 m/d、0.19 m/d、0.24 m/d。花园口河床沉积物水平渗透系数为 1.81 m/d，故 K_h 与 K_v 的比值为 2.6，这表明花园口站所处河段的河床沉积物具有各向异性的特征。

(2)黄河下游 8 月的平均渗漏水量最大，为 0.910 6 亿 m^3，2 月的平均渗漏水量最小，为 0.430 3 亿 m^3；1996 年的年渗漏水量最大，为 9.567 亿 m^3，1997 年的年渗漏水量最小，为6.177亿m^3,下游年均渗漏水量为7.892亿m^3。对于花园口—利津区间河段,月均渗漏水量占月均实测径流差的百分数在11月达到最大值13.9%,在3月达到最小值3.3%。年均渗漏水量占年均实测径流差的百分数在5.1%~10.1%。

(3)1991~2005年黄河下游各河段年渗漏水量基本上沿程减小,这是由于黄河的粗颗粒泥沙绝大部分都淤积在花园口—夹河滩河段。黄河下游7个河段的单位河长渗漏水量逐月变化趋势随着年份的不同差异很大,但对于同一年份,7个子河段的变化趋势基本一致,这主要是由于年际来水条件不同,河床冲淤变化较大,流量与水面宽的关系复杂。

(4)各河段河长占黄河下游总河长的百分数与其年渗漏水量占黄河下游总渗漏水量百分数并不成正比。花园口—夹河滩、夹河滩—高村、高村—孙口河段的河长所占比例均远远小于其年渗漏水量所占比例,而位于研究区下游的孙口—艾山、艾山—泺口、泺口—利津、利津—入海口河段,河长所占比例却远远大于其年渗漏水量所占比例。

(5)研究区单位河长渗漏水量与相应河段的实测流量成正比,即实测流量越大,单位河长渗漏水量也越大。根据已有资料所建立的单位河长渗漏水量回归方程,其拟合优度较高,但若将其应用于研究区,尚需结合长系列资料进行验证、修正。

参考文献

[1] 叶青超. 黄河流域环境演变与水沙运行规律研究[M]. 济南:山东科学技术出版社,1994.

[2] 叶青超,陆中臣,杨毅芬,等. 黄河下游河流地貌[M].北京:科学出版社,1990.

[3] 赵云章,邵景力,阎振鹏,等. 黄河下游影响带地下水资源评价及可持续开发利用[M]. 北京:中国大地出版社,2002.

[4] 山东省地质矿产局. 鲁西北平原浅层地下水资源评价的研究[R]. 1986.

[5] 山东省地质矿产局第一地质队. 山东省泰安市、莱芜市地质环境监测报告[R]. 1996.

[6] 山东省菏泽水文地质站. 山东省菏泽地区地下水动态和地质环境监测报告[R]. 1991.

[7] 山东省聊城地质环境监测站. 山东省聊城地区地质环境监测报告[R]. 1996.

[8] Winter T C. Recent advances in understanding the interaction of groundwater and surface water [J]. Review of Geophysics, 1995, 33:985-994.

[9] 胡俊锋,王金生,滕彦国. 地下水与河水相互作用的研究进展[J]. 水文地质工程地质,2004(1):108-113.

[10] Theis C V. The effect of a well on the flow of a nearby stream[J]. American Geophysical Union Transactions,1941,22(3):734-738.

[11] Govindaraju R S, Koelliker J K. Applicability of linearized Boussinesq equation formodeling bank storage under uncertain aquifer parameters [J]. Journal of Hydrology,1994,157:349-366.

[12] Hantush M S. Wells near streams with serni - pervious beds [J]. Journal of Geophysical Research. 1965,70(12):2829-2838.

[13] Hunt B. Unsteady stream depletion from ground water pumping [J]. Ground Water, 1999,37(1):98-102.

[14] Christensen S. On the estimation of stream flow depletion parameter by drawdown analysis [J]. Ground Water,2000,38(5):726-734.

[15] Vitaly A Zlotuik, Huihua Huang. Effeet of shallow penetration and streambed sediments on aquifer response to stream stage fluetuations (analytical model) [J]. Ground Water,1999,37(4):599-605.

[16] James J,Butler,Vitaly A Z,et al. Draw down and stream depletion produced by pumping in the vicinity of a partially penetrating stream [J]. Ground Water,2001(5):651-659.
[17] 朱仲元,刘廷玺,王清宇,等. 西辽河侧向渗漏研究[J]. 内蒙古水利,1994(4):47-51.
[18] 刘昌明,陈效国. 黄河流域水资源演化规律与可再生性维持机理研究和进展[M]. 郑州:黄河水利出版社,2001.
[19] Chen C X,Hu L T. Analytical solution of well fields disturbance in confined – unconfined steady groundwater pumping flow[C]//Proceedings of the 2003 International Symposium on Water Resources and the Utban Environment. Wuhan,:China Environmental Science Press,2003:41-45.
[20] 陶月赞. 河渠控制下潜水含水层中的蒸发规律与计算[J]. 自然科学进展,2006,16(5):590-595.
[21] 袁红卫,崔绍峰,张安昌. 黄河聊城段侧渗分析研究[J]. 地下水,2005,27(4):247-249.
[22] 钱会,郑西来,樊秀峰. 傍河取水越河稳定渗流问题的三维数值模拟研究[J]. 水利学报,1999(3):32-37.
[23] Sophocleous M,Koussis A,Martin J L,et al. Evaluation of simplified stream – aquifer depletion models for water rights administration[J]. Ground Water,1995,33(4):579-588.
[24] Conrad L P,Beljin M S . Evaluation of an induced infiltration model as applied to glacial aquifer systems [J]. Water Resources Bulletin,1996,32(6):1209-1220.
[25] Chen X H, Y Yin. Stream flow depletion: modeling of reduced baseflow and induced stream infiltration from seasonally pumped wells[J]. Joumal of Ameriean Water Resources Association,2001,37(1):185-195.
[26] Shu Longcang,Chen Xunhong. Simulation of water quantity exchange between groundwater and the Platte River water Central Nebraska[J]. Journal of Central South University,2002,9(3):212-215.
[27] 束龙仓,Chen Xunhong. 地下水开采对河流流量衰减的影响分析——以美国内布拉斯加州普拉特河谷为例[J]. 水利学报,2003(2):112-116.
[28] 崔亚莉,赵云章,邵景力,等. 黄河下游地上悬河段开采条件下侧渗量变化研究[J]. 水文地质工程地质,2005(1):57-60.
[29] 曹剑峰,冶雪艳,姜纪沂,等. 黄河下游悬河段地下水资源计算及开发潜力分析[J]. 资源科学,2004,26(2):9-16.
[30] 李致家,谢悦波. 地下水流与河网水流的耦合模型[J]. 水利学报,1998(4):43-47.
[31] 蒋业放,张兴有. 河流与含水层水力耦合模型及其应用[J]. 地理学报,1999,54(6):526-533.
[32] 武强,孔庆友,张自忠,等. 地表河网 – 地下水系统耦合模拟 I:模型[J]. 水利学报,2005,36(5):588-592.
[33] 武强,徐军祥,张自忠,等. 地表河网 – 地下水系统耦合模拟Ⅱ:应用实例[J]. 水利学报,2005,36(6):754-758.
[34] 谢新民,陈守煌,王本德. 地表 – 地下水资源系统多目标管理模型与模糊决策研究[J]. 大连理工大学学报,1994,34(2):240-248.
[35] 张贵金,徐卫亚. 岩溶坝区透水参数的随机模型[J]. 水文地质工程地质,2003(4):19-25.
[36] 李俊亭,王恩志,王文科. 垂向渗流量测量仪的原理及应用[J]. 西安地质学院学报,1992,13(增刊):43-49.
[37] 油新华,李晓,马风山,等. 白衣庵滑坡原状土的渗透性试验研究[J]. 岩土工程学报,2001,23(6):659-660.
[38] 仵彦卿,张应华,温小虎,等. 西北黑河下游盆地河水与地下水转化的新发现[J]. 自然科学进展,2004,14(12):1425-1433.

[39] 廖资生,林学任,石钦周,等. 黄河下游傍河开采地下水的试验研究——以郑州北郊黄河滩地为例[J]. 中国科学 E 辑:技术科学,2004,34(增刊 I):13-22.
[40] 林学任,廖资生,石钦周. 黄河下游傍河开采地下水研究——以郑州—开封间黄河段为例[J]. 吉林大学学报:地球科学版,2003,33(4):495-502.
[41] 王润兰,康卫东,李俊亭,等. 河水入渗过程中蒸发损失的实验模拟研究[J]. 地下水,2005,27(5):350-351、400.
[42] 唐书平,王利,陈付申,等. 黄河水对下游两岸地下水质的影响分析[J]. 人民黄河,2005,27(1):49-50.
[43] 汪丙国,靳孟贵,王文峰,等. 氯离子示踪法在河北平原地下水垂向入渗补给量评价中的应用[J]. 节水灌溉,2006(3):16-20.
[44] 顾慰祖,陆家驹,谢民,等. 乌兰布和沙漠北部地下水资源的环境同位素探讨[J]. 水科学进展,2002,13(3):326-332.
[45] 平建华,曹剑峰,苏小四,等. 同位素技术在黄河下游河水侧渗影响范围研究中的应用[J]. 吉林大学学报:地球科学版,2004,34(3):399-404.
[46] 何勇军,薛宝林. 土石坝渗流的神经网络监控模型[J]. 河海大学学报,2001,29(2):79-82.
[47] 姚磊华. 遗传算法和高斯牛顿法联合反演地下水渗流模型参数[J]. 岩土工程学报,2005,27(8):885-590.
[48] Jaime P, Oxtobee A, Kent Novakowski. A field investigation of groundwater/surface water interaction in a fractured bedrock environment[J]. Journal of Hydrology,2002,269:169-193.
[49] 南京水利科学研究院. 土工试验规程[M]. 北京:中国水利水电出版社,1999.
[50] 黄建成,张九蓉. 筛分仪与光电仪结合测定粉煤灰级配[J]. 长江科学院院报,1998(3):28-29.
[51] 薛禹群. 地下水动力学[M]. 北京:地质出版社,1997.
[52]《供水水文地质手册》编写组. 供水水文地质手册(第二册:水文地质计算;第三册:地下水资源评价)[M]. 北京:地质出版社,1983.
[53] 王大纯,张人权,等. 水文地质学基础[M]. 北京:地质出版社,1995.
[54] Chen X H. Measurement of streambed hydraulic conductivity and its anisotropy [J]. Environmental Geology, 2000, 39(12): 1317-1324.
[55] Chen X H. Streambed hydraulic conductivity for rivers in south-central Nebraska[J]. Journal of the American Water Resource Association, 2004, 40(3):561-574.
[56] Chen X H. Hydrologic connections of astream - aquifer - vegetation zone in south - central PlatteRiver valley,Nebraska[J]. Journal of Hydrology, 2007, 333: 554-568.
[57] 束龙仓,Chen Xunhong. 美国内布拉斯加州普拉特河河床沉积物渗透系数的现场测定[J]. 水科学进展,2002,13(5):629-633.
[58] 迟宝明,束龙仓. 张家港暨阳湖湖底沉积物渗透系数的现场测定[J]. 吉林大学学报:地球科学版,2003,33(4):539-540.
[59] 崔亚莉,赵云章,邵景力,等. 黄河下游地上悬河段开采条件下侧渗量变化研究[J]. 水文地质工程地质,2005(1):57-60.
[60] 秦学林. 傍河取水型水源地河水诱导补给量计算方法探讨[J]. 电力勘测,1995(4):8-14.
[61] 冶雪艳. 黄河下游悬河段地下水开发风险评价与调控研究[D]. 长春:吉林大学环境与资源学院,2006.
[62] 曹剑峰,冶雪艳,姜纪沂,等. 黄河下游悬河段地下水资源计算及开发潜力分析[J]. 资源科学,2004,26(2):9-16.

第八章　黄河下游河段水量平衡影响要素综合分析

依据水量平衡原理，笔者对黄河下游河段的引水量（含未控引水）、自然损失水量（为蒸发、河道渗漏损失水量之和，以下同）、重要水文站的测验精度进行了试验研究。根据试验成果，对黄河花园口—利津河段的引水量进行了修正，计算了自然损失水量，综合分析了黄河花园口—利津河段水量平衡要素的变化特征，并进行1999～2005年黄河下游实施水量统一调度期间的水量平衡分析（见表8-1、表8-2）。

表8-1　花园口—利津区间水量平衡计算　　（单位：亿 m^3）

年份	花园口实测	区间变量					利津实测	平衡差值
		区间加入	区间引出	蒸发损失量	渗漏损失量	区间合计		
1999	208.7	2.472	119.8	3.865	7.252	-128.4	69.45	-10.85
2000	165.3	6.492	97.81	3.494	7.108	-101.9	49.37	-14.03
2001	165.5	9.980	100.5	5.307	7.291	-103.1	47.28	-15.12
2002	195.7	2.504	126.0	4.447	7.768	-135.7	42.58	-17.42
2003	272.7	16.15	68.71	2.969	7.738	-63.26	192.6	-16.84
2004	240.5	31.36	62.40	3.892	9.531	-44.46	198.8	2.76
2005	256.8	27.01	67.69	3.724	8.642	-53.05	206.8	3.04
均值	215.0	13.71	91.83	3.957	7.904	-89.98	115.27	-8.32

表8-2　黄河下游各河段年均水量平衡计算　　（单位：亿 m^3）

区间名称	上游站实测	区间变量					下游站实测	平衡差值
		区间加入	区间引出	蒸发损失量	渗漏损失量	区间合计		
花园口—夹河滩	215.0		8.275	1.663	3.263	-13.20	202.2	0.400
夹河滩—高村	202.2	2.221	13.71	0.478 2	1.815	-13.78	190.0	1.58
高村—孙口	190.0		14.16	0.677 0	1.693	-16.53	175.9	2.43
孙口—艾山	175.9	11.49	14.31	0.328 8	0.423 7	-3.573	165.9	-6.43
艾山—泺口	165.9		16.78	0.398 4	0.383 2	-17.48	145.2	-3.22
泺口—利津	145.2		24.59	0.412 1	0.265 7	-25.27	116.7	-3.23
花园口—利津	215.0	13.71	91.83	3.957	7.84	-89.98	116.7	-8.32

第一节　各项水量平衡影响因子分析

一、实测河川径流量测验精度对水量平衡的影响分析

(一)流量测验满足推算径流量要求

现将黄河下游各站测验设施、测深工具及年测次情况统计列入表8-3。

表8-3　黄河下游各站测验设施、测深工具及年测次情况统计

站名	年份	测验设施	测深工具	年测次(次)
小浪底	1996~2005	测船、机船	重铅鱼	75~311
花园口	1991~2005	机船、机船组	测深杆	110~300
夹河滩	1991~2005	机船、机船组	测深杆	112~258
高村	1991~2005	吊箱、机船	测深杆、重铅鱼	113~429
孙口	1991~2005	机船	测深杆、重铅鱼	102~426
艾山	1991~2005	吊箱、测船	测深杆、重铅鱼	105~267
泺口	1991~2005	吊箱、测船	测深杆、重铅鱼	103~216
利津	1991~2005	吊箱、测船	测深杆、重铅鱼	106~402

由表8-3可以看出,黄河下游各站测验能力强,全部为流速仪测。1990年以后,除继续重视高水测验,为防汛服务外,进一步加强低水测验,为水资源的统一调度服务,每年的测次都在100次以上,从1999年开始,每年的测次都在133次以上,最多达429次,能满足黄河下游河段变动河床不稳定水位—流量关系定线、推流及水资源统一调度的需要。

另外,高村站、艾山站、利津站做了吊箱与测船的比测试验,测船与吊箱相比误差在-1.45%~1.14%,说明高村站以下河段采用这两种测验设施进行测流,不存在大的系统误差。

(二)流速仪常测法流量测验精度符合规范要求

月、年径流量资料的质量,在很大程度上取决于流量单次测验的质量。全年流量测验主要采用流速仪常测法。为了检验其精度,小浪底站分析了1996~2004年积累的精测法资料,计算统计了Ⅰ型误差、Ⅱ型误差和Ⅲ型误差。Ⅰ型误差在0.5 m水深、测速历时为100 s时,其相对标准差为±3.3%,符合流量测验规范的要求。Ⅱ型误差中三点法和二点法的平均相对误差分别为-0.13%和-0.23%,相对标准差分别为±1.10%和±2.29%,累计频率75%以上的相对误差分别为±1.21%和±2.38%;0.2一点法和0.6一点法的平均相对误差分别为0.80%和0.18%,相对标准差分别为±4.09%和±4.28%,累计频率75%以上的相对误差分别为±1.21%和±2.38%。由此可知:一点法、二点法、三点法等简化测验方法均存在不同程度的系统误差,但是其误差值均较小,均不超过1%,符合规范要求。一点法测验相对标准差较大,一般不宜采用。

高村站、艾山站、利津站分析了 1991 ~ 2005 年积累的精测法资料，分析结果为：系统误差在 -0.70% ~ -0.18%，累计频率 75% 以上的相对误差在 ±1.81% ~ ±2.08%，累计频率 95% 以上的相对误差在 ±3.0% ~ ±3.26%，均小于规范规定的误差。这说明黄河下游各站流速仪常测法流量测验精度符合规范要求，其流速仪常测法流量测验精度是比较高的。

（三）水位—流量关系定线标准差符合规范要求

水位—流量关系是测验成果的综合反映。定线是否恰当合理和符合测站特性，直接影响径流量的推算质量。

黄河下游各站受断面冲淤变化、洪水涨落、主槽摆动、洪水漫滩、流向倾斜等因素的综合影响，水位流量关系非常复杂。水位—流量关系是依据实测点的时序分布，结合测站特性分析综合考虑各项因素的影响，采用临时曲线法和连时序法（含绳套曲线）定线，水位—流量关系曲线形状呈多样性。测次布设能够满足定线、推流和水量调度的要求。另外，还对水位—流量关系曲线按规范要求进行标准差计算，各站的标准差在 0.4% ~ 5.5%，定线精度符合规范要求。

综上所述，黄河下游各站实测水文资料的测验精度符合规范要求。

二、花园口以下河段区间加入量变化分析

花园口以下河段区间加入量主要分布在夹河滩—高村河段、孙口—艾山河段。

夹河滩—高村河段有天然文岩渠加入，控制站为大车集（二）站，该站属河南省水文水资源局管理。由表 8-2 可知，1999 ~ 2005 年平均加入量为 2.221 亿 m^3。其中，2003 年加入量最大，为 3.260 亿 m^3，2001 年加入量最小，为 1.135 亿 m^3，最大加入量为最小加入量的 2.87 倍。与该区间年均 13.05 亿 m^3 引黄水量相比，区间加入量不是影响水量平衡的主要因素。

孙口—艾山河段左岸有金堤河加入，控制站为范县（二）站，该站属河南省水文水资源局管理。金堤河入黄水量由张庄闸控制，只有在大堤外水位高于黄河水位时，才开闸泄水。右岸有东平湖加入，控制站为陈山口（闸下二）站和陈山口（新闸下）站，其中 2000 ~ 2002 年没有开闸泄水。由表 8-2 可知，1999 ~ 2005 年平均加入量为 11.49 亿 m^3。其中，2004 年加入量最大，为 29.61 亿 m^3，2001 年加入量最小，为 0.438 3 亿 m^3，最大加入量为最小加入量的 67.6 倍。东平湖 2004 年加入量为 27.40 亿 m^3，占当年区间加入量的 93.0%。

孙口—艾山区间的加入量以东平湖的加入量为主，由黄委水文局所属水文站观测，测验质量可靠。因此，区间加入量不是影响水量平衡的主要因素。

三、黄河下游河段遥感影像提取下垫面信息分析

黄河下游河段水量平衡研究首次采用遥感技术提取有关河道下垫面信息。由于黄河下游是“地上悬河”，滩区水文下垫面复杂，自然耗水量有自己的特点，如下渗、蒸发等与下垫面的土地利用、植被、水面面积、新老滩分布关系十分密切，而且，这些参数在时空分布上差异还很大，特别是水面、新老滩位置分布及面积大小更是随着年份、季节、枯水、丰

水、下游河道整治等的变化而变化,依靠常规方法获取这些信息是十分困难的,尤其是对历史时期连续多年的信息的获取更是不可能。而历史遥感数据却客观地记录了这些信息,收集整理历史遥感影像数据,在专业遥感图像处理系统支持下,通过对 TM 图像的几何校正、彩色合成等深加工处理,生成与下游河道 1∶50 000 比例尺电子地形图相配准的遥感影像地图,结合其他辅助资料、专家知识,在遥感与地理信息系统的支持下,以遥感图像处理软件 ENVI4.0、PCI 和地理信息系统软件 ArcInfo 8.3 为工具,对土地利用、水面、新滩老滩等与自然耗水量相关信息进行提取,并进行合理性分析(见表 4-4)。

由表 4-4 可知,黄河小浪底—利津河段河道面积为 4 024.4 km^2,花园口—利津河道面积为3 156.4 km^2。小浪底—利津河段耕地面积为 2 492.6 km^2,占相应河段河道面积的 62%,花园口—利津河段耕地面积为 2 069.6 km^2,占相应河段河道面积的 66%;小浪底—利津河段水面面积为 338.6 km^2,占相应河段河道面积的 8.4%;花园口—利津河段水面面积为 261.3 km^2,占相应河段河道面积的 8.3%。

四、黄河下游河段引水量修正及变化分析

(一)黄河下游实测引水量修正

按照所选比测试验引黄涵闸的分布情况,分析表 3-9 的试验结果,结合各河段不同类型引黄口门的分布情况,引水量的修正系数参考相应试验口门的比测结果,经综合合理性分析后进行修正,各河段引黄水量修正百分数如下:花园口—夹河滩河段引黄水量,参考柳园口的试验结果,按实测引黄水量偏小 10.02% 修正;夹河滩—高村河段引黄水量,参考陈垓、影堂、国那里等 3 处引黄涵闸试验结果,按实测引黄水量偏小 17.85% 修正;高村—孙口河段引黄水量,参考柳园口、刘庄、苏泗庄、彭楼、邢庙等 5 处引黄涵闸的试验结果,按实测引黄水量偏小 15.07% 修正;孙口—艾山河段引黄水量,参考影堂、国那里的试验结果,按实测引黄水量偏小 18.43% 修正,艾山以下河段引黄水量,参考陈垓、影堂、国那里等 3 处引黄涵闸的试验结果,按实测引黄水量偏小 17.85% 修正。修正后花园口—利津河段 1999 ~ 2005 年月引水量见表 8-4;各河段 1999 ~ 2005 年月平均引水量见表 8-5。

(二)黄河下游引水量变化分析

1. 引水量年际及年内变化分析

(1)花园口—利津河段 1999 ~ 2005 年的年均引水量为 91.81 亿 m^3,其中,2002 年引水量 125.9 亿 m^3,为最大,2004 年引水量 62.52 亿 m^3,为最小,最大年引水量为最小年引水量的 2.01 倍。

(2)1999 ~ 2002 年的年引水量在 97.73 亿 ~ 125.9 亿 m^3 变化,2003 ~ 2005 年的年引水量在 62.52 亿 ~ 68.71 亿 m^3 变化,2003 ~ 2005 年的年引水量比 1999 ~ 2002 年的年引水量明显偏小。

(3)各河段 3 ~ 5 月的引水量占年引水量的百分数在 27.95% ~ 47.10% 变化,最小为孙口—艾山河段的 27.95%,最大为夹河滩—高村河段的 47.10%,全河段 3 ~ 5 月的引水量为 37.32 亿 m^3,占年引水量 40.65%。3 ~ 5 月是黄河下游引水量较为集中的时段。

表 8-4　花园口—利津河段月引水量统计

（单位：亿 m^3）

年份	1月	2月	3月	4月	5月	6月	7月	8月	9月	10月	11月	12月	全年
1999	9.861	7.262	20.88	17.42	7.970	7.911	8.75	14.01	14.43	4.481	1.278	5.459	119.7
2000	3.420	6.566	11.22	12.89	8.242	5.231	13.48	7.635	6.732	8.292	5.210	8.807	97.73
2001	4.863	4.198	13.60	19.46	10.12	8.311	7.723	4.604	6.243	13.30	1.910	6.053	100.4
2002	3.602	4.457	18.66	12.28	12.87	12.81	12.02	13.80	9.939	14.24	7.034	4.190	125.9
2003	3.342	2.214	8.82	8.461	6.901	10.099	5.224	3.296	4.042	5.643	5.606	5.059	68.71
2004	1.271	5.538	14.10	13.10	4.687	5.338	2.840	1.597	2.341	3.329	3.874	4.500	62.52
2005	2.139	2.327	10.39	16.60	12.57	11.83	4.009	2.314	2.976	0.439 5	0.630 5	1.467	67.69
均值	4.071	4.652	13.95	14.32	9.051	8.790	7.721	6.751	6.672	7.104	3.649	5.076	91.81

表 8-5　下游各河段 1999～2005 年月平均引水量统计

（单位：亿 m^3）

年份	1月	2月	3月	4月	5月	6月	7月	8月	9月	10月	11月	12月	全年
花园口—夹河滩	0.117 0	0.610 7	1.287	0.748 1	0.791 8	1.582	1.239	0.978 3	0.480 8	0.224 9	0.104 6	0.110 4	8.275
夹河滩—高村	0.711 3	1.198 7	2.606	2.344	1.504	1.693	1.272	0.943 4	0.528 1	0.730 0	0.152 9	0.026 2	13.71
高村—孙口	0.224 7	0.968 9	2.568	2.573	1.512	1.937	1.590	1.202	0.727 3	0.776 6	0.036 5	0.010 4	14.13
孙口—艾山	1.739	0.445 7	1.316	1.713	0.970 8	0.451 5	0.206 4	0.985 7	0.967 5	1.39	1.738	2.386	14.31
艾山—泺口	0.596 3	0.626 4	2.056	2.745	1.744	1.420	1.321	0.859 0	1.692	2.060	0.601 5	1.066	16.79
泺口—利津	0.682 3	0.801 2	4.119	4.195	2.528	1.706	2.093	1.783	2.276	1.922	1.015	1.477	24.60
花园口—利津	4.071	4.652	13.95	14.32	9.051	8.790	7.721	6.751	6.672	7.104	3.649	5.076	91.81

2. 引水量沿河长变化分析

(1)花园口—利津河段 1999 ~ 2005 年的年均引水量为 91.81 亿 m^3,其中,最小引水河段为花园口—夹河滩河段,相应时段的年均引水量为 8.275 亿 m^3,占花园口—利津河段年均引水量的 9.01%;最大引水河段为泺口—利津河段,相应时段的年均引水量为 24.60 亿 m^3,占花园口—利津河段年均引水量的 26.8%;泺口—利津河段的年均引水量约为花园口—夹河滩河段的 3.0 倍。

(2)高村以下各河段 1999 ~ 2005 年的年均引水量之和为 69.83 亿 m^3,占花园口—利津河段年均引水量的 76.1%,约为高村以上河段年均引水量的 3.2 倍。因此,高村以下河段为黄河下游主要引水河段。

(3)花园口—高村河段年引水量占花园口站实测年径流量的百分数的均值为 10.2%,最大为 16.0%,最小为 5.7%。高村以下河段年引水量占高村站实测年径流量的百分数的均值为 36.3%,最大为 62.3%,最小为 20.3%。花园口—利津河段年引水量占花园口站实测年径流量的百分数的均值为 42.7%,最大为 64.5%,最小为 25.2%。

五、黄河下游河道蒸散发耗水量变化分析

(一)黄河下游河道净蒸发计算

本书第六章研究的是黄河下游河道总蒸散发及其变化规律,将蒸散发研究成果应用于黄河下游水量平衡计算时,需要采用净蒸散发量。即将总蒸散发耗水量扣除相应时段的降水量,得到黄河下游河道的净蒸散发耗水量,见表 8-6、表 8-7。

表 8-6 黄河下游河道各河段逐月净蒸发耗水量

时间	花园口—夹河滩	夹河滩—高村	高村—孙口	孙口—艾山	艾山—泺口	泺口—利津	全河段
1 月	691.9	235.5	293.9	147.4	175.2	225.8	1 769.7
2 月	811.1	268.8	336.2	171.2	198	254.7	2 040.0
3 月	1 139.7	356.4	457.7	233.9	268.4	325.3	2 781.4
4 月	1 750.6	545.9	735.9	359	422.6	494.8	4 308.8
5 月	2 194.3	638.5	908.9	442.8	516	557	5 257.5
6 月	2 539	757.9	1 091.2	504.2	652.8	664.5	6 209.6
7 月	1 548.1	317.8	553.2	262.6	332.9	194.6	3 209.2
8 月	1 372.5	280	485.1	237.6	287.4	174	2 836.6
9 月	1 617.1	431.7	641.5	318.7	380.3	356.9	3 746.2
10 月	1 523.3	444.9	636.7	295.9	383.1	381.5	3 665.4
11 月	1 095.9	337.6	456.5	223.6	266.2	305	2 684.8
12 月	742.3	248	315.2	156.9	185.7	235	1 883.1
全年	17 025.8	4 863.0	6 912	3 353.8	4 068.6	4 169.1	40 392.3

表 8-7　黄河下游花园口—利津河段 1991 ~ 2005 年月河道净蒸散发耗水量

（单位：万 m^3）

年份	1 月	2 月	3 月	4 月	5 月	6 月	7 月	8 月	9 月	10 月	11 月	12 月	全年
1991	1 643.8	1 650.5	1 057.8	4 288.6	3 444.8	5 375.7	5 137.8	4 766.9	5 167.9	5 784.9	3 329.5	1 787.9	43 436.1
1992	2 275.5	2 811.0	1 839.8	5 376.4	2 925.7	6 561.3	4 445.7	1 932.7	467.1	4 878.4	3 369.1	1 768.0	38 650.7
1993	1 069.3	1 960.4	2 736.4	3 514.7	5 437.0	5 550.3	5 086.5	3 338.9	5 217.9	4 459.1	603.5	2 417.0	41 391.0
1994	2 402.8	1 944.6	3 151.5	2 470.9	6 649.0	1 837.4	4 130.9	4 362.8	6 135.7	3 693.5	2 218.4	1 510.3	40 507.8
1995	2 258.1	2 603.8	3 266.0	4 647.1	7 027.0	7 032.0	1 045.0	1 236.5	5 465.7	1 883.7	4 335.2	2 297.9	43 098.0
1996	1 889.2	2 008.9	2 445.5	3 528.2	6 368.9	7 498.7	2 446.3	158.1	1 506.3	3 616.0	1 530.6	2 647.1	35 643.8
1997	1 718.4	1 825.8	2 302.0	3 900.7	5 078.9	8 041.5	6 424.4	6 347.1	3 964.0	6 319.4	1 638.7	1 880.6	49 441.5
1998	1 429.3	1 660.8	1 583.7	3 431.0	1 230.4	6 915.9	2 102.5	363.3	6 579.7	4 858.3	4 066.5	2 507.5	36 728.9
1999	2 536.4	2 901.5	1 876.9	3 892.3	5 903.5	6 387.1	1 044.8	3 562.7	2 392.0	2 310.3	3 201.7	2 636.9	38 646.1
2000	384.6	1 848.9	3 998.0	5 333.8	7 315.0	6 135.5	-813.0	3 074.2	2 441.4	1 209.9	2 038.8	1 970.7	34 937.8
2001	1 235.7	1 819.1	4 210.0	4 856.6	7 866.1	7 802.0	6 692.1	5 152.4	4 659.0	4 068.8	3 357.8	1 355.1	53 074.7
2002	2 363.4	2 372.3	3 692.4	4 053.7	4 791.2	5 736.8	3 571.2	4 378.6	4 817.0	4 458.8	3 256.2	982.5	44 474.1
2003	1 806.3	1 567.7	2 463.7	4 152.8	5 018.1	5 556.6	3 210.8	-196.1	2 316.2	446.7	1 783.5	1 567.0	29 693.3
2004	1 850.0	2 387.2	3 677.9	5 401.4	4 992.6	4 950.0	2 380.3	2 406.5	3 753.0	3 835.7	2 113.1	1 169.8	38 917.5
2005	1 683.2	1 237.4	3 416.4	5 783.7	4 815.1	7 764.1	1 232.7	1 665.6	1 311.9	3 155.7	3 428.5	1 748.2	37 242.5
平均	1 769.7	2 040.0	2 781.2	4 308.8	5 257.6	6 209.7	3 209.2	2 836.7	3 746.3	3 665.3	2 684.7	1 883.1	40 392.3

(二)计算结果分析

1. 年际间变化分析

由表 8-7 可以看出,1991 ~ 2005 年黄河下游花园口—利津河段年平均净蒸散发耗水量为 4.04 亿 m^3。其中,最大为 5.31 亿 m^3,出现在 2001 年;最小为 2.97 亿 m^3,出现在 2003 年,最大值约为最小值的 1.8 倍。净蒸散发耗水量年际变化见图 8-1。

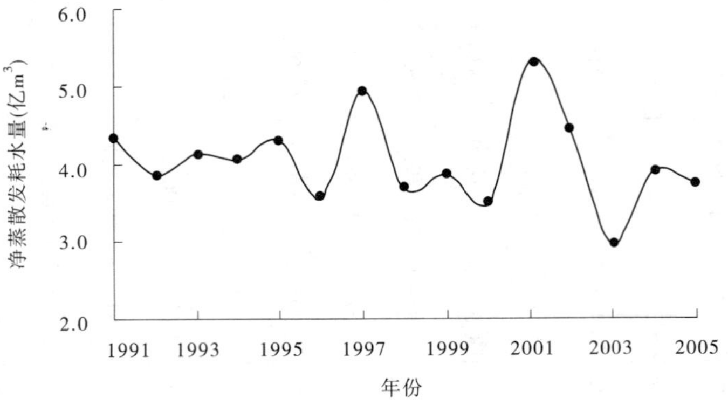

图 8-1　净蒸散发耗水量年际变化

由图 8-1 可以看出,1991 ~ 2005 年这 15 年间,年净蒸散发量的总体趋势稳定,多集中在多年均值的一定范围内上下变动。受到年降水量和河流水位等因素的影响,1997 年、2001 年、2003 年的净蒸散发耗水量与均值相比波动较大,分别为 4.94 亿 m^3、5.31 亿 m^3 和 2.97 亿 m^3,净蒸散发耗水量的变化主要受到降水因素的影响:由于 2001 年和 1997 年降水量小,分别排在 1991 ~ 2005 年系列中倒数第一位和第二位,故其净蒸散发耗水量也比较大;而 2003 年降水量在 1991 ~ 2005 年系列中最高,故其净蒸散发耗水量也较小。

2. 年内月变化分析

由表 8-7 可以看出,历年月最大净蒸散发耗水量为 0.80 亿 m^3,出现在 1997 年 6 月,这主要与当月气温较高、河流水位高、水面面积大、潜水水位高、降水量少等因素有关;历年月最小净蒸散发耗水量为 -0.08 亿 m^3,出现在 2000 年 7 月,由当月降水量大所导致。由此可见,以月为时间尺度时,影响净蒸散发耗水量的因素如月降水量等过于敏感,河道净蒸散发耗水量年内月变化剧烈。

由表 8-6 可以看出,月均净蒸散发耗水量最大为 0.62 亿 m^3,出现在 6 月,月均净蒸散发耗水量最小为 0.18 亿 m^3,出现在 1 月。由图 8-2 可见,受气温、辐射、水位、水面面积、潜水埋深等影响,5 月、6 月净蒸散发耗水量全年最高,12 月、1 月、2 月全年最低;受降水量大小的影响,7 月、8 月虽温度高、水位高、水面面积大,但净蒸散发耗水量依然较低,仅高于 12 月、1 月、2 月的全年最低值。

3. 沿河段变化分析

由表 8-6 可以看出,黄河下游花园口—利津河段河道净蒸散发耗水量年均值为 4.04 亿 m^3,其中,河道净蒸散发耗水量最大的河段为花园口—夹河滩河段,年均河道净蒸散发

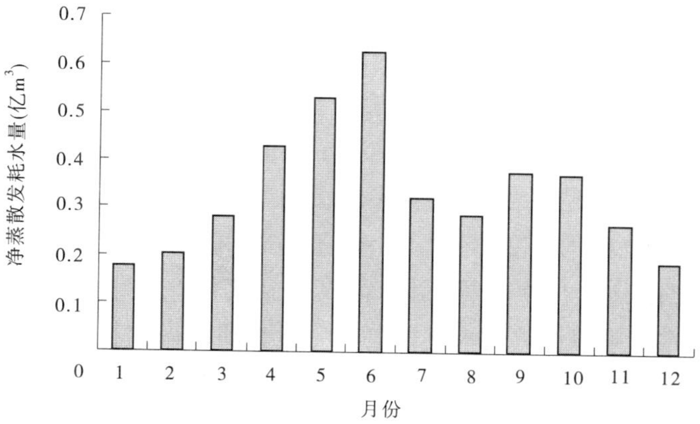

图 8-2 月均净蒸散发耗水量变化

耗水量为 1.70 亿 m^3，占花园口—利津河段相应年均净蒸散发耗水量的 42.2%；河道净蒸散发耗水量最小的河段为孙口—艾山河段，年均河道净蒸散发耗水量仅有 0.34 亿 m^3，占花园口—利津河段相应年均净蒸散发耗水量的 8.3%。净蒸散发耗水量沿河段的分布主要受河段内各种下垫面类型的分布、面积和降水量大小的影响。

六、黄河下游河道渗漏耗水量变化分析

黄河下游河道是“地上悬河”，其自然耗水量中河水渗漏补给地下水有其特殊性。黄河水与地下水联系密切，黄河水位高出两岸平原区地下水水位 3 ~ 8 m，常年补给浅层地下水，成为地下水的重要补给来源（见图 7-29）。从汛期和枯水期的浅层地下水水位等值线上可以看出，黄河两岸地下水流场都向河口弯曲，其弯曲程度向下游逐渐减弱，说明几十年来，无论是汛期还是枯水季节，黄河下游冲洪积平原上，黄河水都是补给地下水的。

（一）技术路线

在黄河下游选择 5 ~ 6 个监测断面，利用竖管法现场测定河床沉积物的渗透系数；同时在上述断面对河床沉积物的不同深度取砂样，进行室内的颗粒分析，根据实验室颗粒分析结果计算河床沉积物的渗透系数，并与野外现场试验结果对比；收集这些断面位置的河水流量与水位、地下水水位的逐月观测资料，分析黄河下游河道水位变化与两岸地下水水位关系，建立河道渗漏计算模型，分析计算渗漏耗水量，结合遥感信息与地理信息系统，对黄河下游河道的总渗漏耗水量进行计算。

黄河渗漏补给地下水的水量大小不仅与黄河水位、地下水水位的高低有关，而且与黄河河床沉积物及浅层含水层的岩性有关，本次研究的目的层是河床沉积物和潜水含水层。

（二）计算方法

将黄河下游从花园口至入海口区间河段概化为 7 个子河段，每个子河段包括黄河干流的 1 个主要水文站，在两相邻水文站的中点断面绘制一根虚线，作为子河段的范围界定

标志，并给予编号，如图7-31所示。对于第 i（i 取1，2，3，…，7）个子河段，取中点处水位作为子河段 i 的黄河水位 $h_{R(i)}$，取该河段内离黄河最近的观测孔（见表7-18）的地下水水位作为子河段 i 的地下水位 $h_{G(i)}$，计算黄河水位与地下水水位的差值，进而结合河床沉积物底板至长观孔的距离，计算相应的水力梯度；W_i 取中点处水位对应的实测水面宽，$K_{等效}$ 取中点横断面处的等效渗透系数，在黄河不断流的情况下，河流渗漏补给地下水为饱和流运动，可应用地下水动力学的基本定律——达西定律，即可计算出子河段 i 单位河长渗漏补给地下水的水量 $\omega_{子河段i}$，依次类推，可以计算得到其他6个子河段的单位河长渗漏水量，单位河长渗漏水量乘以相邻两水文站之间的河长即可得到相邻两水文站之间及整个黄河下游相邻水文站区间河段的渗漏水量（见表8-8、表8-9）。

（三）计算结果分析

1. 年际间变化分析

由表8-8可以看出，1991～2005年黄河下游花园口—利津河段年平均渗漏耗水量为7.892亿 m^3。其中，最大为9.567亿 m^3，出现在1996年，最小为6.177亿 m^3，出现在1997年，最大值为最小值的1.54倍，年际间变化不大。

2. 年内月变化分析

由表8-8可以看出，历年月最大渗漏耗水量为2.299亿 m^3，出现在1996年8月，历年月最小渗漏耗水量为0.184 3亿 m^3，出现在1997年7月，最大值为最小值的12.4倍，河道渗漏耗水量年内月变化剧烈。

由表8-9可以看出，月均渗漏耗水量最大值为0.910 6亿 m^3，出现在8月，月均渗漏耗水量最小值为0.430 3亿 m^3，出现在2月，最大值为最小值的2.1倍左右，月均河道渗漏耗水量变化不大。

3. 沿河长变化分析

由表8-9可以看出，黄河下游花园口—利津河段河道渗漏耗水量年均值为7.892亿 m^3，其中，河道渗漏耗水量最大的河段为花园口—夹河滩河段，年均河道渗漏耗水量为3.303亿 m^3，占花园口—利津河段的41.8%；河道渗漏耗水量最小的河段为泺口—利津河段，年均河道渗漏耗水量仅有0.248 0亿 m^3，占花园口—利津河段的3.1%。

由表8-9还可以看出，黄河下游河段河道渗漏耗水量由上到下呈减小的变化趋势，从花园口—夹河滩河段的3.303亿 m^3，减小到艾山—利津河段的0.248 0亿 m^3；从相邻河段变化分析发现，变化较大的河段有两段，一是由花园口—夹河滩河段的3.303亿 m^3 减小到夹河滩—高村河段的1.823亿 m^3，另一段是由高村—孙口河段的1.696亿 m^3 减小到孙口—艾山河段的0.434 7亿 m^3；孙口以下河段由0.434 7亿 m^3 减小到0.248 0亿 m^3，变化比较平稳。

孙口以上河段的河道渗漏耗水量为6.822亿 m^3，占花园口—利津河段的86.4%，为黄河下游河道渗漏耗水的主要河段，其中，花园口—夹河滩河段的河道渗漏耗水量占孙口以上河段的48.4%，最为突出。

表 8-8　黄河下游花园口—利津河段 1991 ~ 2005 年月河道渗漏耗水量

（单位：亿 m^3）

年份	1 月	2 月	3 月	4 月	5 月	6 月	7 月	8 月	9 月	10 月	11 月	12 月	全年
1991	0.549 4	0.556 9	0.666 6	0.757 5	0.722 7	0.971 8	0.620 4	0.505 1	0.703 0	0.492 5	0.359 9	0.510 0	7.416
1992	0.307 3	0.270 1	0.660 4	0.582 5	0.549 1	0.501 4	0.689 7	1.169 8	0.829 3	0.818 0	0.640 7	0.640 0	7.659
1993	0.478 2	0.432 4	0.659 6	0.660 4	0.831 8	0.479 0	0.925 8	1.049 7	0.729 6	0.652 7	0.629 2	0.608 7	8.137
1994	0.574 8	0.530 9	0.691 8	0.730 7	0.655 2	0.426 3	1.194 0	1.205 8	0.788 2	0.621 7	0.668 6	0.784 6	8.873
1995	0.694 7	0.601 9	0.647 8	0.711 8	0.430 1	0.240 8	0.449 9	1.047 1	1.023 4	0.670 9	0.626 2	0.677 1	7.822
1996	0.458 9	0.344 4	0.662 6	0.790 5	0.593 2	0.450 0	0.808 5	2.299 0	1.028 4	0.774 3	0.726 7	0.630 3	9.567
1997	0.549 2	0.411 2	0.777 3	0.847 0	0.677 5	0.271 4	0.184 3	0.651 7	0.591 3	0.407 7	0.359 5	0.448 5	6.177
1998	0.318 1	0.256 6	0.555 4	0.670 9	0.574 4	0.724 3	1.010 6	0.968 7	0.763 9	0.521 3	0.434 9	0.604 7	7.404
1999	0.538 8	0.393 8	0.732 8	0.743 2	0.562 3	0.498 1	0.848 6	0.680 6	0.669 6	0.630 1	0.487 7	0.466 3	7.252
2000	0.330 8	0.443 3	0.602 0	0.684 7	0.622 2	0.528 7	0.654 3	0.557 3	0.501 6	0.733 0	0.743 1	0.707 3	7.108
2001	0.672 5	0.543 3	0.788 8	0.776 2	0.670 1	0.579 3	0.586 7	0.465 0	0.521 1	0.638 5	0.512 3	0.537 7	7.291
2002	0.463 3	0.407 8	0.682 6	0.614 0	0.657 4	0.660 4	1.505 7	0.706 4	0.576 0	0.613 9	0.481 5	0.399 2	7.768
2003	0.329 7	0.259 8	0.558 7	0.572 3	0.561 4	0.592 2	0.567 5	0.549 8	0.870 1	1.000 7	0.978 6	0.897 1	7.738
2004	0.746 6	0.657 7	0.847 3	0.730 7	0.867 8	1.056 9	1.028 4	0.937 5	0.813 2	0.682 9	0.588 9	0.573 0	9.531
2005	0.454 1	0.343 8	0.494 8	0.622 4	0.664 7	1.015 0	0.926 7	0.866 0	0.723 3	1.012 8	0.803 5	0.714 6	8.642
平均	0.497 8	0.430 3	0.668 6	0.699 7	0.642 7	0.599 7	0.800 1	0.910 6	0.742 1	0.684 7	0.602 8	0.613 3	7.892

表 8-9　黄河下游花园口—利津河段 1991 ~ 2005 年月平均河道渗漏耗水量

（单位：亿 m^3）

河段	1 月	2 月	3 月	4 月	5 月	6 月	7 月	8 月	9 月	10 月	11 月	12 月	全年
花园口—夹河滩	0.187 5	0.182 9	0.292 9	0.299 6	0.280 6	0.273 2	0.348 1	0.363 3	0.307 1	0.283 3	0.238 3	0.246 0	3.303
夹河滩—高村	0.107 8	0.096 8	0.155 8	0.159 2	0.150 3	0.140 9	0.188 4	0.218 5	0.171 1	0.159 7	0.135 9	0.138 7	1.823
高村—孙口	0.119 2	0.092 2	0.143 1	0.152 6	0.135 9	0.117 5	0.158 1	0.203 6	0.156 2	0.145 8	0.136 0	0.135 8	1.696
孙口—艾山	0.032 8	0.023 1	0.032 6	0.037 7	0.032 7	0.028 3	0.041 9	0.050 9	0.042 9	0.038 9	0.036 3	0.036 7	0.434 7
艾山—泺口	0.029 4	0.021 5	0.027 4	0.032 5	0.027 3	0.024 9	0.039 7	0.044 7	0.038 9	0.034 1	0.033 1	0.034 0	0.387 5
泺口—利津	0.021 1	0.013 8	0.016 7	0.018 0	0.015 9	0.015 0	0.023 9	0.029 6	0.026 0	0.022 9	0.023 2	0.022 0	0.248 0
花园口—利津	0.497 8	0.430 3	0.668 6	0.699 7	0.642 7	0.599 7	0.800 1	0.910 6	0.742 1	0.684 7	0.602 8	0.613 3	7.892

第二节　1999～2005 年黄河下游水量平衡分析

根据专项试验的试验成果开展 1999～2005 年黄河下游水量平衡计算，并进行相应的分析。

一、1999～2005 年水量平衡差值对比分析

分别统计采用试验成果和未采用试验成果的花园口—利津河段的水量平衡差值（见表 8-10）。

由表 8-10 可以看出，未采用试验成果的平衡差值在 -53.04 亿～-8.35 亿 m^3 变化，最大值为 -53.04 亿 m^3，均值为 -32.36 亿 m^3；采用试验成果的平衡差值在 -18.18 亿～3.264 亿 m^3 变化，平衡差值的绝对值最大为 18.18 亿 m^3，均值为 -9.84 亿 m^3。虽然两者的平衡差值均为负数，但是采用试验成果的平衡差值已明显有所改善，最大值由 -53.04 亿 m^3 变化为 -18.18 亿 m^3，增加 34.86 亿 m^3；均值由 -32.36 亿 m^3 变化为 -9.84 亿 m^3，增加 22.52 亿 m^3，但水量平衡差值仍然没有完全消除。

表 8-10　1999～2005 年花园口—利津河段水量平衡差值对比分析

年份	原平衡差值		采用试验成果平衡差值	
	绝对差（亿 m^3）	相对差（%）	绝对差（亿 m^3）	相对差（%）
1999	-43.69	-20.92	-10.85	-5.20
2000	-38.15	-23.08	-14.07	-8.51
2001	-38.59	-23.32	-15.20	-9.18
2002	-53.04	-27.12	-18.18	-9.29
2003	-32.14	-11.79	-16.73	-6.13
2004	-12.57	-5.23	2.886	1.20
2005	-8.35	-3.25	3.264	1.27
均值	-32.36	-15.05	-9.84	-4.58

分析水量平衡差值没有消除的主要原因有：一是没有进行工程引用水沙量调查计算、河道冲淤转换水沙量计算与分析以及滩区降雨与径流的观测与分析。二是试验研究选择断面少。引水量测验精度评价只在高村—艾山河段选择 8 个引水口门，河道蒸发耗水量试验研究地点在花园口，河道渗漏耗水量试验研究的渗透试验断面分布沿程不合理。

二、花园口—利津河段水量平衡差值分析

采用试验成果对 1999～2005 年期间花园口—利津河段的水量进行平衡计算，并统计月、年平衡差值（见表 8-11）。

表 8-11 花园口—利津水量平衡差值统计 （单位：亿 m^3）

月份	1999 年	2000 年	2001 年	2002 年	2003 年	2004 年	2005 年
1	3.862	-0.580 1	0.836 6	0.580 8	0.182 2	0.441 7	0.732 6
2	-3.609	-0.736 1	1.472	-2.325	-0.576 8	1.056	1.177
3	-2.273	-4.834	-1.480	-5.531	-4.375	-1.425	-1.336
4	-0.033 8	-6.386	-1.405	-2.794	-2.384	-3.483	-1.740
5	-2.662	-1.902	-4.738	-0.732 5	-2.720	-2.151	-0.360 8
6	-0.639 3	-3.945	-2.368	-0.920 3	-2.990	-1.455	-5.257
7	-4.314	1.627	1.393	-2.703	-3.429	5.620	8.231
8	-2.314	1.447	-0.822 2	-2.252	-2.567	0.236 7	0.852 7
9	-2.253	-1.633	-4.479	-1.997	-5.814	3.961	-3.095
10	-2.763	0.027 8	-1.215	-1.105	5.230	0.857 8	1.456
11	-0.727 5	0.819 5	-0.511 4	1.040	1.593	0.440 9	1.599
12	1.350	2.027	-1.884	0.555 9	1.124	-1.213	1.004
全年	-10.85	-14.07	-15.20	-18.18	-16.73	2.886	3.264

由表 8-11 可以看出，年平衡差值在 -18.18 亿 ~3.264 亿 m^3 变化，均值为 -9.84 亿 m^3；1999 ~2003 年平衡差值为负值，2004 年、2005 年平衡差值为正值。平衡差值的绝对值最大为 18.18 亿 m^3，最小为 2.886 亿 m^3，绝对值最大的平衡差值为最小的 6.30 倍。

三、花园口—利津河段相邻站水量平衡差值变化分析

（一）相邻站水量平衡差值变化分析

根据计算成果点绘相应河段与时段的累积水量平衡差值过程线（见图 8-3）。

采用试验成果计算统计花园口—夹河滩、夹河滩—高村、高村—孙口、孙口—艾山、艾山—泺口、泺口—利津等相邻各站 1999 ~ 2005 年月、年水量平衡差值的均值（见表 8-12）。

由表 8-12 可以看出，花园口—夹河滩、夹河滩—高村、高村—孙口间的平衡差值在年内变化有正有负，高村—孙口间 7 月平衡差值 2.073 亿 m^3 为最大值，年水量平衡差值为正值，在 0.371 1 亿 ~2.445 亿 m^3 变化。

孙口—艾山间的平衡差值在年内变化为 2 ~10 月均为负值，其他月份有正有负；艾山—泺口间的平衡差值在年内变化为 1 ~9 月均为负值，其他月份有正有负；泺口—利津间的平衡差值在年内变化为 3 ~6 月及 8 ~10 月均为负值，其他月份有正有负。孙口—艾山间 4 月平衡差值 -1.535 亿 m^3 为最大值（绝对值）；年水量平衡差值为负值，在 -6.176 亿~ -3.446 亿 m^3 变化。

由图 8-3 可以看出，花园口—夹河滩、夹河滩—高村、高村—孙口间累积水量平衡差值过程线基本上处于“零”线上方，1 ~6 月在“零”线附近平稳变化；7 月以后累积水量平

衡差值过程线有所抬升，但变化波动不大，高村—孙口7~12月的过程线为相应时段的上外包线。

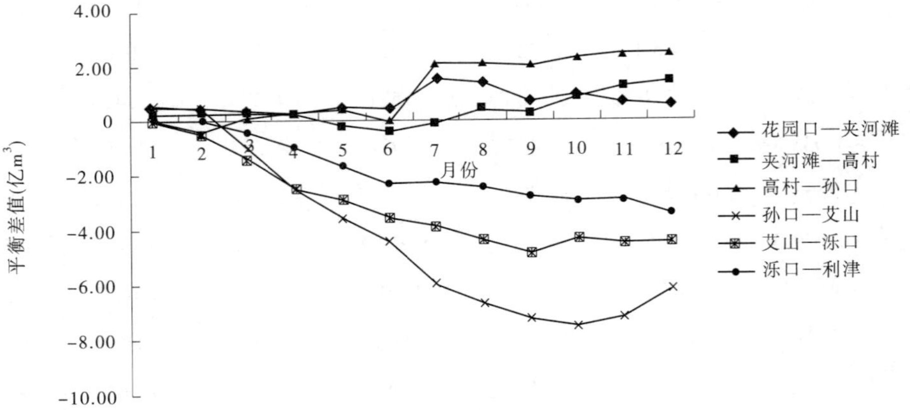

图8-3　花园口—利津河段相邻站累积平衡差值过程线

孙口—艾山、艾山—泺口、泺口—利津间累积水量平衡差值过程线基本上处于“零”线以下，其中孙口—艾山间的过程线为下外包线。

(二)特殊年份水量平衡差值变化分析

分析各河段水量平衡差值变化发现夹河滩—高村河段2003年水量平衡差值为12.46亿m^3，是各河段1999~2005年期间年水量平衡差值最大的河段。该年平衡差值主要集中在10~12月，三个月之和为9.467亿m^3，占全年的76.0%；10月的平衡差值为4.833亿m^3，占全年的38.8%。

据河南黄河河务局、山东黄河河务局、黄委水文局等单位编写的《蔡集抢险启示录》介绍：2003年8月下旬至10月中旬，黄河中游出现了历史上罕见的秋汛，黄河干流、泾渭洛河及伊洛沁河相继出现了10多次洪水，其中渭河发生了“首尾相连”的6次洪水过程。受“华西秋雨”影响，黄河下游水位、流量居高不下，2 500 m^3/s流量级洪水在黄河下游持续时间长达80多d。9月15日，蔡集河势急剧变化，主流快速向南滚动，于9月17日17时塌至生产堤，9月17日20时滩区生产堤被冲决，9月18日凌晨，渠堤决口，水流从蔡集控导35坝上首低洼处进入滩区。9月21日，闫潭闸渠南滩地开始大面积漫滩。9月26日12时，滩区进水已达老君堂格堤，9月30日通往滩区道路全部冲断，兰考北滩、东明滩区全部被淹。滩区平均水深2.9 m，最大达5 m。受淹面积达27.75万亩，淹没耕地25.14万亩，谷营、焦元、长兴3个乡152个村11.42万人被水围困。10月1日6时，利用谢寨防沙闸开始向黄河排放滩区进水；10月3日14时至8日12时，共炸排水口7处，宽约500 m，10月29日0时，蔡集口门合龙，滩区进水阻断。11月15日，滩区进水基本排完，滩区积水58 d，进水量约16.21亿m^3，最大蓄水量(10月7日)约5.69亿m^3。在抢险期间，10月10~12日，兰考、东明地区降大暴雨，夹河滩站10月10日降雨量为53.4 mm，高村站10月10日和11日的降雨量分别为47.0 mm、26.0 mm。

由以上情况介绍可知，9月18日蔡集渠堤决口，至10月29日口门合龙；从10月1日开始排水,至11月15日滩区进水基本排完。夹河滩的来水,部分经滩区调蓄后,又排入黄河,加大了排水口门以下黄河干流的流量,致使高村站的来水过程与夹河滩站不一致,造成夹河滩—高村河段10~12月水量不平衡差值偏大,影响全年水量不平衡差值比较突出。

四、花园口—利津河段长河段水量平衡差值变化分析

采用试验成果计算统计花园口—夹河滩、花园口—高村、花园口—孙口、花园口—艾山、花园口—泺口、花园口—利津等河段1999~2005年月、年水量平衡差值的均值,见表8-13。由表8-13点绘各河段水量平衡差值过程线(见图8-4),根据计算成果点绘相应河段与时段的累积水量平衡差值过程线(见图8-5)。

(一)平衡差值过程线分析

由图8-4平衡差值过程线变化趋势分析可以看出,花园口以下长河段的平衡对照,各河段的过程线很少有交叉,曲线簇变化的外形轮廓皆呈三峰点和两谷点的不规则"W"形状,反映出平衡差值具有一定的随机性。曲线簇的3个峰点各站均出现在1月、7月和10月,两个谷点各站均出现在3月和9月。10月以后变化趋于平稳。

(二)累积平衡差值过程线分析

由图8-5累积平衡差值过程线变化趋势分析可以看出,花园口—夹河滩、花园口—高村、花园口—孙口间的累积平衡差值过程线6月以前在"零"线附近变化,趋势比较平稳;6月以后在"零"线上方变化,从花园口—夹河滩至花园口—孙口累积平衡差值过程线依次抬升,花园口—孙口间的累积平衡差值过程线为上外包线。

花园口—艾山、花园口—泺口、花园口—利津间的累积平衡差值过程线1月、2月在"零"线附近变化,趋势比较平稳;2月以后在"零"线下方变化,9月为最低点,9月以后过程线有所抬升;从花园口—艾山至花园口—利津累积平衡差值过程线依次下降,花园口—利津间的累积平衡差值过程线为下外包线。

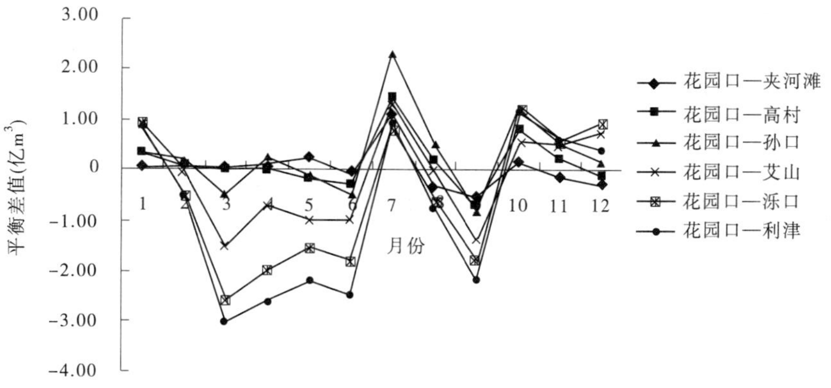

图8-4　花园口—利津长河段平衡差值过程线

表 8-12　1999 ~ 2005 年黄河下游花园口—利津河段相邻站多年平均平衡差值

（单位：亿 m^3）

河流	1 月	2 月	3 月	4 月	5 月	6 月	7 月	8 月	9 月	10 月	11 月	12 月	全年
花园口—夹河滩	0.048 7	0.087 9	0.007 3	0.093 1	0.235 4	-0.094 0	1.115	-0.326 2	-0.539 7	0.174 6	-0.134 1	-0.297 1	0.371 1
夹河滩—高村	0.278 1	-0.017 7	0.013 9	-0.073 6	-0.412 0	-0.207 4	0.334	0.509 3	-0.157 7	0.623 8	0.356 3	0.188 3	1.435
高村—孙口	0.031 2	-0.402 7	0.545 9	0.163 0	0.094 4	-0.411 4	2.073	0.031 7	-0.048 8	0.237 7	0.130 1	0.000 8	2.445
孙口—艾山	0.554 4	-0.134 2	-1.408	-1.535	-1.048	-0.873 0	-1.516	-0.718 5	-0.547 5	-0.313 2	0.344 1	1.019	-6.176
艾山—泺口	-0.050 3	-0.458 3	-0.913 1	-1.064	-0.411 9	-0.646 0	-0.325	-0.514 2	-0.524 4	0.580 2	-0.148 2	0.047 6	-4.428
泺口—利津	0.003 0	0.009 4	-0.442 6	-0.596 7	-0.638 5	-0.688 3	0.076 4	-0.165 6	-0.369 0	-0.158 2	0.059 3	-0.535 4	-3.446

表 8-13　1999 ~ 2005 年黄河下游花园口—利津河段长河段多年平均水量平衡差值统计

（单位：亿 m^3）

河流	1 月	2 月	3 月	4 月	5 月	6 月	7 月	8 月	9 月	10 月	11 月	12 月	全年
花园口—夹河滩	0.048 7	0.087 9	0.007 3	0.093 1	0.235 4	-0.094 0	1.115 1	-0.326 2	-0.539 7	0.174 6	-0.134 1	-0.297 1	0.371 1
花园口—高村	0.326 8	0.070 2	0.021	0.019 5	-0.176 6	-0.301 4	1.449	0.183 0	-0.697 4	0.798 3	0.222 2	-0.108 8	1.806
花园口—孙口	0.357 5	0.191 1	-0.522	0.216 7	-0.099	-0.474	2.317	0.518 4	-0.793 8	1.211 7	0.529 7	0.166 1	3.620
花园口—艾山	0.959 6	-0.032 8	-1.502 1	-0.714	-0.974	-0.967	1.320	0.006 6	-1.378	0.559 8	0.518 7	0.756 5	-1.447
花园口—泺口	0.862 2	-0.515	-2.593 7	-2.007	-1.543	-1.822	0.842	-0.608 4	-1.818	1.303	0.548 3	0.958 8	-6.393
花园口—利津	0.865 2	-0.506	-3.036 3	-2.604	-2.181	-2.511	0.918	-0.774 1	-2.187	1.144 8	0.607 6	0.423 4	-9.84

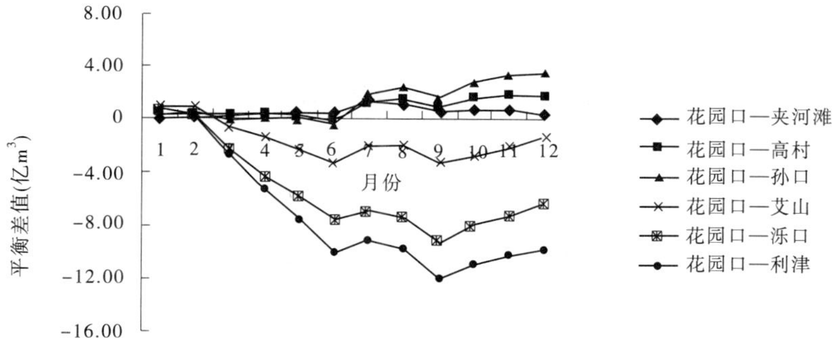

图 8-5　花园口—利津长河段累积平衡差值过程线

第九章　认识与建议

第一节　认　识

一、水文站实测资料精度符合规范要求

(一)流量测验满足推算月、年径流量要求

黄河下游各站测验能力强,全部为流速仪施测。20世纪90年代以后,除继续重视高水测验,为防汛服务外,进一步加强低水测验,为水资源统一调度服务,每年的测次都在100次以上,从1999年开始,每年的测次都在133次以上,最多达429次,能满足黄河下游河段变动河床不稳定水位—流量关系定线、推流及水资源统一调度的需要,其测验成果质量是可靠的。

(二)流速仪常测法流量测验精度符合规范要求

月、年径流量资料的质量,在很大程度上取决于流量单次测验质量。全年流量测验主要采用流速仪常测法。为了检验其精度,小浪底站分析了1996~2004年积累的精测法资料,计算统计了Ⅰ型误差、Ⅱ型误差和Ⅲ型误差。各型误差的相对标准差、相对误差、累计频率75%以上的相对误差及系统误差均符合规范要求。

高村站、艾山站、利津站分析了1991~2005年积累的精测法资料,其累积频率75%的相对误差、累计频率95%以上的相对误差及系统误差均小于规范规定。

以上分析说明,黄河下游各站流速仪常测法的测验精度符合规范要求。

(三)水位—流量关系定线标准差符合规范要求

水位—流量关系是测验成果的综合反映。定线是否恰当合理和符合测站特性,直接影响径流量的推算质量。各站测次布设能够满足定线推流和水量调度的要求,并对各站水位—流量关系曲线按规范要求进行标准差计算,各站的标准差在0.4%~5.5%,定线精度符合规范要求。

综上所述,黄河下游各站实测水文资料质量可靠。

二、花园口以下河段水量平衡差值时空变化特点

(一)花园口以下河段水量平衡差值较大的河段为花园口—夹河滩、高村—孙口及艾山—泺口河段

通过分析花园口以下河段各相邻站累积平衡差值过程线,发现花园口—夹河滩间的累积平衡差值过程线为曲线簇的下外包线,其他各区间的累积平衡差值过程线在曲线簇的中间变化,但高村—孙口间、艾山—泺口间的累积平衡差值过程线位置处于曲线簇的偏下方。该3个河段为水量平衡差值较大的河段。

(二)花园口以下河段水量平衡差值较大的时段为2～4月及6～8月

通过花园口以下长河段平衡差值过程线变化趋势分析,发现曲线簇均处于“零”线以下区域,各站的过程线很少有交叉,其位置基本上是向下游依次排列;曲线簇变化的外形轮廓皆呈三峰点和两谷点的“W”形状,反映出平衡差值虽然均为负值,但仍具有一定的随机性。曲线簇的3个峰点各站均出现在1月、5月和11月;曲线簇的第一个谷点花园口—夹河滩间和花园口—高村间出现在2月,其他几个区间出现在3月;第二个谷点花园口—夹河滩间、花园口—高村间和花园口—孙口间出现在8月,其他几个区间出现在7月份。9月以后曲线簇普遍上抬,变化趋于平稳。

经统计计算,2～4月及6～8月两个时段的水量平衡差值之和占相应河段年水量平衡差值的百分数在72.9%～78.4%,说明花园口以下河段水量平衡差值较大的时段发生在2～4月及6～8月。

结合对黄河下游河段引水量的分析,黄河下游花园口—利津河段2～4月及6～8月的引水量之和占年引水量的64.2%,说明引水量大水量平衡差值就大。

三、黄河下游实测引黄水量偏小

(1)在柳园口、刘庄、苏泗庄、彭楼、邢庙、陈垓、影堂、国那里等八处引黄口门闸下设站,与引水量观测部门进行一个月的同步期观测,按规范要求整编、定线、推流,计算出同步期观测的时段引水量,以此实测水量为准,与引水量观测部门提供的时段引水量进行综合分析,分别计算绝对误差和相对误差。绝对误差在－58万～－685万m^3,相对误差在－4.49%～－33.17%,平均值为－15.91%。这说明引水量观测部门提供的引水量平均偏小15.19%。

(2)黄河花园口—利津河段1999～2005年的年均引水量为91.81亿m^3,其中,2002年引水量125.9亿m^3,为最大,2004年引水量62.52亿m^3,为最小,最大年引水量为最小年引水量的2.01倍。最大引水河段为泺口—利津河段,相应时段的年均引水量为24.60亿m^3,占花园口—利津河段年均引水量的26.8%;最小引水河段为花园口—夹河滩河段,相应时段的年均引水量为8.275亿m^3,占花园口—利津河段年均引水量的9.01%;泺口—利津河段的年均引水量约为花园口—夹河滩河段的3.0倍。高村以下河段年均引水量之和为69.83亿m^3,占花园口—利津河段年均引水量的76.1%,约为高村以上河段年均引水量的3.2倍,高村以下河段为黄河下游主要引水河段。

(3)按黄河下游水量调度控制站分析,花园口—高村河段年引水量占花园口站实测年径流量的百分数的均值为10.2%,最大为16.0%,最小为5.7%。高村以下河段年引水量占高村站实测年径流量的百分数的均值为36.3%,最大为62.3%,最小为20.3%。花园口—利津河段年引水量占花园口站实测年径流量的百分数的均值为42.7%,最大为64.5%,最小为25.2%。

四、黄河下游滩区耗水量

(一)黄河下游滩区耕地面积

黄河下游滩区耕地面积采用遥感技术调查,以2004年TM影像为基础,以小比例尺的土地利用调查规范为指导,通过人机交互解译,提取黄河下游的土地利用现状信息,并以地理信息系统为基础,进行统计分析。黄河下游花园口—利津河段河道总面积达3 156.8 km^2,其中耕地面积为2 492.6 km^2,占河道面积的65.6%。

(二)黄河下游滩区耗水量

采用面积定额法计算黄河下游滩区耗水量,选择灌溉定额为200 m^3/亩,把滩区耕地面积的60%~70%作为黄河河川径流的灌溉面积,综合《河南省水利统计》、《黄河水资源公报》、《1991~1997年黄河水文基本资料审查评价及天然径流量计算》及此次的黄河下游未控引水调查计算等成果,考虑各方面的因素,黄河下游滩区耗水量为5.00亿 m^3。

五、黄河下游河道蒸散发耗水量

以试验资料为基础,建立黄河下游河道蒸散发数学模型,经综合理论分析和经验证后,应用气象资料、遥感信息和地理信息技术,计算黄河下游河道蒸散发量,扣除水面降雨量后1991~2005年黄河下游河道蒸散发量均值为4.04亿 m^3。1月、2月及12月的蒸散发量为0.569 3亿 m^3,占年蒸散发量的14.1%,4~6月蒸散发量为1.578亿 m^3,占年蒸散发量的39.1%;从河段蒸散发量计算结果分析,蒸散发量最大的河段为花园口—夹河滩河段,为1.70亿 m^3,其蒸散发量占黄河下游花园口—利津河段河道蒸散发量的42.1%;河道蒸散发耗水量最小的河段为孙口—艾山河段,年均河道蒸散发耗水量仅有0.34亿 m^3,占黄河下游花园口—利津河段河道蒸散发量的8.4%。

六、黄河下游河道渗漏耗水量

根据黄河下游自然地理、水文地质及水文站分布情况,选择试验断面,进行河床沉积物渗透系数的现场测定试验,收集各水文站及河段的水位和河底高程资料、堤外长观孔地下水水位资料,采用地下水动力学方法,计算不同时间尺度的黄河下游河道渗漏量。1991~2005年黄河下游河道渗漏量在6.117亿~9.567亿 m^3 变化,均值为7.892亿 m^3,占同期花园口来水量的3.42%。8月平均渗漏量最大,为0.910 6亿 m^3,占年均渗漏量的11.5%;2月平均渗漏水量最小,为0.430 3亿 m^3,占年均渗漏量的5.5%。黄河下游河道渗漏量沿程减小,花园口—夹河滩河段河道渗漏量为3.303亿 m^3,占花园口—利津河段河道渗漏量的41.8%。

七、黄河下游河道自然耗水量

黄河下游河道蒸散发耗水量与渗漏耗水量之和为黄河下游河道自然耗水量。

(1)经计算,黄河花园口—利津河段1999~2005年自然耗水量在10.6亿~13.43亿 m^3 变化,均值为11.93亿 m^3。

(2)自然耗水量最大的河段是花园口—夹河滩河段,自然耗水量的均值为5.005亿 m^3,占花园口—利津河段均值的42.0%;自然耗水量最小的为泺口—利津河段,自然耗水量的均值为0.665 0亿 m^3,孙口以上河段自然耗水量之和为9.702亿 m^3,占花园口—利津河段均值的81.3%。

(3)按黄河下游水量调度控制站分析，花园口—高村河段年均自然耗水量为7.314亿m^3，占花园口站实测年径流量的百分数的均值为3.3%；高村以下河段年均自然耗水量为4.616亿m^3，占高村站实测年径流量的百分数的均值为2.3%。花园口—利津河段年均自然耗水量为11.93亿m^3，占花园口站实测年径流量的百分数在4.0%～9.1%变化，均值为5.4%。

第二节 建 议

(1)根据当前黄河下游引黄水量观测的实际情况，建议制定黄河下游引黄水量观测技术标准，统一规范黄河下游引黄水量观测，提高观测精度，为黄河下游水量统一调度提供技术支撑。

(2)黄河下游滩区用水处于无序状态，用水计量观测非常困难，统一管理难度大，不利于黄河下游水量统一调度。建议制定黄河下游滩区引水控制和督察方案，加大水资源忧患意识的宣传力度，把黄河下游滩区引水纳入法制化、规范化管理的轨道，有效缓解黄河下游水资源供需紧张的局面。

(3)本次开展的黄河下游河道的蒸发、渗漏试验，填补了黄河下游河道的蒸发、渗漏研究的空白。因经费有限，布设的试验站点和断面太少，不能高精度解决黄河下游河道的蒸发、渗漏损失量对水量调度的影响。建议加大投资力度，增加蒸发试验站点和河道渗漏试验断面，开展地下水观测试验，彻底解决黄河下游河道自然损失水量对黄河下游水资源优化配置、合理利用、统一调度的影响。

(4)本次通过对遥感数据分析，得到黄河下游花园口—利津河段河道面积为3 156.4 km^2，其中滩地面积达2 895.1 km^2，在广阔的下游滩地，没有设立降水量观测设施，降水对黄河下游河川径流量影响的认识目前还是空白。建议在黄河下游设立雨量站，观测收集黄河下游滩区降雨资料，研究降雨对黄河下游河川径流量的影响。

(5)黄河下游淤背水沙量及大堤绿化用水量，是黄河下游的水量损失项，目前资料收集渠道多样化，标准不统一。建议在黄河下游采用统一技术标准，开展淤背及大堤绿化用水量的调查计算，为黄河下游水资源优化配置、合理利用、统一调度提供完整的用水资料。